Wolfgang Staeck · Horst Linke

Amerikanische Cichliden II

Grosse Buntbarsche

Ein Handbuch für
Bestimmung, Pflege
und Zucht

Tetra

Titelfoto: *Parapetenia festae* aus Ecuador

Vorsatzfoto: Unterwasserfoto aus dem Rio Aguabuena bei Tamasopo (San Luis Potosi, Mexiko) mit *Herichthys tamasopoensis*

Nachsatzfoto: Unterwasserfoto aus dem Rio Nututun (Chipas, Mexiko) *mit Torichthys helleri*

Hinteres Umschlagfoto: *Aequidens metae* aus Kolumbien

Die amerikanischen Cichliden werden in zwei Bänden vorgestellt:

Cichliden I: Kleine Buntbarsche

Cichliden II: Große Buntbarsche

Tetra Werke, Dr. rer. nat. Ulrich Baensch GmbH
Postfach 1580, D-49304 Melle, Germany

5. Auflage, 1996

Satz: Fotosatz Hoffmann, Ruppichteroth

Lithos: Flotho Reprotechnik, Osnabrück

Druck: Mandarin Offset, Hong Kong

ISBN: 3-89356-154-4

Amerikanische Cichliden II: Grosse Buntbarsche

Wolfgang Staeck · Horst Linke

Tetra

Inhalt

Vorwort

Das vorliegende Buch ist die völlig überarbeitete, aktualisierte und erweiterte Neuauflage des Bandes über amerikanische Großcichliden aus dem Jahre 1985. Ein Vergleich mit der Erstauflage zeigt, daß sich die Vorstellungen über die verwandtschaftlichen Beziehungen und die Evolution der in Amerika beheimateten Buntbarsche inzwischen erheblich verändert haben, was sich natürlich auch auf ihre Systematik und Taxonomie ausgewirkt hat und dazu führte, daß viele Arten in den letzten Jahren ihren wissenschaftlichen Namen gewechselt haben. Insbesondere die Systematik der mittelamerikanischen Buntbarsche hat sich in dem Jahrzehnt, das seit dem Erscheinen der Erstauflage vergangen ist, aufgrund der Neukonzeption der Gattung *Cichlasoma* erheblich verändert, aber auch in der Taxonomie der südamerikanischen Buntbarsche gab es als Folge der grundlegenden Überarbeitung vieler Gattungen zahlreiche Veränderungen. Ein Ergebnis dieser Arbeiten bestand darin, daß für die amerikanischen Großcichliden ein halbes Dutzend Gattungen neu beschrieben und zehn weitere wieder aktiviert wurden. Den enormen Zuwachs an Wissen belegen nicht nur zahlreiche neu entdeckte oder taxonomisch erstmals bearbeitete, sondern auch die große Zahl erstmalig eingeführter Arten. Im „Verzeichnis älterer Synonyme", das sich im Anhang befindet, sind alle früher gebräuchlichen und in der Aquaristik bekannten Namen sowie die entsprechenden neuen wissenschaftlichen Bezeichnungen aufgeführt, so daß mit Hilfe dieser Liste ein problemloses Auffinden aller Arten im Textteil gewährleistet ist.

Besonderer Dank gilt Sven O. Kullander (Naturhistoriska Riksmuseet, Stockholm), der in einigen schwierigen Fällen bei der Identifizierung von Fischen half, Heinrich Maulhardt, Leonidas Yarhua Tarieuarima und Erich Hnilicka, die uns in Peru und Mexiko mit Rat und Tat unterstützten, sowie Ingo Schindler und Lothar Seegers, die beide auf Reisen auch in schwierigen Situationen stets geduldige und verläßliche Begleiter waren.

Für die Vermittlung von Fotos und Informationen danken wir Jens Gottwald, Ingemann Hansen, Lutz Krahnefeld, Erwin Schraml, Ernst Sosna und Uwe Werner.

Berlin, 1995 — Wolfgang Staeck — Horst Linke

Amerikanische Cichliden

Nach neueren Schätzungen leben weit über tausend verschiedene Buntbarsche auf der Erde, von denen allerdings viele noch gar nicht wissenschaftlich beschrieben sind. Aus Amerika sind bis jetzt knapp 500 Arten bekannt geworden. Cichliden sind grundsätzlich tropische Fische, denn Temperaturen unter 20 °Celsius werden von ihnen im allgemeinen nicht über einen längeren Zeitraum hinweg vertragen. Die Temperatur des Wassers ist offenbar der wichtigste Faktor, der die Verbreitung dieser Fischfamilie begrenzt. Dieser Sachverhalt erklärt, warum Buntbarsche im großen und ganzen nur zwischen dem Wendekreis des Krebses und dem Wendekreis des Steinbocks auftreten und die größte Artenfülle in den äquatornahen Regionen des Kontinents, das heißt im zentralen und nördlichen Südamerika sowie in Mittelamerika, erreichen, warum sie aber in Nordamerika nicht zu erwarten sind.

Aus Südamerika sind bisher rund 35 Gattungen mit etwa 400 Arten (KULLANDER, 1994) und aus Mittelamerika etwa 16 Gattungen mit knapp 100 Arten bekannt geworden. Unter den mittelamerikanischen Buntbarschen gibt es rund ein Dutzend Arten, deren Verbreitung auf das nördliche Mexiko beschränkt ist und die deshalb auch als nordamerikanische Cichliden anzusehen sind. Eine Spezies, *Herichthys cyanogattatum*, kommt sogar in den USA, im südlichen Texas, vor. Die am weitesten nördlich gelegenen Fundorte dieser Art, die zugleich die nördliche Verbreitungsgrenze der Buntbarsche auf dem amerikanischen Kontinent bilden, liegen in den Einzugsgebieten des Rio Pecos und des Rio Nueces.

Das Beispiel von *Vieja bifasciata* zeigt, daß der Name Buntbarsche für die Fischfamilie Cichlidae treffend gewählt wurde.

Auch im Süden des Kontinents gibt es eine Spezies, nämlich *Crenicichla lacustris* (vgl. KULLANDER, 1981), die in Gebieten vorkommt, die weit südlicher als die Verbreitungsgrenzen anderer Buntbarsche liegen. Diese Art wurde in Patagonien, in der Umgebung der Ortschaft Puerto Madryn, nachgewiesen, die zwischen dem 42. und 43. Breitengrad gelegen ist. Dort dürfte die südliche Grenze der Verbreitung von amerikanischen Cichliden liegen.

Von den insgesamt knapp 500 amerikanischen Arten können etwa 100 als Zwergbuntbarsche angesehen werden, die im ersten der beiden Bände über amerikanische Cichliden mehr oder weniger vollständig behandelt werden. Die übrigen Arten sind große Buntbarsche, die das Thema des vorliegenden zweiten Teiles bilden. Bei diesem Sachverhalt ergab sich die Notwendigkeit, daß für die beiden Bände über amerikanische Cichliden verschiedene Grundkonzepte gewählt werden mußten. Während es sich bei dem ersten Teil, in dem die kleinen Buntbarsche behandelt werden, anbot, diese relativ artenarme Gruppe möglichst lückenlos vorzustellen, kann im zweiten Teil nur eine vergleichsweise bescheidene Auswahl der amerikanischen Großcichliden berücksichtigt werden. Dabei wurden die folgenden Auswahlkriterien herangezogen. Einerseits sollen insbesondere Buntbarsche vorgestellt werden, die für die Aquaristik interessant und empfehlenswert sind, andererseits soll aber auch zugleich ein repräsentativer Überblick über die Mannigfaltigkeit der Formen und Lebensweisen gegeben werden, die sich unter amerikanischen Großcichliden findet. Ferner wurde Wert darauf gelegt, daß auch unbekanntere Arten, die während der letzten Jahre erstmals in der Aquaristik auftauchten und über die bislang kaum Informationen publiziert wurden, in angemessener Zahl vertreten sind. Dabei wurde der Rahmen des Möglichen natürlich durch den vorgegebenen Umfang des Buches bestimmt.

Amerikanische Cichliden sind in der Ichthyologie seit erstaunlich langer Zeit bekannt. Beispielsweise ist *Cichla ocellaris* von BLOCH & SCHNEIDER schon im Jahre 1801 beschrieben worden, und *Johann Natterer's neue Flussfische Brasiliens nach den Beobachtungen und Mit-*

MITTELAMERIKA

theilungen des Entdeckers beschrieben, im Jahre 1840 von dem am Wiener Museum für Naturgeschichte arbeitenden Ichthyologen Johann Jacob HECKEL publiziert, enthält bereits eine repräsentative Auswahl amerikanischer Buntbarsche. Eine Reihe weiterer Erstbeschreibungen stammt von dem ebenfalls in Wien wirkenden Ichthyologen STEINDACHNER, dessen Publikationen über die „Chromiden Mexikos und Zentralamerikas" im Jahre 1864, über „die Süsswasserfische des südöstlichen Brasilien" im Jahre 1874 und über die „Chromiden des Amazonenstromes" im folgenden Jahr erschienen.

Zwei weitere klassische Standardwerke der Ichthyologie, durch die die Kenntnis über amerikanische Buntbarsche bereichert wurde, veröffentlichte GÜNTHER, der am *British Museum of Natural History* in London arbeitete. Im Jahre 1862 erschien sein *Catalogue of the fishes in the British Museum* und 1869 *An account of the fishes of the states of Central America, based on collections made by Capt. I. M. Dow, F. Godman, Esq., and O. Salvin, Esq.* Im Jahre 1904 folgte eine wichtige Studie über die Biologie und Taxonomie der Cichliden von dem Franzosen PELLEGRIN, die viele amerikanische Arten berücksichtigt.

Eine Revision aller amerikanischen Cichlidengattungen, die zugleich auch eine Art Bestandsaufnahme des bis zu diesem Zeitpunkt angesammelten Wissens über diese Fische darstellt, wurde von dem ebenfalls in London wirkenden Ichthyologen REGAN in den Jahren 1905—1906 veröffentlicht. Im Jahre 1908 folgte von ihm eine kritische Zusammenstellung der bis dahin bekannten mittelamerikanischen Buntbarsche.

In der Folgezeit erschienen die wichtigsten Forschungsergebnisse über amerikanische Cichliden nicht mehr in Europa, sondern in Amerika. Diese Entwicklung begann bereits im Jahre 1898 mit einem Standardwerk über nord- und mittelamerikanische Fische von JORDAN & EVERMANN. In den Jahren 1906 bis 1913 publizierte dann MEEK, der sich auf Sammelreisen mehrfach in Mexiko und anderen mittelamerikanischen Staaten aufgehalten hatte, seine Forschungsergebnisse über die Cichliden dieser Region. HASEMANN veröffentlichte 1911 *An annotated catalogue of the cichlid fishes collected by the Expedition of the Carnegie Museum to Central South America, 1907—1910.* Weitere amerikanische Ichthyologen, die nach dem Ersten Weltkrieg über südamerikanische Cichliden arbeiteten, sind EIGENMANN und FOWLER. HUBBS veröffentlichte Mitte der 30er Jahre Ergebnisse von Forschungsreisen nach Mittelamerika, auf denen die Cichliden besondere Beachtung fanden. In dieser Zeit publizierte auch AHL, der am Zoologischen Museum in Berlin arbeitete, mehrere Beschreibungen neuer Buntbarsche.

Nach dem Zweiten Weltkrieg setzten insbesondere MILLER und BUSSING die Tradition amerikanischer Ichthyologen fort, indem sie in Mittelamerika forschten und — zum Teil zusammen mit anderen Autoren — neuentdeckte Cichliden beschrieben. In Europa beschäftigte sich vor allem der belgische Ichthyologe GOSSE, der König Leopold von Belgien auf mehreren Sammelreisen nach Mittel- und Südamerika begleitet hatte, mit amerikanischen Cichliden. Im Jahre 1975 erschien seine Revision der Gattung *Geophagus.* In den 60er und 70er Jahren unternahm LÜLING, der am Museum Alexander Koenig in Bonn arbeitete, mehrere Forschungsreisen nach Südame-

Tabelle 1:
Beispiel für Schwarzwasser in Peru

pH		6,0
Leitfähigkeit	µS	17
GH	°dH	0,12
Ca	°dH	0,07
Mg	°dH	0,05
KH	°dH	0
Na	mg/l	1,9
K	mg/l	1,1
NO_3	mg/l	1,6
PO_4	mg/l	<0,1
Cl	mg/l	<7
SO_4	mg/l	n. n.
Zn	µg/l	5
Pb	µg/l	n. n.
Cd	µg/l	n. n.
Cu	µg/l	7
CO_2	mg/l	1

Die Wasserprobe wurden von den Autoren im Juli 1983 einem Bach bei Jenaro Herrera im Einzugsgebiet des unteren Ucayali entnommen und durch Dr. G. Ritter im Labor der Firma Tetra analysiert.

Das Wasser im Rio Negro (Brasilien), einem typischen Schwarzwasserfluß, ist klar, sieht aber teefarben aus.

rika, auf denen neue Cichliden gesammelt und auch Erkenntnisse über ihre Biologie gewonnen wurden.

In den letzten Jahren hat der schwedische Ichthyologe Kullander intensiv an südamerikanischen Buntbarschen gearbeitet.

Neben einer ganzen Reihe von Erstbeschreibungen publizierte er die Überarbeitung zahlreicher Gattungen, darunter im Jahre 1983 eine grundlegende Revision der südamerikanischen Vertreter der Gattung *Cichlasoma.* Die letztgenannte Arbeit ist von besonderer Tragweite, da in ihr die beiden ursprünglich sehr artenreichen Gattungen *Cichlasoma* und *Aequidens* drastisch verkleinert werden, wodurch die meisten Buntbarsche, die früher jenen systematischen Einheiten zugeordnet wurden, in andere Gattungen überführt werden und daher ihren Namen ändern müssen.

Im Unterschied zu den afrikanischen Cichliden, die in der Mehrzahl Maulbrüter sind, zählen die amerikanischen Vertreter dieser Fischfamilie beinahe ausnahmslos zu den Substratbrütern. Unter den rund 100 mittelamerikanischen Cichliden aus dem Verwandtschaftskreis der Gattungsgruppe Cichlasomini gibt es sogar überhaupt keine maulbrütenden Arten. Die rund 60 südamerikanischen Maulbrüter finden sich in den Gattungen *Gymnogeophagus, Geophagus, Satanoperca, Aequidens, Bujurquina* und *Heros.* Mit der Ausnahme einiger weniger Arten, z.B. *„Geophagus" pellegrini* und *steindachneri,* die zu den spezialisierten ovophilen Maulbrütern zählen, bei denen die Eier unmittelbar nach der Abgabe in das Maul aufgenommen werden und bei denen allein das Weibchen die Brutpflege übernimmt, sind alle übrigen amerikanischen Maulbrüter larvophil. Sie laichen nach Art von Offenbrütern ab, bilden während der Brutpflege eine Elternfamilie und beginnen mit der Maulbrutpflege erst, sobald die Larven schlüpfen.

Fast alle amerikanischen Großcichliden sind typische Offenbrüter. Daneben gibt es aber auch eine kleine Gruppe von Arten, die eine deutliche Tendenz zum Versteckbrüten zeigt. Zu ihr gehören die südamerikanischen *Crenicichla*-Arten sowie die Vertreter der Gattung *Archocentrus* aus Mittelamerika, die einen deutlich ausgebildeten Sexualdimorphismus und -dichromatismus zeigen und während der Brutpflege eine geschlechtsspezifische Rollenverteilung und Arbeitsteilung aufweisen. Ganz wenige Großcichliden, beispielsweise *Neetroplus nematopus* und *Acarichthys heckelii,* können als Höhlenbrüter bezeichnet werden. Im Gegensatz dazu gehört die Mehrzahl der bisher rund 100 bekannten Zwergbuntbarsche zu den typischen Höhlenbrütern.

Die meisten amerikanischen Großcichliden sind robuste und widerstandsfähige Fische. Aufgrund ihrer erstaunlichen Anpassungsfähigkeit besiedeln sie eine Vielzahl verschiedenster Gewässer, die sich nicht nur in der Größe und Strömungsgeschwindigkeit, dem Härtegrad und dem pH-Wert des Wassers, sondern auch in der Beschaffenheit des Untergrundes, den Lichtverhältnissen, der Temperatur, dem Angebot an Nahrung und Versteckplätzen sowie den Sichtverhältnissen erheblich unterscheiden. Im Amazonasgebiet werden nach dem jeweils charakteristischen Grad der Durchsichtigkeit und der Eigenfärbung des Wassers drei verschiedene Gewässertypen unterschieden, deren Entstehung auf ganz bestimmten geologischen, landschaftlichen und klimatischen Bedingungen beruht. Die sogenannten Schwarzwasserflüsse, zu denen u.a. der Rio Negro und der Rio Cururu gehören, besitzen ein klares, durchsichtiges Wasser, das aber tiefbraun, teefarben getönt ist. Diese Farbe wird durch große Mengen von Laub und anderem pflanzlichen Material bewirkt, das während der Regenzeit in die Flüsse gelangt, wenn diese für Monate den umgebenden Urwald überschwemmen.

Die Gewässer des zweiten Typus, die als Klarwasserflüsse bezeichnet werden und zu denen beispielsweise der Rio Xingu und der Rio Tapajoz gehören, besitzen ein sehr sauberes, durchsichtiges Wasser, das arm an Sedimenten ist und eine grüne bis gelbgrüne Farbe zeigt. Im Gegensatz zu ihnen ist für die Gewässer der dritten Gruppe, die sogenannten Weißwasserflüsse, zu denen der Rio Solimoes und der Ucayali zählen, ein hoher Gehalt anorganischer Schwebestoffe charakteristisch, der ihnen ein trübes, lehmgelbes Aussehen verleiht und die Sichtweite häufig auf wenige Zentimeter verringert. Selbstverständlich sind diese drei Gewässertypen nicht

Die mittelamerikanischen Fischregionen
(verändert nach MEEK, 1904, MILLER, 1966, und BUSSING, 1976)

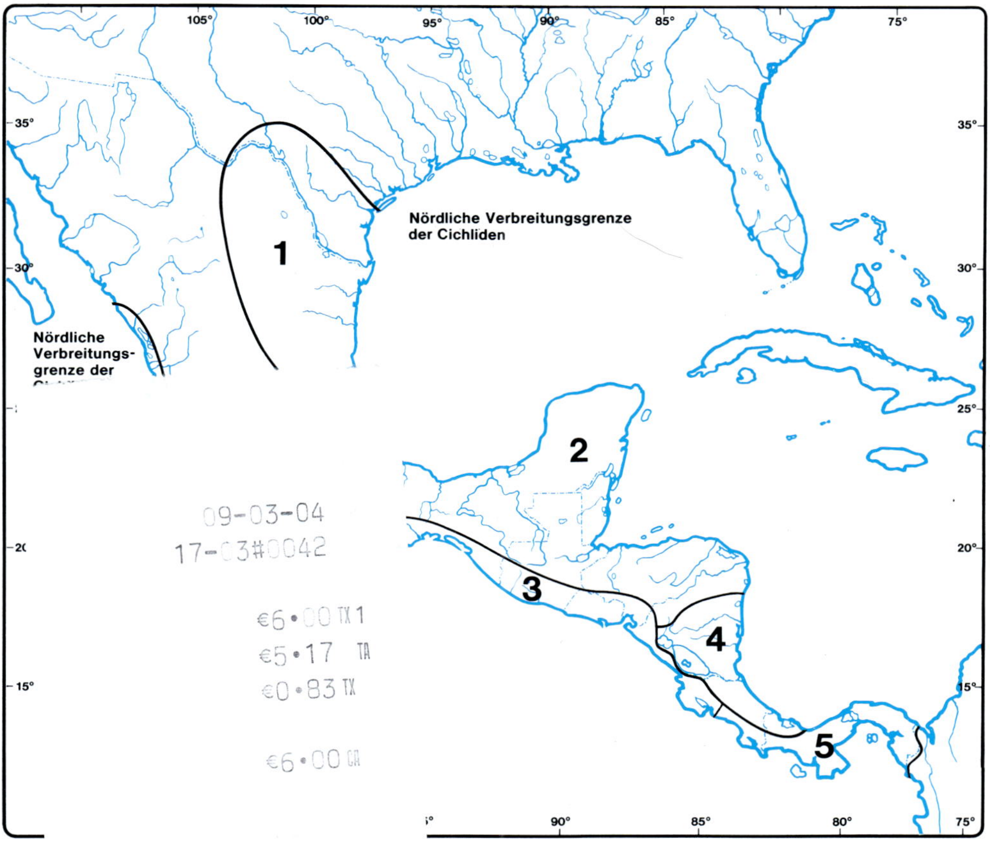

1: Rio Grande-Panuco-Balsas-Region (etwa 20 Cichliden)
2: Rio Papaloapan-Grijalva-Usumacinta-Region (etwa 50 Cichliden)
3: Chiapas-Nikaragua-Region (etwa 15 Cichliden)
4: Rio San Juan-Region (etwa 15 Cichliden)
5: Isthmische Region (etwa 25 Cichliden)

Die zentralamerikanischen Buntbarsche, deren Verbreitung auf die fünf Fischregionen Mittelamerikas beschränkt ist, wurden ursprünglich in den vier Gattungen *Herotilapia* PELLEGRIN, 1904, *Neetroplus* GÜNTHER, 1869, *Petenia* GÜNTHER, 1862 und *Cichlasoma* SWAINSON, 1839, geführt. Seit ihrer Überarbeitung (KULLANDER, 1983) enthält die Gattung *Cichlasoma* jedoch nur noch ein Dutzend südamerikanischer Arten, und die mittelamerikanischen Cichliden werden deshalb neuerdings auf die elf Gattungen *Amphilophus, Archocentrus, Chuco, Copora, Herichthys, Paraneetroplus, Parapetenia, Theraps, Thorichthys, Tomocichla* und *Vieja* verteilt. Die südamerikanischen Cichlidengattungen sind nur durch *Aequidens* und *Geophagus* mit je einer Art in der Isthmischen Fischregion, d.h. im äußersten Süden, vertreten. Die nördlichste Region, für die die Gattung *Herichthys* typisch ist, wird von manchen Autoren bereits zum nordamerikanischen Kontinent gerechnet.

Klarwasserflüsse wie der Rio Arruya (Peru) besitzen sehr sauberes Wasser, das gewöhnlich eine grünliche Farbe zeigt.

Weißwasserflüsse wie der Rio Ucayali (Peru) sind durch organische Schwebestoffe stark getrübt und haben meist eine lehmgelbe Farbe.

immer in idealer Form anzutreffen, sondern es gibt zwischen ihnen auch alle nur erdenklichen Mischformen. Grundsätzlich ist für die Gewässer Amazoniens charakteristisch, daß sie pH-Werte im leicht bis deutlich sauren Bereich aufweisen und extrem arm an gelösten Mineralien sind, d.h., sowohl ihre Gesamt- als auch ihre Karbonathärte sind äußerst niedrig.

Am deutlichsten sind diese Merkmale im Schwarzwasser ausgeprägt. Damit hängt zusammen, daß Buntbarsche aus diesem Gewässertypus recht heikle Pfleglinge sein können, deren Zucht sich häufig als äußerst schwierig erweist.

Obwohl die drei vorstehend kurz beschriebenen Gewässertypen vor allem für das brasi-

Tabelle 2:
Beispiel für Klarwasser in Peru

pH		7,2
Leitfähigkeit	µS	142
GH	°dH	4,9
Ca	°dH	3,6
Mg	°dH	1,3
KH	°dH	4,7
Na	mg/l	3,9
K	mg/l	0,5
NO_3	mg/l	0,8
PO_4	mg/l	<0,1
Cl	mg/l	<5
SO_4	mg/l	n.n.
Zn	µg/l	11
Pb	µg/l	n.n.
Cd	µg/l	n.n.
Cu	µg/l	27
CO_2	mg/l	10

Die Wasserprobe wurde von den Autoren im Juli 1983 dem Rio Chinipo im Einzugsgebiet des oberen Ucayali entnommen und durch Dr. G. Ritter im Labor der Firma Tetra analysiert.

Tabelle 3:
Beispiel für Weißwasser in Peru

pH		7,1
Leitfähigkeit	µS	154
GH	°dH	2,9
Ca	°dH	2,9
Mg	°dH	0
KH	°dH	3,9
Na	mg/l	9,0
K	mg/l	1,8
NO_3	mg/l	0,8
PO_4	mg/l	<0,7
Cl	mg/l	<5
SO_4	mg/l	n.n.
Zn	µg/l	7
Pb	µg/l	n.n.
Cd	µg/l	n.n.
Cu	µg/l	13
CO_2	mg/l	10

Die Wasserprobe wurde von den Autoren im Juli 1983 der Paca Cocha bei Pucallpa im Einzugsgebiet des mittleren Ucayali entnommen und durch Dr. G. Ritter im Labor der Firma Tetra analysiert.

lianische Amazonasgebiet chrakteristisch sind, lassen sie sich zumindest in etwas veränderter Form auch in anderen Teilen des tropischen Südamerika und in Mittelamerika finden. So gibt es beispielsweise in Peru, Bolivien und Mexiko ebenfalls typische Klar- und Weißwasserflüsse. Extrem weiches Wasser ist jedoch in diesen Ländern die Ausnahme. Relativ häufig werden in jenen Gewässern mittlere Härtegrade gemessen. Für einige Klarwasserflüsse Mexikos, die aus der Sierra Madre Occidental kommen, ist sogar eine extrem hohe Gesamthärte charakteristisch. Auch sehr niedrige pH-Werte im stark sauren Bereich sind für Gewässer dieser Länder eher untypisch. Meist bewegt sich dort die Konzentration der Wasserstoffionen zwischen den Werten 7 und 8. Im Unterschied zum Klar- und Weißwasser ist typisches Schwarzwasser außerhalb der Einzugsgebiete des Amazonas und des Orinokos nur ausnahmsweise zu finden. Die auch heute noch weit verbreitete Meinung, daß die südamerikanischen Cichliden generell in sehr weichen und sauren Gewässern leben, ist demnach nicht zutreffend.

Mit Ausnahme einiger weniger spezialisierter Fischfresser, die wie *Cichla ocellaris* auch im freien Wasser jagen, bewohnen die amerikanischen Buntbarsche vorzugsweise die Uferzonen ihrer Heimatgewässer, wo sie ausreichend Schutz und Versteckmöglichkeiten finden. Das hängt zum Teil mit ihrer Brutbiologie zusammen, denn als Substratbrüter finden sie nur dort geeignete Örtlichkeiten, um den Laich zu deponieren.

Weder in Weißwasserflüssen, die einen schlammigen Gewässergrund haben, noch in Schwarzwasserflüssen, die meist einen sandigen Grund besitzen, gibt es im allgemeinen Steine. Das einzige Laichsubstrat, das den Cichliden in diesen Gewässern zur Verfügung steht, bildet in das Wasser gefallenes Holz, das aber meist reichlich vorhanden ist. Unter Baumstämmen sowie zwischen Ästen und Wurzeln finden die Fische auch die von ihnen benötigten Versteckmöglichkeiten. Im Gegensatz dazu haben Klarwasserflüsse häufig einen felsigen oder steinigen Untergrund, der den Fischen eine Vielzahl zusätzlicher Zufluchtstätten bietet. Typisch für viele stehende tropische Gewässer ist eine dichte Decke von

Auch in Mittelamerika gibt es typische Klarwasserflüsse (Rio Chamula, Chiapas, Mexiko).

Schwimmpflanzen, die meist aus Wasserhyazinthen *(Eichhornia crassipes, E. azurea)* und Muschelblumen *(Pistia stratiotes)* besteht. Sie bietet den Fischen ebenfalls Sichtschutz und ist ein beliebter Aufenthaltsort von Buntbarschen. Weniger bekannt ist, daß auch die häufig 15 oder 20 cm hohe Schicht locker liegenden Fallaubs, die den Grund von Gewässern im tropischen Regenwald bedeckt, ein beliebter Aufenthalt von gewissen Cichliden ist. Zu

Tabelle 4:
Klarwasser in Mexiko

pH		7,68
Leitfähigkeit	µS	1200
GH	°dH	15,2
Ca	°dH	7,6
Mg	°dH	7,6
KH	°dH	12,8
Na	mg/l	0,7
K	mg/l	0,7
NO_3	mg/l	< 5
PO_4	mg/l	n.n.
Cl	mg/l	< 5
SO_4	mg/l	34
Zn	µg/l	< 0,1
Pb	µg/l	0,2
Cd	µg/l	< 0,1
Cu	µg/l	0,4
CO_2	mg/l	8

Die Wasserprobe wurden von den Autoren im April 1983 dem Rio Nututun bei Palenque (Chiapas, Mexiko) entnommen und durch Dr. G. Ritter im Labor der Firma Tetra analysiert.

Im Amazonasgebiet wird der Urwald zur Hochwasserzeit meterhoch überschwemmt, wie an den Bäumen zu sehen ist.

den Bewohnern dieses Biotops zählen insbesondere *Apistogramma* und halbwüchsige *Crenicichla*. Gewisse *Bujurquina*-Arten aus Klarwasserflüssen Perus benutzen im Wasser liegende Blätter sogar als Laichsubstrat. Bei Gefahr können sie das Blatt mit dem Maul ergreifen und mit dem Gelege an einen anderen Ort fliehen.

Erstaunlicherweise wurde bisher in der aquaristischen Literatur der Tatsache, daß die Gewässer im Amazonasgebiet erstaunlichen Schwankungen des Wasserstands unterliegen, kaum Aufmerksamkeit geschenkt, obwohl diese Lebensbedingung für die Biologie der Buntbarsche und aller anderen Fische dieser Gebiete von wesentlicher Bedeutung ist. Im jahreszeitlichen Rhythmus steigt und fällt der Wasserspiegel zwischen der Zeit des Hoch- und des Niedrigwassers regelmäßig um mehrere Meter. Ein Unterschied zwischen sechs und acht Metern ist für viele Gewässer Amazoniens keine Seltenheit.

Aufgrund von Beobachtungen im Aquarium ist bekannt, daß manche südamerikanische Cichliden *(Uara amphiacanthoides)* ausgesprochene Pflanzenfresser sind und daß andere *(Mesonauta festivus* und *Pterophyllum scalare)* vorzugsweise auf Pflanzen und nicht in Bodennähe auf Steinen ablaichen. Dieser Befund scheint auf den ersten Blick im Widerspruch zu der Tatsache zu stehen, daß es in den natürlichen Lebensräumen dieser Buntbarsche, wenn man von einigen wenigen Schwimmgewächsen an der Wasseroberfläche absieht, im allgemeinen überhaupt keine Wasserpflanzen gibt. Dies ist jedoch nur ein scheinbarer Widerspruch. Vieles spricht dafür, daß die Cichliden jener südamerikanischen Gewässer, die ausgeprägten jahreszeitlichen Schwankungen des Wasserstandes unterworfen sind, eine relativ eng begrenzte Laichzeit besitzen, die mit dem Hochwasser zusammenfällt (vgl. STAECK, 1982). In dieser Zeit treten aber die Gewässer weit über ihre Ufer, so daß der Urwald meterhoch überschwemmt wird. Dabei erreicht der Wasserspiegel eine derartige Höhe, daß sich Büsche und die unteren Äste von Bäumen tief unter der Wasseroberfläche befinden. Offenbar sind es gar nicht Wasserpflanzen, die im Leben dieser Cichliden eine wichtige Rolle spielen. Vielmehr dienen ihnen die untergetauchten Teile der Landvegetation als Nahrungsquelle und Laichsubstrat.

Gewisse Besonderheiten in der Fortpflanzungsbiologie und Brutpflege mancher Cichliden, die in Weiß- oder Schwarzwasserflüssen leben, lassen sich ebenfalls mit den Verhältnissen in ihren natürlichen Lebensräumen erklären. *Mesonauta*- und *Symphysodon*-Arten laichen niemals am Boden, sondern in einigem Abstand vom Untergrund, wobei sie nicht waagerechte, sondern senkrechte Flächen bevorzugen. Ferner werden die Larven von den Elternfischen nicht in Gruben abgelegt, sondern mit Hilfe ihrer am Kopf befindlichen Klebedrüsen in der Nähe der Wasseroberfläche an Ästen, Baumwurzeln oder Schwimmpflanzen angeheftet.

Im Weiß- und Schwarzwasser sind diese Buntbarsche gezwungen, die Brutpflege vom Gewässergrund an die Wasseroberfläche zu verlegen, weil sie nur dort ausreichende Sichtverhältnisse vorfinden. Die vorstehenden Befunde zeigen, daß manche Verhaltensweisen, die in der Gefangenschaft ungewöhnlich erscheinen mögen, biologisch sinnvoll und verständlich werden, wenn sich die Gelegenheit bietet, Aquarienfische in ihren natürlichen Lebensräumen zu beobachten.

Das biotopgerechte Aquarium für amerikanische Grosscichliden

Die amerikanischen Großcichliden sind in der Mehrzahl sehr robuste und widerstandsfähige Fische, eine Eigenschaft, die sie für die Pflege im Aquarium empfehlenswert erscheinen läßt. Insbesondere in der über Mittelamerika verbreiteten Gattung *Archocentrus,* die ausschließlich aus mittelgroßen Arten besteht, gibt es mehrere Buntbarsche, die sich infolge ihrer Anpassungsfähigkeit unter beinahe allen Pflegebedingungen mühelos zur Fortpflanzung bringen lassen und die deshalb auch geeignete Pfleglinge für Aquarianer sind, die erst wenig Erfahrung in der Haltung von Fischen besitzen. Derartige Organismen, die gegenüber Änderungen ihrer Lebensbedingungen recht tolerant sind, werden von den Ökologen, welche die Wechselbeziehungen zwischen den Lebewesen und ihrer Umwelt erforschen, als euryök bezeichnet.

Andererseits gibt es unter den größeren amerikanischen Buntbarschen auch einige stenöke Arten, d. h. Spezialisten mit einem sehr engen Toleranzspektrum, die sich nur wohlfühlen, wenn fast alle Umweltfaktoren ganz genau mit ihren besonderen Lebensansprüchen übereinstimmen. Das sind die sogenannten Problemfische, die sich nur schwer im Aquarium halten und noch schwerer züchten lassen. Die meisten Cichliden, die dieser Gruppe zuzurechnen sind, stammen aus dem Schwarzwasser des Amazonasurwaldes. Unter ihnen gibt es Arten, die bisher im Aquarium noch nicht zur Fortpflanzung zu bewegen waren, obwohl sich erfahrene Züchter mehrfach darum bemüht haben.

Eine langfristige erfolgreiche Haltung und die Zucht von Buntbarschen können nur unter der Voraussetzung gelingen, daß die Einrichtung des Aquariums den Lebens- und Umweltansprüchen der betreffenden Arten möglichst optimal entspricht. Bevor man damit beginnt, einen Behälter für die Pflege amerikanischer Großcichliden herzurichten, sollte man sich deshalb erst einmal über die Lebensbedingungen informieren, unter denen die Fische in ihren natürlichen Biotopen leben und sich fortpflanzen. Erst die genaue Kenntnis aller Umweltfaktoren, die das Leben von Cichliden an deren Fundorten beeinflussen, versetzt uns in die Lage, die dort herrschenden Bedingungen auch im Aquarium in etwa nachzubilden. Wichtig sind in diesem Zusammenhang Informationen über die Wassertemperaturen, die Licht- und Strömungsverhältnisse, die Art des Gewässergrundes, die Struktur und Beschaffenheit des Ufers sowie die chemischen und physikalischen Besonderheiten des Gewässers, vor allem seine Gesamt- und Karbonathärte sowie sein pH-Wert. Neben den

Auch heute gibt es im Amazonasurwald noch Gebiete, die weitgehend unzugänglich und unerforscht sind und deshalb noch unbekannte Fischarten enthalten.

Faktoren der unbelebten Umwelt entscheiden aber auch Faktoren der belebten Umwelt über die Existenzmöglichkeiten von Fischen. Beispielsweise ist keineswegs unwichtig, welche Algen und höheren Pflanzen in einem bestimmten Gewässer vorkommen und welche Tiere es bewohnen, denn alle diese Lebewesen können die Bedingungen, unter denen Buntbarsche in den natürlichen Biotopen leben, ganz nachhaltig beeinflussen, da sie als Nahrungsquellen, Konkurrenten oder potentielle Feinde in Frage kommen.

Häufig wird übersehen, daß auch die Einrichtung und dekorative Gestaltung des Aquariums wichtige Umweltfaktoren enthalten, die das Wohlbefinden der Fische erheblich fördern oder beeinträchtigen können. Gelegentlich enttäuschen Cichliden ihren Pfleger dadurch, daß sie unscheinbar aussehen und nicht die erwartete Farbenpracht zeigen. Das kann damit zusammenhängen, daß die Fische aus intensiv besonnten Klarwasserflüssen stammen, daß aber der Bodengrund und die übrige Einrichtung des Aquariums sehr dunkel gehalten sind und sie sich dieser Umgebung farblich angepaßt haben. Andere Arten sehen dagegen blaß und farblos aus, weil der Boden des Aquariums mit weißem Kies bedeckt ist, sie jedoch aus schattigen Urwaldgewässern mit einem dunkelbraunen bis schwärzlichen Untergrund aus totem Laub stammen.

Großcichliden benötigen erwartungsgemäß sehr geräumige Aquarien. Zwar gibt es eine ganze Reihe mittelgroßer Arten, beispielsweise aus den Gattungen *Biotodoma, Bujurquina, Mesonauta, Thorichthys* und *Archocentrus,* die in Behältern mit einer Seitenlänge von unter einem Meter gut zu halten und zu züchten sind. Auch für sie sind jedoch größere Bekken weit empfehlenswerter, da die Fische nur bei einem reichlichen Raumangebot das volle Inventar ihrer interessanten Verhaltensweisen zeigen können. Die Voraussetzung dafür, ein biotopgerechtes Aquarium zu schaffen, bietet für die meisten Cichliden erst ein Behälter, der in etwa eineinhalb Meter lang ist.

Paradoxerweise wird für die Pflege halbwüchsiger Cichliden im allgemeinen ein vergleichsweise größeres Aquarium benötigt als für die Haltung eines gut harmonierenden ausgewachsenen Pärchens. Das hängt mit der zumeist stark entwickelten innerartlichen Aggression zusammen, die die meisten Buntbarsche gegenüber nicht mit ihnen verpaarten Artgenossen zeigen. Hinzu kommt, daß die Mehrzahl der amerikanischen Großcichliden im Alter relativ ruhige Pfleglinge mit einem nur geringen Bewegungsbedürfnis sind. Eine sehr wichtige Grundregel ist in diesem Zusammenhang, daß man die Fische so wenig wie möglich stört, ihnen also beispielsweise auf keinen Fall die Eier, Larven oder Jungfische vor dem Erlöschen des Brutpflegetriebes wegnimmt, denn derartige Eingriffe können selbst bei eingespielten Paaren Auseinandersetzungen und Beißereien auslösen, die unter beengten räumlichen Verhältnissen rasch zum Tode eines Fisches führen.

Eine empfehlenswerte Methode, um die innerartliche Aggression etwas zu mindern, besteht darin, nicht nur eine Art im Aquarium zu halten, sondern mehrere verschiedene Buntbarsche miteinander zu vergesellschaften. Ein Gesellschaftsaquarium muß aber erheblich geräumiger sein als ein Behälter, in dem nur ein einzelnes Paar lebt, denn jeder Art soll ja die Möglichkeit geboten werden, sich in einem eigenen Territorium zu entfalten. Unter derartigen Pflegebedingungen ergeben sich die interessantesten Beobachtungen und Bedingungen für Verhaltensstudien.

Auch Vertreter ganz anderer Fischfamilien kommen als weitere Bewohner eines Gesellschaftsaquariums in Betracht. Als gut mit Cichliden haltbar haben sich die südamerikanischen Saugwelse (Loricariidae) aus den Gattungen *Glyptoperichthys, Peckoltia, Hypostomus, Ancistrus* und *Hemiancistrus* erwiesen. Auch viele Salmler sind unter der Voraussetzung, daß sie in etwa dieselbe Größe wie die Cichliden haben, für ein Gesellschaftsaquarium geeignet. Sie sind insbesondere dann empfehlenswert, wenn Buntbarsche, die für sich gehalten werden, sehr ängstlich wirken, denn durch ihre Schwimmfreudigkeit nehmen die Salmler den Cichliden die Scheu. Mittelamerikanische Buntbarsche lassen sich gut mit lebendgebärenden Zahnkarpfen vergesellschaften.

Zur biotopgerechten Einrichtung eines Aquariums für amerikanische Buntbarsche gehört vor allem, daß für eine ausreichende

Zahl von Versteckmöglichkeiten und Zufluchtsstätten gesorgt wird, die die Fische in ihren heimatlichen Weiß- und Schwarzgewässern zwischen im Wasser liegenden Bäumen und Ästen, in Klarwasserflüssen auch zwischen und unter Steinen finden. In tropischen Seen, Tümpeln und Teichen bietet meist eine Schwimmpflanzendecke zusätzlichen Schutz. Eine durchdachte Verteilung von Sichtblenden und Versteckplätzen kann den Fischen auch im Aquarium die Abgrenzung von Revieren erleichtern.

Die Frage, ob und wie ein Aquarium für amerikanische Großcichliden zu bepflanzen ist, wird in der Aquaristik zum Teil außerordentlich kontrovers diskutiert. In den typischen Weiß- und Schwarzwasserflüssen Amazoniens gibt es im allgemeinen keine im Boden wurzelnden höheren Wasserpflanzen. Der Grund dafür ist die starke Trübung oder Braunfärbung dieser Gewässer, die das von den Pflanzen benötigte Licht gar nicht bis zum Gewässergrund durchdringen lassen. Auch der extrem wechselnde Wasserstand erschwert sicherlich die Besiedlung der meisten südamerikanischen Gewässer durch Wasserpflanzen. Puristen vertreten deshalb die Meinung, daß Pflanzen nicht in eine Nachbildung dieser Biotope gehören. Andererseits kann ein begrüntes Aquarium erheblich an ästhetischem Reiz gewinnen. Hinzu kommt, daß einzelne Pflanzengruppen durchaus zum Wohlbefinden der Fische beitragen, da sie Sichtschutz gewähren.

Gegen eine Bepflanzung des Aquariums ist grundsätzlich wenig einzuwenden. Sie darf allerdings in keinem Fall den Lebensbedürfnissen der Fische zuwiderlaufen. Um zu gewährleisten, daß den Tieren ein ausreichend bemessener freier Schwimmraum verbleibt, sollte ein Behälter für die amerikanischen Großcichliden immer nur mäßig bepflanzt sein. Dafür läßt sich auch noch ein zweites Argument anführen.

Die den meisten Buntbarschen völlig zu unrecht nachgesagte Pflanzenfeindlichkeit beruht gar nicht darauf, daß sie Pflanzenfresser sind, denn Arten mit einer derartigen Ernährungsweise sind unter den amerikanischen Cichliden eindeutig in der Minderheit. Falls Pflanzen von Buntbarschen zerstört werden, hängt das meist mit dem Brutpflegeverhalten dieser Fische und mit einer nicht artgemäßen Einrichtung des Aquariums zusammen. Zu den angeborenen Verhaltensweisen der meisten amerikanischen Großcichliden gehört es, daß sie in unmittelbarer Nähe des Geleges

Vieja guttulata ist eine der mittelamerikanischen Cichlidenarten, deren Farbkleid sehr variabel ist.

oder der Grube, in der die Larven deponiert sind, für freie Sicht sorgen, denn nur so können sie die Annäherung von Freßfeinden rechtzeitig bemerken und die Brut wirkungsvoll verteidigen. Aus diesem Grund trachten sie danach, alle Pflanzen zu entfernen, die sich im Zentrum ihres Brutreviers befinden. Auch dies ist ein weiterer Grund, weshalb ein Aquarium für amerikanische Großcichliden nur mäßig und überlegt bepflanzt werden sollte. Empfehlenswerte Gewächse sind unter anderem große Einzelexemplare von *Echinodorus,* ferner *Anubias*-Arten und der Farn *Microsorium pteropus,* die in der Nähe der Wasseroberfläche auf Wurzeln und Felsen befestigt werden können und dort nach einiger Zeit festwachsen.

Der Bodengrund sollte in einem Aquarium für amerikanische Großcichliden aus gut gewaschenem groben Sand oder feinem Kies bestehen. Die Korngröße darf nicht zu groß sein, da sonst die Gefahr besteht, daß die Larven, die von den Offenbrütern in Gruben abgelegt werden, zwischen die einzelnen Kiesel geraten und verloren gehen. Bei der Pflege der Gattungen *Geophagus und Satanoperca* darf nur Sand verwendet werden, da sich diese Fische nur wohlfühlen, wenn sie den Bodengrund auf der Nahrungssuche durchkauen können, denn das ist bei ihnen eine angeborene Verhaltensweise. Cichliden aus Weiß- und Schwarzwasserflüssen fühlen sich im allgemeinen nur über dunklem Untergrund wohl, Arten aus Klarwasserflüssen bevorzugen dagegen meist eine helle Umgebung.

Inwieweit die Pflege von Buntbarschen auf Dauer erfolgreich verläuft und Zuchtversuche gelingen, hängt in erheblichem Maße auch von den physikalischen und chemischen Eigenschaften des verwendeten Aquarienwassers ab. Die im folgenden vorgestellten Buntbarsche sollten, wenn nicht ausdrücklich andere Werte angegeben werden, bei Wassertemperaturen zwischen 25 und 27 °Celsius gehalten werden. Bei Zuchtversuchen kann eine Erhöhung der Temperatur um zwei Grad empfehlenswert sein, da hierdurch die Entwicklung der Eier und Larven beschleunigt und der Zeitraum zwischen dem Ablaichen und dem Freischwimmen der Jungtiere erheblich verkürzt wird.

Ein besonderes Merkmal der Klarwasser- und Schwarzwasserflüsse Südamerikas ist ihre Sauberkeit. Die Weißwasserflüsse transportie-

Großcichliden wie *Vieja synspilum* brauchen Versteckplätze zwischen Wurzeln und Steinen, damit sie sich wohlfühlen.

ren zwar große Mengen anorganischen Materials, sie sind jedoch in der Regel kaum durch organische Stoffwechselprodukte belastet. Da Großcichliden infolge ihres Nahrungsbedarfs einen erheblichen Stoffumsatz haben, ist es empfehlenswert, an das Aquarium einen wirkungsvollen Filter anzuschließen, der durch eine leistungsstarke Motorpumpe betrieben wird und für eine mechanische Reinigung des Wassers sorgt. Noch wichtiger ist jedoch ein regelmäßiger teilweiser Wasserwechsel, durch den die unsichtbaren, im Aquariumwasser gelösten schädlichen Stoffwechselendprodukte der Fische wieder aus dem Aquarium entfernt werden. Eine derartige intensive Wasserpflege ist besonders wichtig bei vielen Buntbarschen aus dem Schwarzwasser Amazoniens, da jene Arten besonders empfindlich auf einen erhöhten Nitrit- und/oder Nitratgehalt des Aquariumwassers reagieren.

Die unter Aquarianern noch immer weitverbreitete Ansicht, daß amerikanische Cichliden besonders weiches Wasser mit einer extrem sauren Reaktion benötigen, hat sich inzwischen durch zahlreiche Wasseranalysen in den natürlichen Lebensräumen als falsch erwiesen. Sie trifft bedingt auf Buntbarsche aus dem eigentlichen Amazonasgebiet, insbesondere aus den Einzugsgebieten von Orinoko, Rio Negro und Rio Solimoes, zu, unter denen es wirklich Arten gibt, die sich nur in einem derartigen Wasser züchten lassen, ist aber beispielsweise für mexikanische Cichliden und andere mittelamerikanische Arten sowie Fische aus dem mittleren und oberen Ucayali-Gebiet (Peru) unzutreffend, da diese meist bei pH-Werten zwischen 7 und 8 und in relativ hartem Wasser auftreten. Da sich die einzelnen Arten aber recht erheblich in ihren Ansprüchen an den Chemismus des Wassers unterscheiden können, ist den Informationen über die natürlichen Lebensräume und den Tabellen über dort durchgeführte Wasseranalysen besondere Aufmerksamkeit zu schenken.

Mit Hilfe der modernen technischen Hilfsmittel, die der Zoofachhandel anbietet, ist es heute kein Problem mehr, das biotopgerecht eingerichtete Aquarium verläßlich und ohne zu großen Arbeitsaufwand funktionsfähig zu erhalten. Die in den natürlichen Biotopen ermittelten Wasserwerte lassen sich selbst dann im Aquarium erreichen, wenn das zur Verfügung stehende Leitungswasser einen ganz anderen Chemismus besitzt, denn Entsalzungsanlagen senken in beliebigem Maße die Wasserhärte herab, und verschiedene Filtermaterialien verschieben den pH-Wert vom neutralen oder alkalischen in den sauren Bereich.

Wenn schließlich für eine ausreichende und abwechslungsreiche Ernährung der Fische gesorgt wird, dann dürfte es in einem Aquarium, das unter Beachtung der vorstehenden Empfehlungen biotopgerecht eingerichtet wurde, nicht schwerfallen, amerikanische Großcichliden über lange Jahre gesund am Leben zu erhalten und auch zur Fortpflanzung zu bringen. In einem Aquarium, dessen Einrichtung den Bedingungen in den natürlichen Lebensräumen nahekommt, besteht auch nicht mehr die Notwendigkeit, den Buntbarschen die Eier, Larven oder Jungfische wegzunehmen, um sie künstlich aufzuziehen, denn bei einer biologisch sinnvollen Zusammenstellung der gepflegten Fische und der Aquariumdekoration werden die Jungtiere zwar nicht vollzählig, jedoch häufig ohne übergroße Verluste heranwachsen.

Die Gattung Acarichthys
EIGENMANN, 1912

Die Gattung ist monotypisch, d.h., sie besteht nur aus einer einzigen Art. Die Sonderstellung dieser Spezies in der Systematik der Buntbarsche erklärt sich dadurch, daß sie einerseits eine ganze Reihe von Merkmalen besitzt, die an die Vertreter der Gattungsgruppe der Geophaginen, beispielsweise an *Geophagus*- oder *Biotodoma*-Arten, erinnern. Dazu gehören unter anderem die Körpergestalt, Einzelheiten des Farbkleides und die kleinen Schuppen.

Andererseits fehlt *Acarichthys heckelii* jedoch der für alle Geophaginen typische fleischige Anhang am oberen Ende des ersten Kiemenbogens. Weitere Merkmale, die zu einer Abgrenzung von anderen südamerikanischen Buntbarschgattungen führten, sind die geringe Zahl von maximal nur dreizehn Hartstrahlen in der Rückenflosse sowie der besondere Aufbau des ersten Bauchflossenstrahls.

Besonders enge verwandtschaftliche Beziehungen bestehen zu den im nordöstlichen Südamerika (Guyanaländer, Venezuela, Brasilien) verbreiteten *Guianacara*-Arten, die deshalb zeitweilig, bevor sie schließlich im Jahre 1989 durch Kullander in einer neuen Gattung zusammengefaßt wurden, der Gattung *Acarichthys* zugeordnet wurden.

Acarichthys heckelii

MÜLLER & TROSCHEL, 1849

In der Erstbeschreibung wurde diese Art der Gattung *Acara* zugeordnet. Ein jüngeres Synonym für sie ist *Acara subocularis* Cope, 1878. Ferner wurde sie in der wissenschaftlichen Literatur verschiedentlich auch unter dem Namen *Geophagus thayeri* Steindachner, 1875, geführt.

Die maximale Länge dieses Buntbarsches liegt bei ungefähr 20 cm. Obwohl er keine sehr

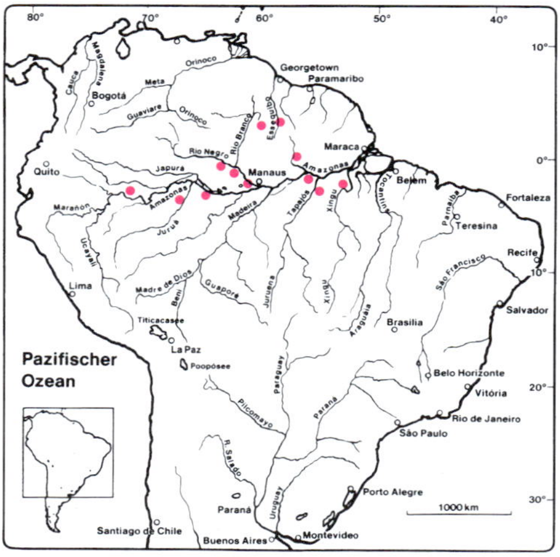

Fundorte von *Acarichthys heckelii*

auffälligen Farben zeigt, gehört er zu den prächtigsten südamerikanischen Cichliden. Auf hellgrauem Untergrund erstrecken sich acht oder neun Längsreihen grüngoldener Glanzflecken über seine Körperseiten. In der Mitte der Flanken liegt ein größerer schwarzer

Acarichthys heckelii ♂

Punkt. Erwachsene Exemplare tragen oft zwischen diesem Seitenfleck und dem Kiemendeckel eine prächtig orangebraune Farbzone, die sich vom Rücken bis in die Brustregion erstreckt. Denselben Farbton tragen auch die Wangen, die Bauchflossen und die Afterflosse. Das obere vordere Viertel der Iris ist blutrot gefärbt. Rot getönt sind auch die auffallenden fädigen Verlängerungen der ersten fünf oder sechs Weichstrahlen der Rückenflosse. Jungtiere bis zu einer Länge von vier Zentimeter tragen im vorderen Bereich der Rückenflosse ein ganz typisches farbliches Merkmal: Während die ersten beiden Flossenhäute tiefschwarz aussehen, sind die beiden folgenden kräftig rot gefärbt. Die Geschlechter lassen sich nur schwer unterscheiden. Im Alter zeigen die Männchen eine kräftigere Beflossung.

Arttypische Merkmale

Wichtige Bestimmungsmerkmale sind der runde Flankenfleck, der eine halbe bis eine Schuppe unter der oberen Seitenlinie liegt, die fädigen Verlängerungen der ersten Weichstrahlen der Dorsale und die ausgedehnte, kräftig orangebraune Farbzone unmittelbar hinter dem Kiemendeckel.

Ähnliche Arten

Dieselbe Verlängerung der Weichstrahlen der Dorsale zeigt auch *Satanoperca daemon* (Heckel, 1840), jene Art ist aber wesentlich schlanker und trägt einen kräftigen schwarzen Fleck auf der Schwanzwurzel. Farbliche Ähnlichkeiten bestehen auch zu Vertretern der Gattung *Geophagus*, die aber keine derartig verlängerten Rückenflossenstrahlen aufweisen.

Einen ähnlichen orangebraunen Schulterfleck trägt *Biotodoma cupido* (Heckel, 1840). Bei jener Spezies liegt der schwarze Seitenfleck jedoch nicht in der Mitte der Flanken, sondern in der hinteren Körperhälfte und näher an der Rückenflosse.

Eine gewisse Ähnlichkeit weisen auch die Vertreter der Gattung *Guianacara* auf, die jedoch nur bei Jungtieren Anlaß für Verwechslungen bieten könnte, da die Jungfische einiger Arten im vorderen Teil der Rückenflosse ähnlich auffällige Zeichnungen wie *Acarichthys heckelii* besitzen. Sobald die *Guianacara*-Arten ausgewachsen sind, zeigen sie eine vollkommen andere Körpergestalt und Beflossung.

Wie einer der Verfasser im Gebiet des Rio Negro beobachten konnte, liegen die

natürlichen Lebensräume

dieses Buntbarsches vor allem in ruhigen Seitenarmen und Buchten, die reich an Versteckmöglichkeiten in Form von ins Wasser gefallenen Bäumen und Ästen sind. Stellenweise war er dort der häufigste Cichlide. Meist war er in diesem Gebiet mit *Mesonauta insignis* und *Biotodoma wavrini* vergesellschaftet. Im Einzugsbereich des Rio Negro bewohnen die Fische extremes Schwarzwasser mit einer Gesamt- und Karbonathärte unter 1 °dH und pH-Werten, die meist um den Wert 5 liegen. Andererseits besteht aber die Wahrscheinlichkeit, daß sie auch in Gewässern mit anderen Wasserwerten vorkommen, denn ihr Verbreitungsgebiet scheint sehr ausgedehnt zu sein. Neben dem Rio Negro werden unter anderem der Rio Juruá, der Lago Hianuari bei Obidos, der Rio Tapajós, der Rio Tefé, der Rio Xingu und der Rio Trombetas in Brasilien, ferner der Essequibo und der Rupununi in Britisch Guayana sowie Pebas in Peru als Fundorte in der Literatur genannt.

Für die langfristige erfolgreiche

Haltung

dieser Art werden größere Behälter benötigt, die eine Seitenlänge von rund eineinhalb

Acarichthys heckelii: Jungfisch im Jugendkleid

Lebensraum von *Acarichthys heckelii* im Einzugsbereich des Rio Negro (Brasilien); die Fische bevorzugen ruhiges Wasser und viele Versteckmöglichkeiten.

Metern besitzen. Die Fische fühlen sich nur wohl, wenn sich im Aquarium Versteckmöglichkeiten befinden, die mit Moorkienwurzeln und Steinplatten geschaffen werden. Eine Bepflanzung, die jedoch den Schwimmraum nicht zu stark einengen sollte, ist möglich, da sie von den Tieren nicht beschädigt wird. Bei zu greller Beleuchtung werden die Fische häufig scheu, und ihre Farben verblassen.

A. heckelii ist eine sehr friedliche und ruhige Art, die keinesfalls mit sehr robusten und aggressiven Buntbarschen zusammen gehalten werden darf. Aufgrund ihrer Körpergröße benötigen diese Tiere ein kräftiges und reichlich bemessenes Futter. Gut geeignet sind unter anderem geschälte Krabben und Garnelen (Shrimps), die zu kleinen Futterbrocken zerschnitten werden.

Die
Zucht

ist im Aquarium bisher nur selten gelungen. Bei BARAN (1981) pflanzten sich die Tiere im normalen Leitungswasser fort, das eine Gesamthärte von 16–18 °dH hatte. Diese Wasserwerte sind aber mit Sicherheit nicht ideal. Unter Berücksichtigung der Verhältnisse in den natürlichen Lebensräumen sollte für Zuchtversuche grundsätzlich möglichst mineralarmes Wasser verwendet werden, dessen pH-Wert im sauren Bereich liegt. Da *A. heckelii* ein Höhlenbrüter ist, der den Laich an der Decke der Bruthöhle anheftet, ist der Einrichtung des Aquariums besondere Aufmerksamkeit zu widmen. Entsprechend große Tongefäße mit einer relativ kleinen Öffnung scheinen von den Fischen gern als Laichplätze angenommen zu werden. Die Pflege und Verteidigung der Eier und Larven wird vom Männchen und Weibchen in einer Elternfamilie durchgeführt.

Die Gattung Acaronia
MYERS, 1940

Diese lange Zeit als monotypisch geltende Gattung enthält gegenwärtig die beiden Arten *A. nassa* und *A. vultuosa*. Während die erste eine sehr ausgedehnte Verbreitung besitzt, die sich über weite Teile des Amazonasbeckens und die Guyanaländer erstreckt, kommt die zweite nur im nördlichen Südamerika (Kolumbien, Venezuela, Brasilien) vor. Fundorte sind aus den Flußsystemen des Orinoko und des oberen Rio Negro bekannt. Die Gattung wurde von MYERS aufgestellt, um den von STEINDACHNER für *A. nassa* verwendeten Gattungsnamen *Acaropsis* zu ersetzen, da er bereits anderweitig vergeben war.

Kennzeichen der *Acaronia*-Arten, die in der Körpergestalt stark an die Vertreter der Gattung *Chaetobranchus* erinnern, sind unter anderem das tiefgespaltene, vorstülpbare Maul und sehr große Schuppen.

Acaronia vultuosa: Exemplar aus dem Rio Caura kurz nach dem Fang

Acaronia vultuosa
KULLANDER, 1989

Dieser recht unscheinbar gefärbte Cichlide kann eine Länge von ungefähr 18 Zentimetern erreichen. Er besitzt eine graue bis graubraune Grundfärbung, auf der sich die an den Rändern dunkel gesäumten Schuppen deutlich abheben.

Stimmungsbedingt können auf den Flanken zwischen dem Rand des Kiemendeckels und der Schwanzflosse ein Längsband sowie sechs dunkle Querstreifen auftreten, die von vorn nach hinten immer schmaler werden.

Auffällig ist die kräftig rot gefärbte Iris. In der Kopfregion befinden sich um das Auge herum arttypische dunkle Flecken, deren Ausbildung jedoch stimmungsabhängig ist. Die für die Aquaristik wichtigsten Merkmale, die bei lebenden Fischen eine Unterscheidung von *A. nassa* ermöglichen, sind der große Seitenfleck, der nach oben bis an die Seitenlinie heranreicht, sowie das Fehlen eines Tüpfelmusters in der Schwanzflosse.

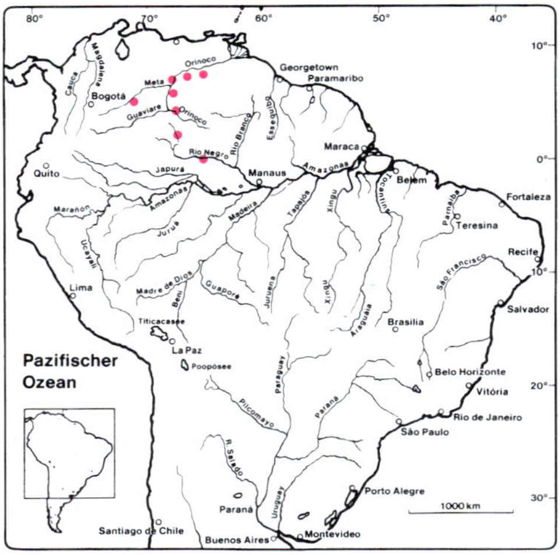

Fundorte von *Acaronia vultuosa*

Natürliche Lebensräume

Die Verbreitung von *Acaronia vultuosa* ist auf den Orinoko-Einzug (Venezuela, Kolumbien) und den oberen Rio Negro (Brasilien) begrenzt. Die Fische kommen dort in einer Vielzahl unterschiedlicher Gewässertypen vor,

Acaronia vultuosa: adulter Fisch

die sich zumeist durch sehr weiches und saures Wasser und geringe Strömung auszeichnen. An einem Fundort im Einzug des Rio Caura ermittelten wir folgende Meßergebnisse: Wassertemperatur 30 °Celsius, elektrische Leitfähigkeit < 10 µS/cm, pH-Wert 5,3.

Haltung

Dieser Buntbarsch ist ein ruhiger, manchmal sogar scheuer Pflegling, der bei der Vergesellschaftung mit anderen Cichliden wenig Durchsetzungsvermögen zeigt. Da er eine räuberische Lebensweise hat und sich in der Natur nicht nur von Garnelen und Insektenlarven, sondern auch von kleinen Fischen ernährt, benötigen erwachsene Exemplare entsprechend gehaltvolles Futter.

Zucht

Zuchtversuche sollten nur in sehr weichem, saurem Wasser unternommen werden, da bei anderen Wasserwerten die Gefahr besteht, daß sich die Embryonen nicht normal entwickeln. *Acaronia vultuosa* ist ein typischer Offenbrüter, bei dem Männchen und Weibchen die Nachkommen in einer Elternfamilie pflegen und verteidigen.

Die Gattung Aequidens
EIGENMANN & BRAY, 1894

Der Gattungsname geht auf die beiden Ichthyologen EIGENMANN und BRAY zurück, die ihn im Jahre 1894 einführten, um die bis dahin übliche Bezeichnung *Acara* zu ersetzen, da sich herausgestellt hatte, daß diese ein Synonym für den Gattungsnamen *Astronotus* bildete. Mit über 25 Arten war *Aequidens* lange die zweitgrößte Gattung südamerikanischer Buntbarsche. Bereits im Jahre 1983 wies jedoch der schwedische Ichthyologe KULLANDER in einer Revision darauf hin, daß sie keineswegs monophyletisch sei, sondern ein Sammelbecken für Cichliden aus ganz unterschiedlichen Verwandtschaftskreisen bildete. Um die verwandtschaftlichen Beziehungen klarer herauszustellen, teilte er die Gattung daher in eine Reihe von Artengruppen auf, von denen die meisten zwischenzeitlich bereits den Status von selbständigen Gattungen erhalten haben. Zu diesen in den letzten Jahren neu beschriebenen Gattungen, die Arten aus der früheren Sammelgattung *Aequidens* enthalten, gehören *Bujurquina* KULLANDER, 1986, *Laetacara* KULLANDER, 1986, *Tahuantinsuyoa* KULLANDER, 1986, *Krobia* KULLANDER & NIJSSEN, 1989, *Cleithracara* KULLANDER & NIJSSEN, 1989 und *Guianacara* KULLANDER & NIJSSEN, 1989.

Zur Zeit enthält die Gattung *Aequidens* rund ein Dutzend beschriebene Arten, zu denen allerdings noch mehrere hinzukommen, die bisher nicht taxonomisch bearbeitet wurden, zum Teil aber bereits in der Aquaristik gepflegt werden. Einige *Aequidens*-Arten ähneln in ihrem Habitus stark den Vertretern der Gattung *Cichlasoma,* die jedoch zum Teil mehr als drei Hartstrahlen in der Anale sowie eine an der Basis beschuppte After- und Rükkenflosse besitzen, währen die Flossen der *Aequidens*-Arten nackt sind. Die Verbreitung der Gattung *Aequidens* erstreckt sich vom Einzugsgebiet des Orinoko im Norden bis zum Flußsystem des Rio Paraguay im Süden.

Trotz der Überführung von zahlreichen ehemaligen *Aequidens*-Arten in neue Gattungen gibt es noch immer eine Anzahl von Buntbarschen aus jener Sammelgattung, die sich einerseits nicht in den neu definierten Verwandtschaftskreis der Gattung *Aequidens* im engeren Sinne einordnen lassen, die man andererseits aber auch keiner anderen Gattung zuordnen kann. Zu diesen Cichliden gehören beispielsweise die Vertreter der „*Aequidens*"-*pulcher*-Gruppe. Diese Arten werden im folgenden als sogenannte „*Aequidens*" geführt, das heißt, der Gattungsname wird in Anführungsstriche gesetzt.

„Aequidens" biseriatus
(REGAN, 1913)

Dieser Buntbarsch wurde in der Erstbeschreibung dem Verwandtschaftskreis der Gattung *Cichlasoma* zugeordnet, später aber in die Sammelgattung *Aequidens* überführt. Da er jedoch zu den *Aequidens*-Arten im engeren Sinne keine näheren Beziehungen aufweist, wird er zur Zeit nur provisorisch in dieser Gattung bis zu dem Zeitpunkt geführt, an dem er einem anderen Verwandtschaftskreis zugeordnet werden kann. Verschiedene Indizien sprechen dafür, daß engere Beziehungen zu dem Formenkreis um die Art *„Aequidens" pulcher* bestehen.

Im männlichen Geschlecht kann dieser Cichlide eine Gesamtlänge von über 15 Zentimetern erreichen. Weibliche Exemplare bleiben jedoch bedeutend kleiner. Die Fische zeigen auf dem Körper eine hellgraue Grundfarbe, auf der sich die an ihrem hinteren Rand schwarz gefärbten Schuppen deutlich abzeichnen. Zwischen dem Rand des Kiemendeckels und dem Grund der Schwanzflosse können stimmungsabhängig sechs breite dunkle Querstreifen oder ein Längsband auftreten. In der oberen Körperhälfte liegt unmittelbar unter der Seitenlinie ein deutlich ausgebildeter Seitenfleck. Die Kopfregion ist kräftig gelb getönt. Auf den Wangen tragen die Fische ein Netzmuster aus hellgrün glänzenden Linien. Der Unteraugenstreifen tritt kräftig hervor. Eine zweite, schwarze, bandförmige Zeichnung liegt auf dem hinteren Teil des Kiemendeckels. Der weichstrahlige Bereich der Rückenflosse trägt ebenso wie der obere Rand der Schwanzflosse einen auffälligen orangeroten Saum.

Fundorte von *„Aequidens" biseriatus*

Die Unterscheidung der Geschlechter gestaltet sich bei diesem Buntbarsch recht

„Aequidens" biseriatus

schwierig, da ein deutlich ausgebildeter Sexualdimorphismus fehlt. Einen brauchbaren Hinweis auf die Geschlechtszugehörigkeit liefert ausschließlich die Beflossung, da bei adulten männlichen Fischen die Rücken- und Afterflosse in der Regel erheblich stärker ausgezogen sind als bei den Weibchen.

Natürliche Lebensräume

Die Verbreitung von „*Aequidens*" *biseriatus* ist auf das nordwestliche Kolumbien beschränkt. Der Fundort der Typusexemplare ist der Rio Condoto, ein Nebenfluß des oberen Rio San Juàn. Darüber hinaus wurde diese Art auch im Rio Calima sowie im Einzugsgebiet des oberen Rio Atrato nachgewiesen. Wasseranalysen, die von verschiedenen Autoren an den natürlichen Fundorten in der Umgebung der Stadt Istmina vorgenommen wurden, ergaben, daß die Fische in sehr weichem Wasser vorkommen, das maximal eine Gesamthärte von 1 °dH und pH-Werte um den Neutralwert aufwies.

Haltung

„*Aequidens*" *biseriatus* ist unter artgemäßen Hälterungsbedingungen ein robuster und anpassungsfähiger Cichlide. Für die Pflege dieses selten gehaltenen Buntbarsches genügt ein vergleichsweise kleines Aquarium mit einer Seitenlänge von ungefähr einem Meter. Sein Boden sollte mit einer mehrere Zentimeter hohen Schicht aus feinem Sand abgedeckt werden. Zu ihrem Wohlbefinden benötigen die häufig etwas scheuen Fische viel Deckung und zahlreiche Versteckplätze. Aus diesem Grund sollte der Behälter in seinem hinteren Bereich dicht mit kräftigen Gewächsen aus den Gattungen *Echinodorus* und *Anubias* bepflanzt sein. Mit Wurzeln aus Moorkienholz lassen sich ferner Nischen und Höhlen anlegen, in welche sich die Fische bei Bedarf zurückziehen können.

Das relativ kleine Maul dieses Buntbarsches ist ein Anzeichen dafür, daß es sich bei ihm um einen Kleinbrockenfresser handelt, der sich von Wirbellosen ernährt. Seine Fütterung sollte deshalb vorzugsweise mit sogenanntem Tümpelfutter erfolgen, d. h. mit Mücken- und anderen Insektenlarven sowie Kleinkrebsen aus den Gattungen *Daphnia* und *Cyclops.* Zusätzlich kann auch Flockenfutter angeboten werden.

Tabelle 5:

Ort:	**Kleiner Fluß im Einzugsgebiet des Rio San Juan. Wenige Kilometer südöstlich der Stadt Istmina in der kolumbianischen Provinz Choco (zit. nach HANSEN)**
Sichtweite:	**klares Wasser**
Farbe:	
pH-Wert:	**7,0**
Gesamthärte:	**< 1 °dH**
Karbonathärte:	**< 1 °dH**
Leitfähigkeit:	
Wassertiefe:	**< 1 m**
Wasserbewegung:	**gering**
Wassertemperatur:	**24,2 °C**
Lufttemperatur:	**29,7 °C**

Fortpflanzung

Die Vermehrung dieser Art ist im Aquarium bereits mehrfach gelungen. Ebenso wie viele andere Vertreter der Gattungsgruppe der Cichlasominen gehört auch „*Aequidens*" *biseriatus* zu den typischen Offenbrütern, die vorzugsweise auf Steinen oder Wurzeln ablaichen. Das Graben am späteren Laichplatz gehört bei dieser Art anscheinend zu den Balzhandlungen. Während der Brutpflege bilden die Fische eine Elternfamilie, in der es keine ausgeprägte Arbeitsteilung zwischen dem männlichen und dem weiblichen Fisch gibt. Nach dem Ablaichen kümmert sich sowohl das Weibchen als auch das Männchen um die Embryonen und Larven, die anfangs in einer kleinen Grube deponiert werden. Auch nachdem die Brut das Larvenstadium durchlaufen hat, führen und verteidigen beide Elternfische den Schwarm der Nachkommen gemeinsam.

Die Aufzucht der Jungfische ist keineswegs problematisch, da sie bereits die frisch geschlüpften Larven des Salinenkrebses bewältigen können, wenn sie erstmals mit der Nahrungsaufnahme beginnen. Bei Zuchtversuchen sollten die Verhältnisse in den natürlichen Lebensräumen der Fische beachtet werden, denn nur weiches und saures Wasser bildet die Voraussetzung für eine optimale Entwicklung der Embryonen.

➧ *Aequidens metae*
EIGENMANN, 1922

Dieser in der Aquaristik recht bekannte Buntbarsch wurde von uns im Jahre 1982 erstmals lebend nach Europa eingeführt. Er kann eine Länge von gut 20 cm erreichen.

Die Fische zeigen auf dem Körper einen schönen braungelben bis gelblichen Grundton, der auch auf die Flossen übergreift. Die Körperseiten tragen einen blaugrünen Metallglanz. Ähnlich gefärbte Glanzlinien treten auch auf den Wangen auf. Die wichtigsten schwarzen Zeichnungen sind ein großer Schwanzfleck in der oberen Hälfte des Schwanzstiels, ein großer Seitenfleck unterhalb der Seitenlinie, der sich nach oben bis zum Ansatz der Rückenflosse ausdehnen kann und rechts und links von je einem gelben senkrechten Streifen eingerahmt ist, sowie ein

Fundorte von *Aequidens metae*

senkrechter Wangenstrich, der am Rand des Vorkiemendeckels gelegen ist. Gelegentlich

Aequidens metae

können auch ein dunkler Längsstreifen sowie mehrere Querstreifen auf den Körperseiten angedeutet sein.

Das wichtigste

arttypische Merkmal,

das eine Identifizierung dieses Buntbarsches ermöglicht, bildet der senkrecht verlaufende Wangenstrich, der vom hinteren Rand des Auges zum unteren Winkel des Vorkiemendeckels zieht (vgl. hinteres Umschlagfoto). Zu den

ähnlichen Arten,

die leicht mit *Aequidens metae* zu verwechseln sind, gehört vor allem *Ae. diadema* (Heckel, 1840), weil dieser Buntbarsch in der Aquaristik ebenfalls verbreitet ist. Jene Art besitzt jedoch keinen Wangenstrich, sondern nur einen kleinen Wangenfleck. Ferner fehlt ihr die schöne blaugrüne Glanzfärbung.

Die

natürlichen Lebensräume

liegen im Einzugsgebiet des Rio Meta, der in seinem Unterlauf die Grenze zwischen den beiden Staaten Kolumbien und Venezuela bildet. Möglicherweise erstreckt sich die Verbreitung dieses Buntbarsches aber auch über Teile des mittleren Orinoko in Venezuela. Die Fische, die als Grundlage für die Erstbeschreibung dienten, wurden bei Barrigón (Caño Carniceria, Cumaral) gefangen. Von uns wurde *Aequidens metae* östlich der Stadt Villavicencio (Kolumbien) in verschiedenen Gewässern nachgewiesen und beobachtet, die zum Einzugsgebiet des oberen Rio Meta gehören. Es handelte sich um kleine, klare, zum Teil leicht bräunliche Wasserläufe. Ihr Bodengrund bestand aus Sand oder Kies. Echte Wasserpflanzen waren selten, doch gab es meist einen reichen Bestand an emerser Ufervegetation. Wasseranalysen ergaben extrem geringe Härtegrade und pH-Werte im sehr sauren Bereich um 5. Weitere Fische dieser Lebensräume sind die Cichliden *Mesonauta insignis, Apistogramma macmasteri* und *Apistogramma viejita* sowie vor allem zahlreiche Salmler. Für die artgemäße

Tabelle 6:

Ort:	Wasserlauf an der Straße von Villavicencio nach Restrepo (Einzugsgebiet des Rio Meta, Kolumbien)
Sichtweite:	klar
Farbe:	leicht bräunlich
pH-Wert:	4,8
Gesamthärte:	< 1 °dH
Karbonathärte:	< 1 °dH
Leitfähigkeit:	38 µS bei 26,3 °C
Wassertiefe:	bis 0,4 m
Wasserbewegung:	gering
Wassertemperatur:	26,3 °C
Lufttemperatur:	27,0 °C
Uhrzeit:	15.30 Uhr

Haltung

dieses Buntbarsches wird ein Aquarium benötigt, dessen Seitenlänge über einem Meter liegen sollte. Für seine Einrichtung werden feiner Kies sowie einige größere Steine und Moorkienwurzeln verwendet, mit denen für Versteckmöglichkeiten gesorgt wird. Auch Pflanzen kommen für die Dekoration des Behälters in Frage, da sie von diesem Buntbarsch nicht beschädigt werden. *Aequidens metae* ist eine ruhige und friedliche Art, die sich auch gut mit kleineren Fischen vergesellschaften läßt. Selbst innerartliche Auseinandersetzungen sind in einem geräumigen Behälter selten. Es empfiehlt sich, adulte Exemplare regelmäßig mit Krebsfleisch (Krabben, Shrimps) zu füttern, um eine ausreichende Ernährung zu gewährleisten. Leider ist die

Zucht

nicht einfach, denn sie scheint nicht in hartem bis mittelhartem, sondern nur in weichem Wasser zu gelingen, das in etwa den Bedingungen im natürlichen Lebensraum nahekommt. Die Fische sind Offenbrüter, die auf Steinen oder Wurzeln ablaichen. Das Gelege, die Larven und Jungfische, werden von beiden Elternfischen betreut und verteidigt. Als erstes Futter für die Jungtiere haben sich die Larven des Salinenkrebses und zerkleinertes Flockenfutter bewährt.

Aequidens pallidus
(HECKEL, 1840)

Da sich das Verbreitungsgebiet dieses Buntbarsches über Gewässer erstreckt, die von Zierfischfängern intensiv genutzt werden, ist er regelmäßig in Importsendungen aus Brasilien vertreten, meist jedoch nur als sogenannter Beifang und unter unzutreffenden Bezeichnungen. Ein weiterer Name, unter dem dieser Fisch verschiedentlich sowohl in der wissenschaftlichen als auch in der aquaristischen Literatur geführt wurde, ist *Aequidens duopunctata* HASEMAN, 1911. Zeitweilig wurde *Aequidens pallidus* auch als Synonym zu *Aequidens tetramerus* aufgefaßt.

Die Fische zeigen einen weißgrauen, in der oberen Körperhälfte oft auch braungelben Grundton. Vor allem in der Rückenregion sind die Schuppen infolge ihrer schwarzen hinteren Ränder deutlich erkennbar. Zwischen der Schwanzwurzel und dem hinteren Rand des Auges erstreckt sich ein schwarzes Längsband, dessen Ausprägung allerdings stimmungsabhängig ist. Der tiefschwarze Schwanzfleck in der oberen Hälfte des Schwanzstiels ist von diesem Band durch eine orangefarbene Zone deutlich abgesetzt. Ein großer Seitenfleck, der in der hinteren Körperhälfte liegt, erstreckt sich vom Längsband nach oben bis über die Seitenlinie hinaus und kann gelegentlich sogar den Ansatz der Rückenflosse erreichen. Vorn und hinten wird er von je einem gelben oder orangefarbenen Fleck gesäumt, der häufig zu einem schmalen weißlichen Querstreifen verlängert ist. Die Iris ist meist kräftig rot getönt. Zu den arttypischen farblichen Merkmalen gehört ein Netzmuster wurmförmiger grünglänzender Linien, das auf rötlichem bis braunrotem Untergrund die Wangenregion schmückt. Ein kleiner schwarzer Wangenfleck, der sich etwas hinter und unterhalb des hinteren Augenrandes befindet, hat eine längliche Form. Seine Ausbildung unterliegt jedoch bestimmten Erregungszuständen. Bei Jungfischen ist die Schwanzflosse ungemustert, bei erwachsenen Exemplaren trägt sie jedoch ein Tüpfelmuster.

Deutliche Geschlechtsunterschiede sind bei dieser Art nicht ausgebildet. Adulte männliche Fische sind jedoch häufig an ihrer kräftigeren Beflossung zu erkennen. Meist ist bei ihnen auch das Netzmuster in der unteren Kopfhälfte großflächiger als bei den Weibchen. Da ausgewachsene Männchen eine Länge von über zwanzig Zentimetern erreichen können, hat dieser Buntbarsch an den natürlichen Fundorten auch eine gewisse Bedeutung als Speisefisch.

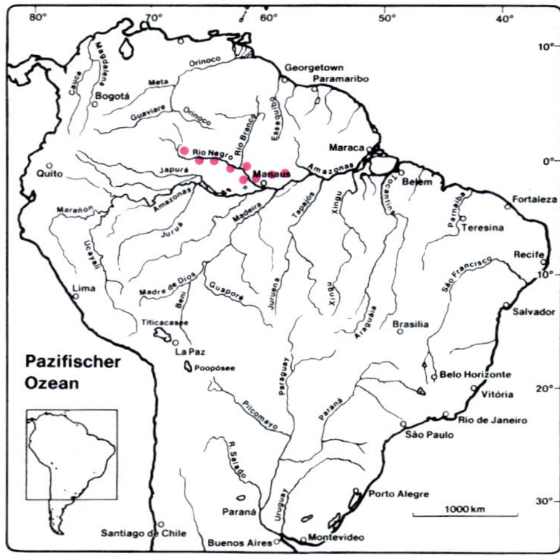

Fundorte von *Aequidens pallidus*

Eine nahe verwandte Art ist *Aequidens tubicen* KULLANDER, 1991, aus dem Rio Trombetas, bei der jedoch das Längsband in mehrere Einzelflecken aufgelöst ist. *Aequidens diadema* (HECKEL, 1840) unterscheidet sich durch die Lage des Seitenflecks, der sich bei jener Art nicht in der hinteren Körperhälfte, sondern ungefähr in der Körpermitte befindet.

Natürliche Lebensräume

Die bislang bekannten Fundorte von *Aequidens pallidus* liegen in Brasilien im Einzugsbereich des mittleren und oberen Rio Negro sowie den Flußsystemen des Rio Preto da Eva, des Rio Puraquequara und des Rio Uatumá. Das Vorkommen dieses Buntbarsches scheint deshalb auf Schwarzwasserflüsse beschränkt zu sein. Wir hatten in den Jahren 1981, 1986 und 1987 mehrfach die Gelegenheit, diese Art im unteren Rio Negro im Bereich der Anavilhanas-Inseln zu beobachten und zu fangen. Das klare, aber dunkelbraun gefärbte Wasser

Aequidens pallidus

ist dort äußerst mineralarm und sauer. Erwachsene Exemplare halten sich in Ufernähe häufig dort auf, wo sie durch im Wasser liegende Bäume und Äste Versteckplätze finden. Jungtiere bis zu einer Länge von etwa vier Zentimetern findet man öfter im Schutz der hohen Schicht von Fallaub, die am Rande der Gewässer den Grund bedeckt.

In einem sehr fischreichen sumpfigen Weiher auf einer der Anavilhanas-Inseln fingen wir *Aequidens pallidus* zusammen mit *Acarichthys heckelii, Acaronia nassa, Satanoperca jurupari, Apistogramme pertensis, Apistogramma gephyra* und *Taeniacara candidi.*

Tabelle 7:

Ort:	Arquipélago das Anavilhanas: sumpfiger Weiher auf einer Insel in der Nähe des linken Ufers des Rio Negro
Sichtweite:	klar
Farbe:	dunkelbraun, teefarben
pH-Wert:	4,3
Gesamthärte:	< 1 °dH
Karbonathärte:	< 1 °dH
Leitfähigkeit:	10 µS/cm
Wassertiefe:	max. 1 m
Wasserbewegung:	keine
Wassertemperatur:	28 °C
Lufttemperatur:	26 °C
Datum:	26. 3. 1986
Uhrzeit:	9.00 Uhr

Haltung

Da *Aequidens pallidus* ein sehr ruhiger Pflegling ist, der gegenüber aggressiven und sehr lebhaften Fischen wenig Durchsetzungsvermögen zeigt, läßt er sich gut mit mittelgroßen Buntbarschen (z.B. *Biotodoma*-Arten) und sogar Zwergcichliden (*Laetacara*-Arten) vergesellschaften. Eine weitere angenehme Eigenschaft besteht darin, daß er sich nicht an der Aquariumbepflanzung vergreift. Allerdings benötigt er aufgrund seiner Endgröße einen sehr geräumigen Behälter, dessen Länge deutlich über einem Meter liegen sollte.

Zucht

Obwohl diese Art regelmäßig importiert wird, fehlen bisher Berichte über eine erfolgreiche Vermehrung im Aquarium. Dies hängt wahrscheinlich damit zusammen, daß die Zucht nur bei Wasserwerten gelingt, die in etwa denen in den natürlichen Habitaten entsprechen, die sich durch äußerst weiches, saures Wasser auszeichnen.

Aequidens patricki

KULLANDER, 1984

Obwohl dieser Buntbarsch bereits weit früher in der ichthyologischen Literatur erwähnt wird, erschien seine wissenschaftliche Beschreibung als neue Art erst im Jahre 1984, da er vorher immer als *Aequidens tetramerus* identifiziert worden war.

Aequidens patricki gehört sicherlich zu den prächtigsten Vertretern der Gattung. Die Fische besitzen eine braungelbe Grundfarbe, über der bei erwachsenen Exemplaren ein hellgrün glänzender Metallglanz liegen kann. Das auffälligste Merkmal im Farbkleid bildet die braunorange bis rotorange gefärbte Wangenregion, die von großen grün glänzenden Flecken bedeckt ist. Unter dem Auge liegt am Rand des Vorkiemendeckels ein dreieckiger schwarzer Fleck. Weitere dunkle Zeichnungen bilden ein Schwanzwurzelfleck auf dem oberen Schwanzstiel und in der Mitte des Körpers ein großer, meist von zwei hellen Querstreifen gesäumter Flankenfleck, der sich über die obere Körperhälfte erstreckt und bis an den Grund der Rückenflosse heranreichen kann. Häufig dehnt er sich auch als breites Querband nach unten bis in die Bauchregion aus. Hinzu kommen ein Längsband und mehrere verwaschene Querstreifen, deren Ausbildung jedoch von bestimmten Stimmungen abhängig ist. Alle unpaaren Flossen weisen ein kräftiges Tüpfelmuster auf.

Dieser Buntbarsch kann eine Gesamtlänge von über 15 Zentimetern erreichen. Im Unterschied zu anderen Arten bekommen nicht nur die Männchen, sondern auch die Weibchen im Alter eine lang ausgezogene Rücken- und Afterflosse. Dennoch sind die Geschlechter relativ gut zu unterscheiden, da weibliche Fische insbesondere in den Flossen intensivere Rottöne als die Männchen zeigen.

Natürliche Lebensräume

Aequidens patricki besitzt eine recht begrenzte Verbreitung, die auf wenige westliche Nebenflüsse des Rio Ucayali in Peru beschränkt ist. Die einzigen bislang bekannten Fundorte liegen im Einzugsbereich des oberen Rio Aguaytia bei der gleichnamigen Stadt sowie im Gebiet des Rio Pachitea in der Umgebung der beiden Orte Puerto Bermúdez und Panguana.

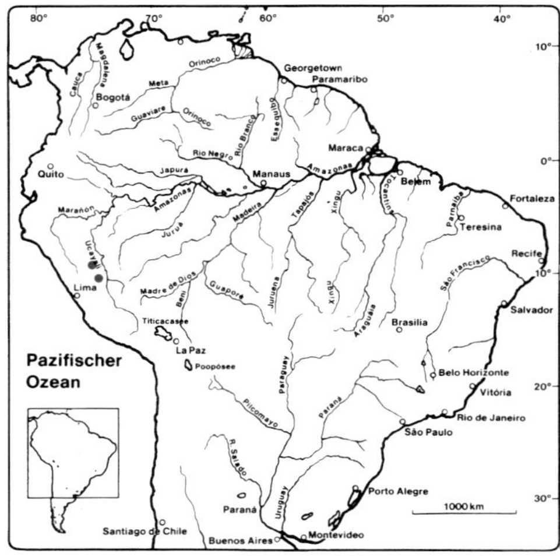

Fundorte von *Aequidens patricki*

U. MINDE, der die Fische im Jahre 1987 erstmals nach Europa einführte und auch im Aquarium vermehrte, berichtet (1988), daß er die Fische in einem Bach mit klarem, bräunlichem Wasser fing, das eine mäßige Fließgeschwindigkeit und eine Tiefe von ungefähr einem halben Meter besaß. Die von ihm an diesem Fundort vorgenommenen Messungen ergaben eine Wassertemperatur von 24 °Celsius, einen pH-Wert von 5,8 und eine elektrische Leitfähigkeit von 30–40 µS/cm.

Haltung

Aequidens patricki ist ein robuster, anpassungsfähiger Buntbarsch, der keine besonderen Ansprüche an den Wasserchemismus stellt. Am besten kommen diese Fische in einem geräumigen Gesellschaftaquarium zur Geltung, da sie bei der paarweisen Pflege häufig sehr scheu sind. Für eine Vergesellschaftung erscheinen insbesondere *Bujurquina*-, *Cichlasoma*- und *Geophagus*-Arten geeignet, die eine vergleichbare Größe haben.

Bei der Pflege dieser Cichliden ist unbedingt darauf zu achten, daß sie eine recht räuberische Ernährungsweise besitzen und daß sie folglich deutlich kleinere Fische, beispielsweise Salmler, durchaus als willkommene

Beute ansehen. Man sollte ihnen deshalb eine gehaltvolle Nahrung bieten, die z. B. auch aus Fisch- und Garnelenfleisch bestehen könnte.

Die Einrichtung des Aquariums sollte mit Sand oder feinem Kies, Steinen, Moorkienwurzeln und robusten Pflanzen (größeren *Echinodorus*- und *Anubias*-Arten) in der Weise erfolgen, daß die Fische auch einige Versteckplätze vorfinden, in die sie sich bei Bedarf zurückziehen können.

Zucht

Die Vermehrung dieses Buntbarsches im Aquarium ist bereits häufiger gelungen. Dies ist ein Indiz dafür, daß seine Zucht nicht besonders schwierig ist und auch in mittelhartem Wasser erfolgreich verlaufen kann. Probleme ergeben sich jedoch aus der recht ausgeprägten innerartlichen Aggression der Fische. Die Zusammenstellung eines harmonierenden Paares kann sich deshalb bei erwachsenen Exemplaren als außerordentlich schwierig gestalten, da sich diese wehrhaften Tiere bei Streitigkeiten schnell ernsthaft verletzen und töten können. Es ist folglich empfehlenswert, mehrere Jungtiere zu erwerben und dann solange zu warten, bis sich aus dieser Gruppe ein Paar von selbst findet und mit der Balz beginnt.

Aequidens patricki ist ein typischer Offenbrüter, der sich um die Nachkommen in einer Elternfamilie kümmert und das Gelege auf einen Stein, einem Stück Holz oder auf dem Blatt einer derben Wasserpflanze deponiert. Um die Eier zu tarnen, spucken die Elternfische häufig Sand über den Laich. Sobald die Larven schlüpfen, werden sie von den Eltern in einer Grube abgelegt.

Bei Wassertemperaturen um 27 °Celsius dauert es vom Ablaichen ungefähr drei Tage, bis die Larven aus den Eiern schlüpfen, und eine gute Woche, bis die Jungfische schließlich frei schwimmen. Da sie zu diesem Zeitpunkt schon recht groß sind, bilden die frisch geschlüpften Nauplien des Salinenkrebses für sie ein optimales Futter. Die Aufzucht der anfangs recht schnellwüchsigen Jungfische gestaltet sich infolgedessen völlig unproblematisch. Erstaunlicherweise verlangsamt sich ihr Wachstum aber später trotz reichlicher Fütterung erheblich. Sie erreichen ihre Geschlechtsreife, sobald sie eine Länge von ungefähr zehn Zentimetern haben.

Aequidens patricki

Aequidens sp.
(Jenaro Herrera)

Dieser südamerikanische Buntbarsch ist erst im Jahre 1981 von KULLANDER in Peru entdeckt worden. Da bis zum Abschluß dieses Manuskriptes die wissenschaftliche Erstbeschreibung noch nicht publiziert wurde, steht noch kein Name zur Verfügung, der die eindeutige Kennzeichnung dieser Spezies ermöglichen würde. Wir fingen die Art 1983 und konnten auch erstmals einige lebende Exemplare nach Deutschland einführen. Die maximale Größe der Fische scheint bei etwa 15 Zentimetern zu liegen.

Die wichtigsten schwarzen Zeichnungen im Farbkleid dieses Cichliden sind ein Längsband, das vom hinteren Rand des Auges zur Schwanzwurzel zieht, und ein großer, mehr oder weniger rechteckiger Flankenfleck, der in der Rückenflosse im Bereich des neunten bis zwölften Hartstrahles beginnt und sich dann über die Rückenregion bis in Höhe des Längsbandes erstreckt. In der oberen Hälfte des

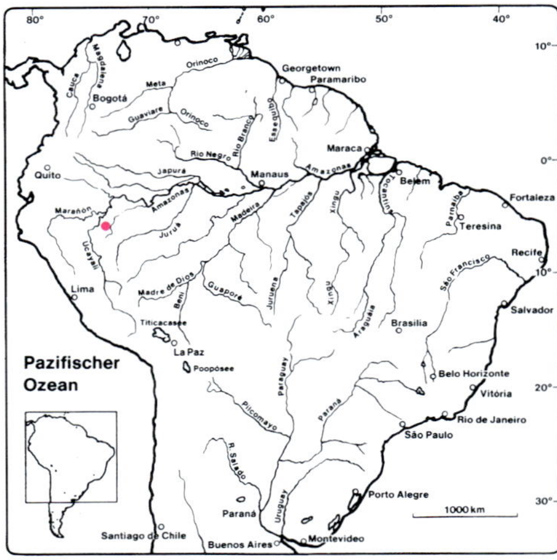

Fundorte von *Aequidens* sp. (Jenaro Herrera)

Schwanzstieles liegt ein rundlicher Schwanzwurzelfleck. Vom hinteren Rand des Auges verläuft ein schwarzer Strich senkrecht nach unten in die Kehlregion, ohne diese aber zu erreichen. Wangen und Kiemendeckel zeigen einen schönen grünen Glanz. Auch die Kör

Aequidens sp. (Jenaro Herrera)

perseiten glänzen unterhalb des Längsbandes in einem metallischen Grün. Die obere Körperhälfte ist dagegen bräunlich getönt. Die unpaaren Flossen tragen zart rötliche Farben. Da die Art keinen Sexualdimorphismus besitzt, sind die Geschlechter äußerlich nicht mit Sicherheit zu unterscheiden.

Arttypische Merkmale

dieses Cichliden, die für die Aquaristik von Wert sind, da sie seine Identifizierung ermöglichen, finden sich vor allem im Farbkleid. Charakteristische Kennzeichen bilden der Längsstreifen, der auffallende Flankenfleck, der auf die Rückenflosse übergreift, sowie der grüne Metallglanz auf dem unteren Körper und die die Rotfärbung der Flossen. Zu den

ähnlichen Arten

zählen vor allem *Aequidens pallidus* (HECKEL, 1840), *Ae. diadema* (HECKEL, 1840), und *Ae. metae* EIGENMANN, 1922. Die genannten Cichliden besitzen sowohl mehr oder weniger dieselbe Körpergestalt als auch den auffälligen Flankenfleck. Adulten Exemplaren dieser Arten fehlt jedoch entweder das schwarze Längsband oder der kräftig grüne Glanz in der unteren Körperhälfte bzw. die Rotfärbung in den Flossen.

Tabelle 8:

Ort:	**Schwarzwasserbach 13,5 km östlich von Jenaro Herrera an der Straße nach Colonia Angamos (Peru, Depto. Loreto)**
Sichtweite:	**klar**
Farbe:	**dunkelbraun**
pH-Wert:	**5,4**
Gesamthärte:	**< 1 °dH**
Karbonathärte:	**< 1 °dH**
Leitfähigkeit:	**3 µS bei 27,5 °C**
Nitrit:	**unter 1 mg/l**
Wassertiefe:	**bis 1 m**
Wasserbewegung:	**leicht fließend**
Wassertemperatur:	**27,5 °C**
Lufttemperatur:	**32,0 °C**
Datum:	**28. 6. 1984**
Uhrzeit:	**17.00 Uhr**

Der

natürliche Lebensraum

dieser *Aequidens*-Art liegt im Einzugsbereich des unteren Ucayali im Nordosten Perus. Die einzigen bisher bekannten Fundorte befinden sich in der Umgebung der Ortschaft Jenaro Herrera. Wir fingen die Fische in einem kleinen Schwarzwasserbach, dessen Untergrund von einer dicken Laubschicht bedeckt war und in dem viel Holz in Form von Ästen und Zweigen lag, die den Cichliden gute Versteckmöglichkeiten boten. Vor allem Jungtiere waren in diesem Biotop sehr zahlreich. Da der Bach große Mengen kleiner Garnelen enthielt, ist anzunehmen, daß diese Krebse eine wichtige Rolle bei der Ernährung der Buntbarsche spielen. Wasserpflanzen gab es an dem Fundort nicht. Weitere Fische dieses Gewässers sind die Cichliden *Laetacara flavilabris, Apistogramma nijsseni* und *Crenicichla* sp. sowie die Salmler *Crenuchus spilurus, Pyrrhulina brevis, P. laeta* und *Curimata* sp. Die

Haltung

dieser *Aequidens*-Art sollte in einem Aquarium erfolgen, das eine Seitenlänge von einem guten Meter hat. Für seine Einrichtung werden gewaschener feiner Kies oder Sand sowie größere Steine und Wurzeln benötigt, die so zusammengestellt werden, daß Versteckplätze entstehen. Da dieser Buntbarsch sich nicht an Pflanzen vergreift, können sie ebenfalls zur Dekoration des Aquariums verwendet werden. Zwar lassen sich diese Fische durchaus bei mittleren Härtegraden pflegen, für die erfolgreiche

Zucht

scheinen aber weicheres Wasser und ein pH-Wert im sauren Bereich Bedingung zu sein. Bis zum Abschluß des Manuskriptes ist es nicht gelungen, diese Art im Aquarium zu vermehren. Es ist deshalb noch nicht entschieden, ob sie zu den Offenbrütern oder zu den larvophilen Maulbrütern zählt, denn beide Muster des Brutpflege- und Fortpflanzungsverhaltens treten in der Gattung *Aequidens* auf.

„*Aequidens*" sp.

(Silbersaumbuntbarsch)

In den 70er Jahren wurde dieser Buntbarsch allgemein für „*Aequidens*" *rivulatus* (GÜNTHER, 1859) gehalten. Später stellte sich dann jedoch heraus, daß es sich bei diesen Fischen aus dem nordwestlichen Peru um eine noch unbeschriebene Art handelt.

Die Fische können eine Länge von ungefähr 25 cm erreichen. Die wichtigsten Merkmale in ihrem Farbkleid bilden ein kleiner schwarzer Fleck in der Mitte des Schwanzstiels, ein schwarzer Seitenfleck, der direkt unter der oberen Seitenlinie liegt und beiderseits von je einem silbern glänzenden senkrechten Streifen begrenzt wird, ein breiter weißer Saum auf dem hinteren Rand der Schwanzflosse sowie der schmale weiße Rand der Rückenflosse. Die Schuppen der Körperseiten glänzen grüngolden, und die Flossen tragen blaugrüne Glanzflecken und -streifen. Die Andeutung eines Sexualdimorphismus wird erst im Alter ausgebildet, wenn die größeren Männchen eine bulligere Stirn und länger ausgezogene Flossen bekommen. Zu den

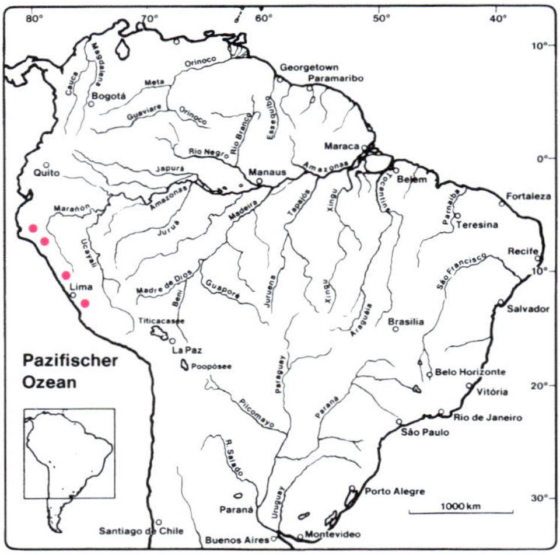

Fundorte von „*Aequidens*" sp.

arttypischen Merkmalen,

die eine Identifizierung dieses Cichliden ermöglichen, gehören der weißsilbern begrenzte Flankenfleck und der weiße hintere Saum der Schwanzflosse, ferner der Besitz von im Zentrum hellen, grün glänzenden Schuppen, die einen schwarzen Rand haben.

„*Aequidens*" sp. ♂ (Silbersaumbuntbarsch)

Ähnliche Arten

finden sich in der *„Aequidens"-pulcher*-Gruppe, zu der u.a. auch *„Aequidens" rivulatus* nach KULLANDER (1983) zu zählen ist. Eine Verwechslung scheint insbesondere mit einer noch nicht bearbeiteten und noch unbeschriebenen Art möglich, die in der Aquaristik den Namen Goldsaumcichlide erhalten hat. Diese Art besitzt mehr oder weniger dieselbe Körperform und ein nahezu identisches Farbkleid, die Schwanzflosse ist aber orange gesäumt, und die Schuppen tragen statt eines dunklen Randes einen dunklen Fleck, so daß auf den Körperseiten keine Netzzeichnung, sondern ein Muster aus in horizontalen Reihen angeordneten Punkten entsteht.

Dieser Schwimmpflanzenteppich mit der Wasserhyazinthe *Eichhornia azurea* bietet Schutz vor Feinden und ist daher Fundort vieler Cichliden.

Natürliche Lebensräume

Die Verbreitung des Silbersaumbuntbarsches erstreckt sich im nordwestlichen Peru über die Gewässer der Pazifikküste. Die in der Literatur belegten Fundorte finden sich südlich des Rio Tumbes in der Umgebung der Orte Piura, Pacasmayo sowie in der weiteren Umgebung von Lima (Huacho). LÜLING (1973) fing die Fische in einer mit Meerwasser vermischten Lagune, in der die Gesamthärte und die Karbonathärte jeweils 6,7 °dH betrug. Als Leitfähigkeit wurden von ihm 4280 Mikro-Siemens und als pH-Wert 7,7 ermittelt. Aus diesen Werten läßt sich ablesen, daß dieser Buntbarsch sehr anpassungsfähig ist und daß die Wasserwerte bei der

Haltung

relativ unwichtig sind. Probleme können sich jedoch bei der Zusammenstellung harmonierender Paare ergeben, da unverpaarte Exemplare untereinander sehr aggressiv sind und deshalb für ihre Pflege viel Raum benötigt wird. Während der Brutpflege kann dieser robuste Cichlide auch gegenüber anderen Buntbarschen außerordentlich ruppig werden. Auf Dauer sind für seine Pflege nur große Behälter mit einer Seitenlänge von eineinhalb Metern empfehlenswert, in denen er nur mit ähnlich wehrhaften Arten zusammen gehalten werden sollte. Bei der Einrichtung des Aquariums sind mit Wurzeln und Steinplatten einige Versteckplätze zu errichten, welche die Bodenfläche gliedern und die Abgrenzung von Revieren erleichtern. Die Tiere benötigen kräftiges Futter in Form von zerschnittenem Fisch- und Garnelenfleisch. Die

Zucht

ist einfach, da harmonierende Paare unter den verschiedensten Hälterungsbedingungen willig zur Fortpflanzung schreiten. Der Silbersaumbuntbarsch ist ein Offenbrüter und zieht die Nachkommen in einer Elternfamilie auf.

Aequidens sp. aff. *tetramerus*

(Ekuador)

Der schwedische Ichthyologe KULLANDER (1986), dem auch Fische aus dem Einzugsgebiet des oberen Rio Napo zur Untersuchung zur Verfügung standen, hält diesen Buntbarsch aus Ekuador für *Aequidens tetramerus* (HECKEL, 1840). Jene Art, die aus dem Rio Branco in Brasilien beschrieben wurde, ist nach derzeitigem Verständnis eine recht vielgestaltige Spezies mit einer ungewöhnlich ausgedehnten Verbreitung.

Trotz der von KULLANDER vorgenommenen Zuordnung gibt es aber durchaus Indizien dafür, daß dieser Cichlide aus Ekuador in Wirklichkeit eine eigenständige Spezies darstellt, denn KULLANDERS Bestimmung berücksichtigt offenbar nicht das Aussehen lebender Tiere, da ihm ausschließlich konservierte Fische zur Verfügung standen. Diese ungewöhnlich gefärbte *Aequidens*-Art ist bereits mehrfach lebend nach Deutschland eingeführt und im Aquarium auch vermehrt worden

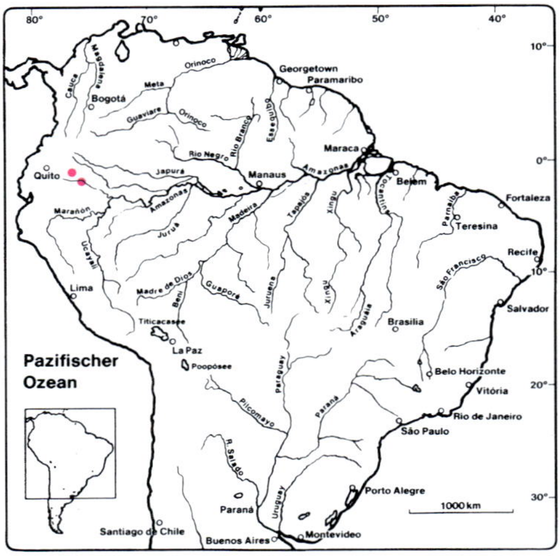

Fundorte von *Aequidens* sp. aff. *tetramerus*

(STAWIKOWSKI & WERNER, 1988). Wir brachten im Jahre 1990 einige wenige lebende Fische von einer Reise durch Ekuador nach Deutschland mit und hinterlegten auch konserviertes Material im Museum für Naturkunde in Berlin (ZMB 32310).

Aequidens sp. aff. *tetramerus* aus Ekuador

Erwachsene Fische dieser Spezies sind an ihrem artspezifischen Farbkleid zu erkennen, das eine Verwechslung mit anderen südamerikanischen Buntbarschen ausschließt. Das wichtigste farbliche Erkennungsmerkmal bildet eine intensiv wein- oder karminrot gefärbte Zone, die sich über die untere Kopfhälfte und die Brustregion erstreckt, bei manchen Individuen aber auch noch auf die vordere Bauchregion übergreifen kann. Diese Rotfärbung entwickelt sich erst, wenn die Fische bereits eine Länge von ungefähr fünf Zentimetern erreicht haben. Der restliche Körper ist mehr oder weniger blaugrau gefärbt. Die Iris glänzt golden, ist jedoch in ihrem oberen Bereich ebenfalls rot getönt. In der oberen Hälfte des Schwanzstiels liegt ein großer tiefschwarzer Fleck, der aber häufig auch auf die untere Hälfte übergreift und dann eher wie ein breites Querband wirkt. Diese schwarze Zeichnung ist von einem schmalen golden glänzenden Rand gesäumt. Unter dem Einfluß bestimmter Erregungszustände können auf den Körperseiten neben Querstreifen sowohl ein schmales dunkles Längsband auftreten, das sich vom hinteren Rand des Auges bis zum Schwanzwurzelfleck erstreckt, als auch ein großer Seitenfleck, der in etwa in der Körpermitte liegt und sich bisweilen nach oben und unten zu einem breiten Querstreifen erweitert. In der unteren Hälfte des Kopfes und des Körpers zeigen erwachsene Exemplare einen schönen hellgrünen Metallglanz. Die Flossen sind blaugrau getönt, können jedoch einen zarten rötlichen Anflug aufweisen. Der hintere Bereich der Afterflosse und die Schwanzflosse tragen ein Muster kurzer, schmaler grün glänzender Striche.

Die vorstehende Farbbeschreibung bezieht sich auf Exemplare dieser Art, die wir im Einzugsbereich des Rio Coca in der Umgebung der gleichnamigen Stadt fingen. Im Rio Aguarico gefangenen Fischen fehlt sowohl der Grünglanz auf den Körperseiten als auch das kräftig ausgebildete Muster in der After- und Schwanzflosse (Stawikowski & Werner, 1988).

Die maximale Gesamtlänge dieser Art liegt bei ungefähr fünfzehn Zentimetern. Da ihr ein deutlicher Sexualdimorphismus fehlt, bilden die bei ausgewachsenen Männchen meist stärker ausgezogenen und gemusterten Flossen den einzigen Hinweis auf die Geschlechtszugehörigkeit der Fische.

Natürliche Lebensräume

Die Verbreitung dieses Buntbarsches scheint auf das Einzugsgebiet des oberen Rio Napo (Rio Coca, Rio Aguarico) beschränkt zu sein. Wir fingen die Fische im Februar 1990 unter anderem im Rio Yanayacu, einem Nebenfluß des Rio Coca, an der Straße nach Lago Agrio etwa zwanzig Kilometer nördlich der Stadt Coca. Dieser kleine Fluß, der eine beträchtliche Strömung aufwies, ist dort etwa fünf bis fünfzehn Meter breit. Sein Wasser ist kristallklar, weich und leicht sauer. Auch in den tieferen Bereichen des Gewässers erreichte der maximale Wasserstand kaum einen Meter. Deshalb gab es im Flußbett mehrere Sandbänke, die ebenso wie viele Bereiche des Ufers mit dichten Beständen von *Myriophyllum mattogrossense* bewachsen waren. Zwischen diesen Pflanzen hielten sich zahlreiche Fische auf. Neben *Aequidens* sp. aff. *tetramerus* fingen wir unter anderem auch eine *Mesonauta*- und eine *Crenicichla*-Art.

Haltung

Dieser Buntbarsch stellt an den Pfleger keine besonderen Ansprüche, sondern ist ebenso wie andere *Aequidens*-Arten zu halten. Er

Tabelle 9:

Ort:	**Rio Yanacu an der Straße nach Lago Agrio, etwa 20 km nördlich der Stadt Coca.**
Sichtweite:	**sehr klar**
Farbe:	**gelblich**
pH-Wert:	**6,8**
Gesamthärte:	**< 1 °dH**
Karbonathärte:	**2–3 °dH**
Leitfähigkeit:	**50 µS/cm**
Wassertiefe:	**< 1 m**
Wasserbewegung:	**rasch strömend**
Wassertemperatur:	**25 °C**
Lufttemperatur:	**29 °C**
Datum:	**8. 2. 1990**
Uhrzeit:	**11.00 Uhr**

gehört zu den typischen Offenbrütern, welche das Gelege auf einem festen Substrat ablegen und die Eier, Larven und Jungfische in einer Elternfamilie betreuen und verteidigen. Die Vermehrung ist auch in mittelhartem Wasser problemlos gelungen. Als Aufzuchtnahrung für die Fischbrut haben sich frisch geschlüpfte Salinenkrebse bewährt.

Aequidens uniocellatus

(CASTELNAU, 1855)

wurde vom Erstbeschreiber in die Gattung *Chromys* gestellt. Ein jüngeres Synonym ist *Acaronia trimaculata* ALLEN, 1942. Von verschiedenen Autoren wurde diese Art zwischenzeitlich nur als Synonym von *Aequidens tetramerus* (HECKEL, 1840) angesehen. Die maximale Größe der Fische liegt bei knapp 20 cm.

Wichtige Merkmale des Farbkleides dieses Buntbarsches sind ein großer schwarzer Flankenfleck und ein großer Schwanzfleck, der in der oberen Hälfte des Schwanzstieles liegt und von weißsilbernen Schuppen eingerahmt ist. Einzelne derartige Schuppen liegen häufig auch in der unteren Hälfte des Schwanzstieles.

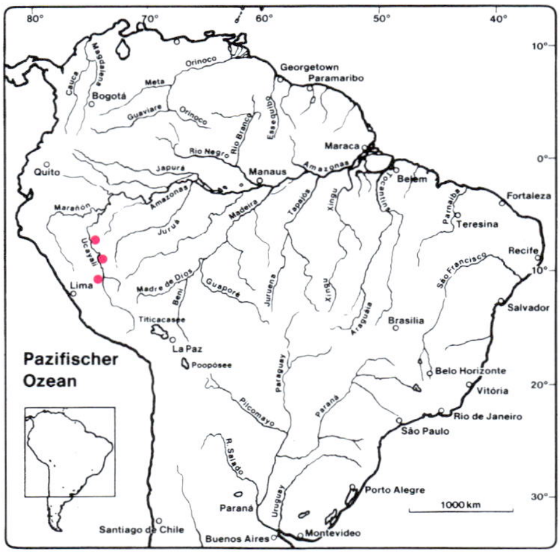

Fundorte von *Aequidens uniocellatus*

Aequidens uniocellatus

Die Iris ist rot bis rotorange getönt. Unter dem Auge befindet sich ein kleiner schwarzer Wangenfleck. Die Brust- und die Kehlregion sind gelblich bis kräftig gelb gefärbt. Unter dem Einfluß bestimmter Erregungszustände und Stimmungen können auf den Körperseiten ein dunkles Längsband oder eine Anzahl dunkler Querstreifen erscheinen. Die Fische sind isomorph, d.h., Männchen und Weibchen lassen sich äußerlich nicht mit Sicherheit unterscheiden.

Arttypische Merkmale,

die eine Identifizierung von *Aequidens uniocellatus* und eine Abgrenzung gegenüber ähnlichen Arten ermöglichen, sind der silbern gesäumte große Schwanzfleck, die silbernen Schuppen auf dem Schwanzstiel sowie die gelben Farbtöne in der Kopf- und Brustregion der Fische.

Die

natürlichen Lebensräume

von *A. uniocellatus* befinden sich in Peru, insbesondere im Einzugsgebiet des Ucayali. Wir konnten diese Art im Jahre 1983 sowohl im Gebiet des mittleren Ucayali, in der Umgebung von Pucallpa, als auch in einem kleineren Nebenfluß des Rio Tambo nachweisen. Die Fundorte waren ein durch *Echinodorus,* Seerosen und andere Pflanzen völlig verkrauteter Bach, der in ein kleines Klarwasserflüßchen mündete, sowie ein mit Laub und Holz gefülltes Restgewässer, das zu einem Weißwasserflüßchen gehörte. Wasseranalysen in diesen Gebieten ergaben, daß der pH-Wert im leicht alkalischen Bereich lag. Als Höchstwert erreichte die Gesamthärte 13,5° und die Karbonathärte 16,5 °dH.

Die Temperatur des Wassers bewegte sich zwischen 24 und 28,4 °Celsius. Zu den Fischen, die an den Fundorten von *A. uniocellatus* vorkamen, gehörten *Mesonauta mirificus, Pterophyllum scalare, Cichlasoma amazonarum, Apistogramma cacatuoides* sowie Welse aus den Gattungen *Farlowella, Hypoptopoma* und *Bunocephalus.* Die Beobachtungen in den natürlichen Biotopen lassen den Schluß zu, daß die

Haltung

dieses Cichliden nicht schwierig ist. Die Länge des verwendeten Aquariums sollte mindestens bei einem Meter liegen. Bei seiner Einrichtung ist zu beachten, daß Versteckplätze und Sichtschutzzonen aus Wurzeln, Steinplatten und einigen dichten Pflanzengruppen zum Wohlbefinden der Fische beitragen. Dem Chemismus des Wassers braucht keine besondere Aufmerksamkeit geschenkt zu werden. *A. uniocellatus* ist relativ friedlich und läßt sich gut mit anderen südamerikanischen Cichliden vergesellschaften. Als Allesfresser sind die Tiere auch bei der Fütterung überhaupt nicht heikel. Für die

Zucht

sind keine besonderen Vorkehrungen notwendig, da die Fische sich auch in einem geräumigen Gesellschaftsaquarium, das allerdings nicht überbesetzt sein sollte, willig fortpflanzen. Sie zeigen die typischen Verhaltensweisen von Offenbrütern. Die Pflege und Verteidigung des Geleges, der Larven und Jungfische übernehmen beide Elternteile gemeinsam. Die Aufzucht der Brut mit zerriebenem Flockenfutter und den Larven des Salinenkrebses gelingt leicht.

Tabelle 10:

Ort:	**Weißwasserbach im Einzugsgebiet der Paca Cocha bzw. Yarina Cocha bei Pucallpa (Peru)**
Sichtweite:	**starke Trübung**
Farbe:	**lehmgelb**
pH-Wert:	**7,6**
Gesamthärte:	**13,5 °dH**
Karbonathärte:	**16,0 °dH**
Leitfähigkeit:	**499 µS bei 29 °C**
Wassertiefe:	**bis 1 m**
Wasserbewegung:	**geringe Strömung**
Wassertemperatur:	**29,0 °C**
Lufttemperatur:	**28,4 °C**
Datum:	**29. 6. 1983**
Uhrzeit:	**16.00 Uhr**

Die Gattung Amphilophus
AGASSIZ, 1858

Dieser Gattungsname, der lange ein Synonym von *Cichlasoma* war, wurde von AGASSIZ für die Beschreibung von *Amphilophus froebelii* eingeführt, ein Taxon, das als Synonym für *Amphilophus labiatus* gilt. Die Auflösung der Sammelgattung *Cichlasoma,* die seitdem nur noch südamerikanische Cichliden enthält (KULLANDER, 1983), führte zur Ausgrenzung aller mittelamerikanischen Buntbarsche, die infolgedessen auf andere Gattungen verteilt wurden. Die Gattung *Amphilophus,* der gegenwärtig die von REGAN (1906–1908) in der Sektion *Astatheros* zusammengefaßten Arten zugerechnet werden, bedarf dringend einer Revision, da sie einen sehr heterogenen Verwandtschaftskreis bildet, was einige Autoren zur Unterscheidung von mehreren Arten-Komplexen veranlaßte.

Amphilophus alfari
(MEEK, 1907)

Ein Synonym für diesen mittelamerikanischen Cichliden ist „*Cichlasoma*" *lethrinus* REGAN, 1908. Nach Deutschland ist er erstmals im Jahre 1981 durch WERNER lebend eingeführt worden, der ihn im Rio Pacuare, Rio Santa Maria und im Rio Blanco (Costa Rica) fing. Die maximale Gesamtlänge, die für Exemplare aus den natürlichen Lebensräumen belegt ist, beträgt 17 Zentimeter.

Der Körper der Fische ist in der Rückenregion graubraun, in der Bauchregion hellgrau gefärbt. Der untere Bereich des Kopfes ist orange, die Kehl- und die Brustregion sind rosa getönt. Auf den Flanken können sechs verwaschene dunkle Querstreifen sowie ein dunkles Längsband ausgebildet sein, das die Schwanzwurzel mit dem Auge verbindet. Dort, wo sich der dritte Querstreifen mit dem Längsband kreuzt, liegt unmittelbar unter der Seitenlinie ein tiefschwarzer Fleck. Ein Schwanzwurzelfleck ist im allgemeinen nur schwach angedeutet. Unterhalb des Auges und

Fundorte von *Amphilophus alfari*

auf dem Kiemendeckel liegt eine Anzahl blaugrüner Glanzflecken. Die Rückenflosse trägt einen auffallenden signalroten Saum. Die Bauchflossen sehen gelborange aus. An einigen Fundorten weisen die Fische in der unteren Hälfte der Schwanzflosse sowie im hinteren Teil der After- und Rückenflosse kräftige Rottöne auf. Da ein deutlicher Sexualdimorphismus fehlt, sind die Geschlechter nur sehr schwer zu unterscheiden.

Arttypische Merkmale,

an denen man diesen Cichliden erkennen könnte, bilden das Muster aus einem dunklen Längs- und mehreren Querstreifen, der orangefarbene Kopf sowie die rosa gefärbte Kehle und Brust. Charakteristisch für diese Art ist ferner der Besitz von zumeist 17 oder 18 Hartstrahlen in der Dorsale. Bemerkenswert ist ferner, daß es zwischen den atlantischen und den pazifischen Populationen der Art so deutliche Unterschiede gibt, daß BUSSING (1966) von zwei Unterarten spricht. Die pazifische Unterart unterscheidet sich von der hier im Foto vorgestellten atlantischen Subspezies durch einen schlankeren Körper, eine Reduktion der Glanzflecken auf den Wangen und dem Kiemendeckel und einem unvollkommenen Längsstreifen, der meist nur im vorderen Bereich des Körpers ausgebildet ist.

Amphilophus alfari

Zu den

ähnlichen Arten

gehört insbesondere *Amphilophus diquis* Bussing, 1974. Bei jener Art sind die Querstreifen zum Teil gegabelt. Ferner fehlen die blaugrünen Glanzpunkte und die rosa Brustregion. Jene Art besitzt in der Regel nur 16 Hartstrahlen in der Rückenflosse.

Die Verbreitung von *Amphilophus alfari* erstreckt sich auf der atlantischen Seite Mittelamerikas vom östlichen Honduras über Nikaragua und Costa Rica bis ins westliche Panama. Auf der pazifischen Seite liegen die

natürlichen Lebensräume

ausschließlich in Costa Rica. Als Fundorte sind dort vor allem die Einzugsgebiete des Rio Bebedero und des Rio Tarcoles belegt. Auf der atlantischen Seite von Costa Rica tritt dieser Buntbarsch unter anderem im Einzugsgebiet der Flüsse Madre de Dios, Reventazón, Sarapiqui, San Carlos und Arenal auf. Die Fische bewohnen sowohl weiche als auch mittelharte Gewässer, deren pH-Wert sich vom leicht sauren bis in den leicht alkalischen Bereich bewegen kann. Deshalb braucht dem Wasserchemismus bei der

Haltung

dieses Cichliden keine besondere Aufmerksamkeit geschenkt zu werden. Ein Aquarium, das eine Seitenlänge von rund einem Meter besitzt, ist für seine Pflege geeignet. Es wird mit großen Steinen und Moorkienwurzeln so eingerichtet, daß Zufluchtsstätten entstehen und eine Abgrenzung verschiedener Reviere erleichtert wird. Unter der Voraussetzung, daß robuste Gewächse verwendet werden, kann der Behälter auch bepflanzt werden. Als Mitbewohner desselben Aquariums sind andere mittelgroße zentralamerikanische Cichliden zu empfehlen, insbesondere Arten aus den Gattungen *Archocentrus* oder *Thorichthys.* Ausgewachsene Tiere benötigen eine kräftige Ernährung in Form von Fischstückchen und Krebsfleisch (Krabben). Die

Zucht

ist in einem artgemäßen Aquarium nicht schwierig. *Amphilophus alfari* ist ein Offenbrüter. Männchen und Weibchen kümmern sich gemeinsam um die Pflege und Verteidigung von Eiern, Larven und Jungfischen. Anfangs werden die Jungtiere am zweckmäßigsten mit frischgeschlüpften Larven von *Artemia salina* und fein zerriebenem Flockenfutter ernährt.

Amphilophus citrinellus

(GÜNTHER, 1864)

Fundorte von *Amphilophus citrinellus*

In der Erstbeschreibung wurde dieser Buntbarsch der Gattung *Heros* zugeordnet. Jüngere Synonyme sind *Heros basilaris* GILL & BRANSFORD, 1877, und *Cichlasoma granadense* MEEK, 1907. Die maximale Länge der Fische liegt bei 30 cm.

Ihre Grundfärbung ist graubraun bis olivgrün. Auf der Schwanzwurzel, etwas oberhalb ihrer Mitte, liegt ein schwarzer Fleck. Die Ausbildung aller übrigen dunklen Zeichnungen ist sehr stimmungsabhängig. Zu ihnen zählen sieben dunkle Querstreifen und sechs in der Körpermitte in einer Längsreihe angeordnete schwarze Flecken, von denen der dritte am größten ist. Gelegentlich ist er nur ganz allein sichtbar. *Amphilophus citrinellus* gehört zu jener kleinen Gruppe mittelamerikanischer Buntbarsche, die polychromatisch sind, d.h., innerhalb der Art treten ganz verschiedene Färbungen auf. Das vorstehend beschriebene Farbkleid trägt die Normalmorphe, die am häufigsten ist und der in den meisten untersuchten Freilandpopulationen etwa 70 % der Fische angehörten. Eine kleine Zahl von Tieren – ihr Anteil an der Gesamtpopulation lag meistens bei knapp 10 % – besitzt ein sehr auffallendes und farbenprächtiges Aussehen. Ihr Körper und ihre Flossen können weißlich, gelb, kupferfarben, rosa oder orange

Amphilophus citrinellus: ♂ der weißlichen Morphe

gefärbt sein. Die restlichen Fische zeigten das Farbmuster der Normalmorphe, das aber von farbigen Zonen überlagert war. Alle Morphen tragen als Jungfische das normale Farbkleid. Im Alter zeigt *A. citrinellus* einen deutlichen Sexualdimorphismus, so daß die Geschlechter leicht zu unterscheiden sind. Die männlichen Fische bekommen dann auf der Stirn einen kräftig entwickelten Buckel. Nach BARLOW (1976) ist die Entwicklung dieser Vorwölbung von Stirn und Nacken wieder umkehrbar. Die Ausbildung des Buckels scheint in Beziehung zu sexuellen und aggressiven Verhaltensweisen zu stehen und kann recht schnell erfolgen. Die größten Stirnbuckel wurden während der Paarbildung und in isolierten Männchengruppen beobachtet.

Arttypische Merkmale

sind die in einer Längsreihe angeordneten sechs schwarzen Flecken, von denen der dritte am größten ist, der kräftige Stirnbuckel bei älteren Männchen und das Auftreten verschiedener Farbmorphen. Zu den

ähnlichen Arten

gehört vor allem *Amphilophus labiatus* (GÜNTHER, 1864). Jene Art ist jedoch langgestreckter, hat einen spitzeren Kopf, kürzere Flossen und im allgemeinen stärker verdickte Lippen. Ferner tritt bei jener Spezies eine intensiv rote Farbmorphe auf. Andererseits ist der Stirnbuckel der Männchen weniger kräftig ausgebildet als bei *A. citrinellus*. Dennoch sind beide Arten ohne Informationen über den Fundort häufig nicht mit Sicherheit zu unterscheiden, da sich die meisten der genannten Merkmale bei ihnen überschneiden.

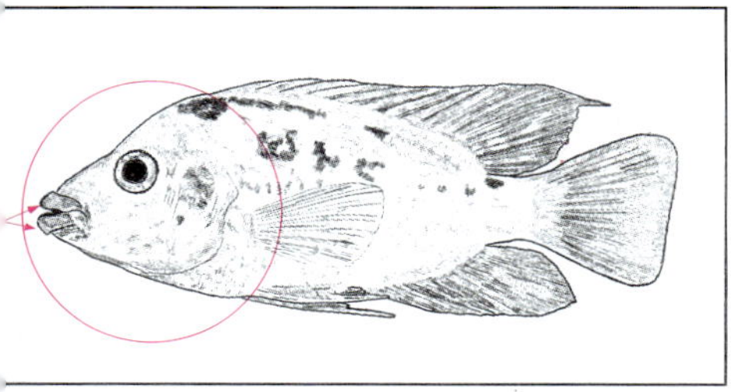

Amphilophus labiatus

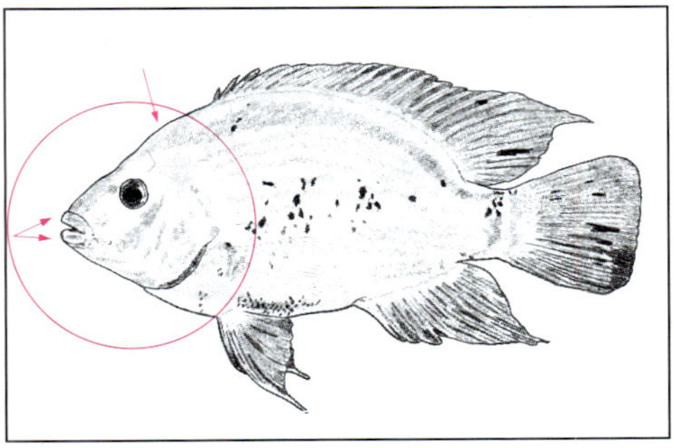

Amphilophus citrinellus

Ähnlich ist auch *A. zaliosus* BARLOW, 1976. Jene Spezies ist jedoch wesentlich schlanker und trägt auf den Flanken einen großen, auf der Seite liegenden ovalen schwarzen Fleck.

Die

natürlichen Lebensräume

von *A. citrinellus* liegen in den beiden mittelamerikanischen Staaten Nikaragua und Costa Rica. Als Fundorte sind die Seen Masaya, Jiloa, Apoyo sowie der Managua- und Nikaraguasee, ferner deren Zuflüsse Ochomogo und Sinecapa und der Rio San Juan belegt. In Costa Rica wurden die Fische im Rio Frio und im Tortuguero-Gebiet nachgewiesen. Im Nikaraguasee konnte man sie noch in einer Tiefe von über 30 Metern beobachten. Dieser Cichlide scheint in seiner Verbreitung relativ stark vom Vorhandensein von Unterschlupfmöglichkeiten abhängig zu sein, denn er wurde in den Seen vor allem in der Geröll- und Felsenzone oder zwischen Ästen und Bäumen angetroffen. Magenuntersuchungen ergaben, daß sich die Fische häufig als Aufwuchsfresser betätigen. Neben Algen wurden insbesondere Kleinkrebse, Insektenlarven und Schnecken gefressen. Größere Exemplare ernähren sich auch von Fischen. Die Gewässer, in denen *A. citrinellus* vorkommt, besitzen einen im neutralen bis deutlich alkalischen Bereich liegenden pH-Wert und bei 25 °C eine elektrische Leitfähigkeit zwischen 200 und 5500 Mikro-Siemens.

Dieser Buntbarsch ist hart und anpassungsfähig, so daß sich bei seiner

In Süd- und Mittelamerika werden Fische oft mit dem Wurfnetz gefangen.

Haltung

keine Schwierigkeiten ergeben. Auf Dauer werden jedoch sehr geräumige Aquarien benötigt, deren Seitenlänge eineinhalb Meter betragen sollte. Bei der Einrichtung sind aus größeren Steinen mehrere Versteckplätze anzulegen. Pflanzen sind nur bedingt zu empfehlen, da die Fische zarte Gewächse häufig zerstören. Recht problematisch kann sich die Zusammenstellung eines harmonierenden Paares gestalten, da unverpaarte Fische untereinander recht aggressiv sind. Größere Exemplare benötigen eine gehaltvolle Kost, die durch eine Fütterung mit Fisch- und Garnelenfleisch zu gewährleisten ist. Die intensive Färbung der gelben und orangefarbenen Morphen hängt wesentlich von Karotinoiden und Canthaxanthin ab, die von den Fischen mit der Nahrung aufgenommen werden. Sobald diese Stoffe fehlen, verblassen die Farben. Durch die Verfütterung von adulten Salinenkrebsen kann die Farbintensität der Tiere erhalten oder wieder verbessert werden.

Die

Zucht

mit einem harmonierenden Paar ist nicht schwer. Meist legen die Fische den Laich auf flachen Steinen, seltener in Höhlen ab. Die Larven werden in Gruben deponiert. Beide Elternfische sind an der Aufzucht der Brut beteiligt.

Amphilophus labiatus
(GÜNTHER, 1864)

wurde in der als Erstbeschreibung anerkannten Veröffentlichung der Gattung *Heros* zugeordnet. Bereits im Jahre 1859 hatte AGASSIZ diesen Buntbarsch unter dem Namen *Amphilophus froebelii* beschrieben. Weil seine Ausführungen aber nicht den Anforderungen genügen, die nach den international gültigen Nomenklaturregeln an eine Erstbeschreibung gestellt werden, gilt jene Bezeichnung nur als älteres Synonym. Da *A. labiatus* eine polymorphe Art ist und infolgedessen sehr unterschiedlich aussehen kann, wurden einzelne Varianten dieser Spezies irrtümlich als eigenständige Arten beschrieben. Derartige jüngere Synonyme sind *Heros lobochilus* und *H. erythraeus* GÜNTHER, 1869, sowie *Cichlasoma dorsatum* MEEK, 1907. Die maximale Länge dieses Cichliden kann bei knapp 30 cm liegen.

Sie besitzen einen grauen bis graugrünen Grundton, auf dem mehrere dunkle Muster auftreten können, die stark vom Einfluß bestimmter Erregungszustände abhängig sind. Die wichtigsten Merkmale sind eine Längs-

Fundorte von *Amphilophus labiatus*

reihe von sechs dunklen Flecken, die den Rand des Kiemendeckels mit dem Schwanzwurzelfleck verbinden, sowie sieben dunkle Querstreifen, die auf den Flanken liegen. Bisweilen können alle dunklen Zeichnungen bis auf den Schwanzwurzel- und einen Seitenfleck verschwinden.

Orange Morphe von *Amphilophus labiatus*

Amphilophus labiatus ist eine polychromatische Art. Neben der vorstehend beschriebenen Normalmorphe, der gut 90 % der in freier Natur beobachteten und gefangenen Fische angehören, gibt es noch mehrere sehr auffällig gefärbte Morphen, die rosa, rot oder rot und weiß gescheckt aussehen. Häufig weisen diese Fische einige tiefschwarz pigmentierte Zonen auf, die sich meist in ihren Flossen, auf den Lippen oder in der Rückenregion befinden. Leider ist die herrliche Färbung, die frisch gefangene Exemplare zeigen, ernährungsbedingt. Die roten Farbtöne werden durch Canthaxanthin, die gelben durch Carotinoide bewirkt. Sobald diese Stoffe nicht mehr durch die Nahrung zugeführt werden, verblassen die Farben.

Im Experiment (Weber, Barlow & Brusch, 1973) zeigte sich, daß eine Fütterung mit Beta-Carotinpräparaten, rotem Paprika und vor allem adulten Salinenkrebsen geeignet ist, die natürliche Färbung zu erhalten oder erneut hervorzurufen. Auch Jungfische der farbigen Morphen tragen anfangs die unscheinbare Normalfärbung. Der Farbwechsel setzt erst im Alter von drei bis zwölf Monaten ein. Adulte Männchen sind an den verlängerten Flossen und einer höheren Stirn zu erkennen.

Das wichtigste

arttypische Merkmal

von *A. labiatus* sind die ungewöhnlich verdickten, wulstigen Lippen, die bei manchen Exemplaren in der Mitte zu einem langen dreieckigen Läppchen verlängert sind. Nach Barlow & Munsay (1976) ist die Entstehung dieses Fortsatzes nicht nur genetisch festgelegt, sondern auch durch Umwelteinflüsse bedingt. Es hat sich nämlich gezeigt, daß die merkwürdige Vergrößerung der Lippen nach längerer Pflege im Aquarium abnimmt. Offensichtlich fehlen in der Gefangenschaft wichtige Außenreize, die normalerweise das Wachstum der Lippen anregen. Typisch für *A. labiatus* ist ferner die Ausbildung einer roten Farbmorphe, die von anderen polychromatischen Arten nicht bekannt ist.

Ähnliche Arten

finden sich in der Gattung *Amphilophus* Große Schwierigkeiten bereitet die Abgrenzung gegenüber *Amphilophus citrinellus* (Günther, 1864). Zwar ist jene Spezies im allgemeinen durch dünnere Lippen, einen höheren Körper und einen weniger spitzen Kopf gekennzeichnet, da diese Merkmale jedoch eine große Variationsbreite besitzen, kommt es bei beiden Arten zu Überschneidungen, die eine Bestimmung ohne Informationen über den Fundort der betreffenden Fische unmöglich machen.

Die

natürlichen Lebensräume

dieses Buntbarsches liegen im Managua- und Nikaraguasee, d.h. in dem mittelamerikanischen Staat Nikaragua. Die elektrische Leitfähigkeit wurde bei 25 °Celsius im Managuasee mit 414 und im Nikaraguasee mit 200 Mikro Siemens ermittelt, der pH-Wert liegt in beiden Gewässern um 8,5 (Barlow et al., 1976). *Amphilophus labiatus* kommt vorzugsweise über steinigem Untergrund vor. Zum Teil scheinen sich die Fische dort als Aufwuchsfresser zu ernähren. Barlow & Munsey (1976) vermuten, daß sie ihre Nahrung vor allem aus Spalten und Gesteinsritzen herausholen.

Für die

Haltung

dieses Cichliden sind nur größere Behälter geeignet, deren Seitenlänge deutlich über einem Meter liegt. Die Einrichtung des Aquariums erfolgt mit großen Gesteinsbrocken, die so zusammengestellt werden, daß mehrere Höhlen und Territorien entstehen. Eine Bepflanzung ist nur bedingt zu empfehlen, da zarte Gewächse von den Fischen häufig zerstört werden. Unverpaarte Tiere können bei zu gering bemessenem Raum untereinander sehr aggressiv sein. Als Mitbewohner des Aquariums sind vor allem andere Großcichliden aus der Gattungsgruppe *Cichlasomini* geeignet. *A. labiatus* ist ein robuster, anpassungsfähiger Pflegling.

Die

Zucht

ist nicht sonderlich schwierig. *Amphilophus labiatus* zeigt die typischen Verhaltensmuster eines Offenbrüters, laicht jedoch, wenn sich dazu die Möglichkeit bietet, auch in Höhlen ab.

Die Nachkommen werden in einer Vater-Mutter-Familie aufgezogen, in der die Geschlechter verschiedene Rollen übernehmen. Während des Ei- und Larvenstadiums betreut das Weibchen verstärkt die Brut, und das Männchen verteidigt die Grenzen des Brutreviers.

Die Gattung *Archocentrus*
GILL & BRANSFORD, 1877

)ieser Name, der jahrzehntelang als Synonym ür *Cichlasoma* galt, wurde erstmals im Jahre 877 von den beiden Ichthyologen T. GILL und . F. BRANSFORD anläßlich der Beschreibung on *Archocentrus centrarchus* verwendet, um nnerhalb der Gattung *Heros* eine neue Untergattung zu unterscheiden. Der englische Ichhyologe REGAN benutzte diese Bezeichnung lann im Jahre 1905 erneut, um innerhalb der Gattung *Cichlasoma* eine Sektion mittelamerikanischer Buntbarsche abzugrenzen.

Die Auflösung und neue Definition der hemaligen Sammelgattung *Cichlasoma* durch len schwedischen Ichthyologen KULLANDER m Jahre 1983, die seitdem nur noch südamerikanische Cichliden enthält, hatte die Ausgrenung aller mittelamerikanischen Buntbarsche ur Folge. Die zentralamerikanischen Arten nußten deshalb auf andere Gattungen neu erteilt werden. In der Mehrzahl der Fälle onnte man dabei auf Gattungsbezeichnungen urückgreifen, die zwar zwischenzeitlich als ynonyme gegolten hatten, die jedoch nach er Revision von *Cichlasoma* wieder zur Verügung standen.

Auf die Verfügbarkeit des Gattungsnamens *rchocentrus* für einen Verwandtschaftskreis nittelamerikanischer Buntbarsche und auf dessen Definition durch REGAN (1905) hat KULLANDER schon im Jahre 1983 hingewiesen, allerdings ohne diesen Namen formal in dieser Funktion erneut einzuführen. Dieser Schritt wurde dann von ALLGAYER im Jahre 1994 anläßlich der Beschreibung einer neu entdeckten *Archocentrus*-Art aus Panama vollzogen. In seiner Definition der Gattung bezieht er sich ausdrücklich auf die bereits von REGAN aufgezählten gattungstypischen Merkmale.

Zur Zeit zählt man in dieser Gattung, die in der Aquaristik eine recht wichtige Rolle spielt, die folgenden acht Arten: *Archocentrus centrachus* (GILL & BRANSFORD, 1977), *A. spilurus* (GÜNTHER, 1862), *A. nigrofasciatus* (Günther, 1866), *A. spinosissimus* (VAILLANT & PELLEGRIN, 1902), *A. septemfasciatus* (REGAN, 1908), *A. cutteri* (FOWLER, 1932) und *A. nanoluteus* ALLGAYER, 1994. Die Verbreitung der Gattung *Archocentrus* ist ausschließlich auf Gewässer in jenem Teil Mittelamerikas begrenzt, der sich zwischen Guatemala im Nordwesten und Panama im Südosten erstreckt.

Typisch für die Gattung *Archocentrus* ist eine für zentralamerikanische Buntbarsche sehr geringe Endgröße, die je nach Art bei den Männchen, die stets etwas größer werden als die Weibchen, zwischen knapp zehn und fünfzehn Zentimetern liegt. Diese Fische zeichnen sich ferner durch einen relativ hochrückigen Körper und ein kleines endständiges Maul aus, das nur wenig vorstülpbar ist. Weitere gattungstypische Merkmale bilden das meist vergrößerte vorderste Zahnpaar sowie die hohe Zahl von acht bis zwölf Hartstrahlen in der Afterflosse. Bei fast allen Arten unterscheiden sich männliche und weibliche Fische nicht nur durch einen deutlich ausgebildeten Sexualdimorphismus, sondern auch durch unterschiedliche, geschlechtsspezifische Farbkleider.

In der Aquaristik hat die Gattung *Archocentrus* deshalb eine besondere Bedeutung erlangt, weil sich diese kleinen, ausnahmslos sehr kontrastreich gefärbten Buntbarsche als beinahe ideale Pfleglinge erwiesen haben, die sich unter unterschiedlichsten Hälterungsbedingungen willig vermehren. Aufgrund ihrer Robustheit und Anpassungsfähigkeit sind sie auch einem Anfänger uneingeschränkt zu empfehlen.

Archocentrus sajica
(BUSSING, 1974)

Dieser Buntbarsch gehört zu jener kleinen Gruppe von Arten, die erst in jüngster Zeit entdeckt und beschrieben wurden. Männliche Fische können eine Länge von knapp zwölf Zentimetern erreichen. Die Weibchen bleiben erheblich kleiner und haben bereits bei ungefähr acht Zentimetern ihre Endgröße erreicht.

Da es zwischen Männchen und Weibchen auch deutliche Unterschiede im Farbkleid gibt, läßt sich bei dieser Art die Geschlechtszugehörigkeit leicht ermitteln. Männliche Fische besitzen eine lehmgelbe bis rehbraune Rückenregion. Ihr Kopf ist kräftig gelbbraun bis orangefarben getönt. Der Bereich zwischen Kiemendeckel und Vorkiemendeckel erscheint als kontrastreich abgesetzte hellblaue Zone. Der restliche Körper ist taubenblau bis graubraun gefärbt. Die Strahlen der unpaaren Flossen sind kräftig weinrot getönt, die Flossenhäute irisieren dagegen hellblau. Die Rückenflosse besitzt einen feinen roten Saum.

Fundorte von *Archocentrus sajica*

Archocentrus sajica, unten ♀, oben ♂

Weibchen dieser Art besitzen ein schlichteres Farbkleid. Sie sind überwiegend grau, in der unteren Körperhälfte eher blaugrau gefärbt. Die untere Kopfregion und die Kehle können einen hellblauen Farbton annehmen. In der Brutpflege verfärben sich die weiblichen Fische sehr dunkel. Kopf, Brust und Bauch können beinahe schwarz aussehen.

Bei beiden Geschlechtern treten auf den Körperseiten sieben verwaschene dunkle Querstreifen auf, deren Ausbildung allerdings stimmungsbedingt ist. Der dritte, der im allgemeinen weit kräftiger als die übrigen hervortritt, wird bei brutpflegenden Weibchen zu einem tiefschwarzen Querband verstärkt, das auch auf die Rückenflosse übergreift. Zusätzlich erscheint ein unscharf begrenzter dunkler Längsstreifen, der vom Rand des Kiemendekkels zur Schwanzwurzel ziehen kann, meist aber bereits auf dem dritten Querstreifen endet, so daß eine Art auf der Seite liegende T-Zeichnung entsteht. Schließlich zeigen die Fische noch einen verwaschenen schwarzen Schwanzwurzelfleck. Zu den

arttypischen Merkmalen,

die eine Identifizierung dieser Cichliden ermöglichen, gehören der Besitz von nur 6–7 Hartstrahlen in der Afterflosse. Ferner ist für diese Art ganz charakteristisch, daß der dritte Querstreifen besonders kräftig ausgebildet ist und daß auf den Körperseiten ein dunkler Längsstreifen auftritt.

Ähnliche Arten

finden sich insbesondere unter den übrigen acht Vertretern dieses Verwandtschaftskreises. *Archocentrus spinosissimus* (Vaillant & Pellegrin, 1902) zeigt eine einfarbig graue Grundfärbung, das heißt, es fehlen die gelben und kräftig blauen Farbtöne. Ferner besitzt diese Art 11 oder 12 Hartstrahlen in der Anale. Sie zeigt keinen Längsstreifen auf den Flanken. *Archocentrus spilurus* (Günther, 1862) besitzt 8 bis 10 Analstacheln. Auch dieser Spezies fehlen sowohl rote Farbtöne in den Flossen als auch der dunkle Längsstreifen auf den Körperseiten. *Archocentrus sajica* besitzt nur eine vergleichsweise begrenzte Verbreitung. Die

natürlichen Lebensräume

liegen ausschließlich auf der pazifischen Seite von Costa Rica. Die Fische wurden dort bisher nur zwischen dem Einzugsgebiet des Rio Esquinas und Punta Mala nachgewiesen. Einige Informationen über die Fundorte und die Ökologie dieses Cichliden gibt Bussing (1974) in der Erstbeschreibung: *A. sajica* kommt ausschließlich in langsam fließenden, kleinen Gewässern vor, die nur wenige Meter breit sind, trat aber sowohl über Sandboden als auch über Kies auf. Magenuntersuchungen ergaben, daß sich die Fische vorwiegend von pflanzlichem Material ernähren. Neben Fadenalgen und kleinen Samen wurden aber auch Wasserinsekten und kleine Fische gefressen. *A. sajica* ist ein anpassungsfähiger Pflegling, dessen erfolgreiche

Haltung

als leicht zu bezeichnen ist. Ein Aquarium mit einer Seitenlänge von knapp einem Meter bietet diesen Fischen ausreichend Raum. Ihr Wohlbefinden wird durch höhlenartige Unterstände sichtlich gesteigert. Obwohl sie sich im natürlichen Lebensraum von pflanzlichem Material ernähren, sind sie im Aquarium keine Pflanzenfresser, wenn nicht extrem zarte Gewächse verwendet werden. Sie zählen zu den relativ friedlichen Cichliden und sollten deshalb vorzugsweise mit anderen mittelamerikanischen Arten vergesellschaftet werden, die ihnen in Größe und Verhalten ähneln. Die

Zucht

gelingt durchaus in einem Gesellschaftsaquarium. Falls die Fische entsprechende Örtlichkeiten vorfinden, laichen sie vorzugsweise in Höhlen ab. Während der Brutpflege bilden sie eine Vater-Mutter-Familie, das heißt, die Geschlechter übernehmen unterschiedliche Rollen. Sobald die Larven geschlüpft sind, zeigen die Eltern eine rege Grabetätigkeit, da sie die noch nicht schwimmfähigen Jungtiere in flachen Gruben ablegen, die sie mehrfach wechseln. Die Aufzucht der Brut mit den üblichen Futtermitteln gelingt leicht.

Archocentrus septemfasciatus
(REGAN, 1908)

Fundorte von *Archocentrus septemfasciatus*

MEEK (1914) und einige spätere Autoren sahen diese Spezies fälschlich als identisch mit *Archocentrus spilurus* (GÜNTHER, 1862) aus Guatemala an. Dieser Irrtum wurde unter anderem von BUSSING (1974) korrigiert. Die Fische tauchten Ende der 70er Jahre erstmals in der Aquaristik auf, anfangs nur in den USA, später aber auch in Deutschland. Die maximale Körperlänge kann bei den Männchen knapp 12 Zentimeter betragen. Weibliche Tiere bleiben erheblich kleiner und erreichen nur etwa eine Länge von 8 Zentimetern.

Erwachsene Fische sind nicht nur sexualdimorph, sondern auch sexualdichromatisch, so daß sich die Geschlechter leicht unterscheiden lassen. Die Weibchen sehen weit farbiger aus als die Männchen. Ihre Grundfärbung besteht aus einem hellen Blaugrau oder Taubenblau. Der obere Bereich der Wangen und des Kiemendeckels zeigt meist gelbliche bis orangefarbene Töne. Die Kehle und die Brust sind blau gefärbt. In der vorderen Körperhälfte treten einzelne Schuppen auf, die einen zarten Kupferglanz aufweisen. Über die Flanken ziehen sieben dunkle Querstreifen, von denen der dritte, der auch auf die Rückenflosse übergreift, und der letzte, der zugleich den Schwanzwurzelfleck bildet, besonders kräftig hervortreten. Selbst wenn alle anderen Streifen verblassen, bleiben diese beiden als kräftig schwarze Flecken erhalten. Die Bauchflossen

Archocentrus septemfasciatus ♀

sehen größtenteils schwarz aus. Die unpaaren Flossen sind bläulich getönt. Der vordere Bereich der Dorsale zeigt einen leicht metallischen Glanz. Die Iris ist kräftig dunkelblau gefärbt. Männlichen Fischen fehlen die orangegelben Farbtöne, die kupferfarbenen Schuppen und die schwarze Zeichnung in der Rükkenflosse, die jedoch bei ihnen ebenso wie die Afterflosse lang ausgezogen ist.

Arttypische Merkmale

gibt es vor allem im Farbkleid der Fische. Besonders charakteristische Kennzeichen bilden der dritte Querstreifen auf den Körperseiten, der häufig zu einem Flankenfleck reduziert ist, und die kräftig blauen Farbtöne in der unteren Kopfregion und im Bereich der Brust. Zu den

ähnlichen Arten

sind mehrere Vertreter der Gattung *Archocentrus* zu zählen, insbesondere *Archocentrus spilurus* (Günther, 1862). Jene Art trägt jedoch niemals einen Flankenfleck. Ferner zeigen männliche Fische im Bereich von Kehle und Brust lehmgelbe Farbtöne. Die

natürlichen Lebensräume

von *Archocentrus septemfasciatum* liegen ausschließlich auf der atlantischen Seite von Mittelamerika. Die Verbreitung ist relativ eng begrenzt und erstreckt sich vom Südosten Nikaraguas bis in das östliche Costa Rica. Als Fundorte sind das Einzugsgebiet des Rio San Juan und die Umgebung von Limon (Costa Rica) belegt. Die Heimatgewässer dieses Cichliden führen im allgemeinen weiches bis mittelhartes Wasser, dessen pH-Wert im leicht alkalischen Bereich liegt. Da sich die

Haltung

der Fische infolge ihrer Anpassungsfähigkeit und Robustheit ausgesprochen unproblematisch gestaltet, sind sie auch Aquarianern zu empfehlen, die noch keine Erfahrungen mit der Pflege von Buntbarschen haben. Ein Aquarium mit einer Länge von einem knappen

In derartigen Gewässern ist der Fang von Cichliden äußerst schwierig.

Meter bietet den Fischen genügend Raum. Es sollte unbedingt höhlenartige Versteckmöglichkeiten enthalten, die mit Hilfe größerer Steine und Moorkienwurzeln errichtet werden. Der Boden des Behälters sollte mit Sand oder sehr feinem Kies abgedeckt werden. Härtere Pflanzen werden von den Fischen nicht beschädigt und können deshalb als zusätzliche Dekorationsmittel verwendet werden. Dieser Cichlide ist in bezug auf den Chemismus des Wassers und die Fütterung ausgesprochen anspruchslos. Die

Zucht

gelingt deshalb relativ leicht. Die Fische laichen vorzugsweise an sehr versteckter Stelle ab und benutzen gern Höhlen, wenn dazu die Gelegenheit besteht. Während der Brutpflege zeigen sie eine geschlechtsspezifische Rollenverteilung mit einer ausgeprägten Arbeitsteilung. Das Männchen verteidigt in erster Linie das Brutrevier gegen Freßfeinde, während das Weibchen sich vor allem der Pflege des Geleges und der Larven widmet. Da die Brutpflege der Fische sehr intensiv ist, verlaufen Zuchtversuche im allgemeinen auch in einem biotopgerecht eingerichteten Gesellschaftsaquarium erfolgreich.

Archocentrus spilurus
(GÜNTHER, 1862)

Dieser mittelamerikanische Buntbarsch aus der Gattungsgruppe *Cichlasomini* wurde in der Erstbeschreibung der Gattung *Heros* zugeordnet. In der Aquaristik sind die Fische seit dem Anfang der 70er Jahre bekannt. Männliche Exemplare können eine Länge von rund 12 Zentimetern erreichen, weibliche Tiere bleiben jedoch erheblich kleiner.

Auf hellgrauem bis taubenblauem Untergrund tragen die Fische zwischen dem Rand des Kiemendeckels und der Schwanzwurzel sieben dunkle Querstreifen. Der große Schwanzwurzelfleck nimmt beinahe die gesamte Höhe des Schwanzstieles ein. Da diese Art nicht nur dimorph, sondern auch dichromatisch ist, lassen sich die Geschlechter ohne Schwierigkeiten unterscheiden.

Fundorte von *Archocentrus spilurus*

Bei den Männchen tritt mit zunehmendem Alter die Streifenzeichnung mehr und mehr zurück, bis sie schließlich völlig verschwindet. Dafür nehmen der untere Bereich des Kopfes, die Kehle und die Brustregion eine lehmgelbe Färbung an. Ferner wölbt sich ihre Stirn

Archocentrus spilurus, ♀ bei der Brutpflege

immer weiter nach außen, so daß die obere Profillinie schließlich beinahe senkrecht über dem Maul ansteigt. Im Alter sind bei ihnen die Rücken- und die Afterflosse verlängert und spitz ausgezogen.

Weibliche Fische behalten die Streifenzeichnung, die bei ihnen während der Brutpflege besonders kontrastreich hervortritt. Ferner sind sie an einem schwarzen Fleck in der Rükkenflosse zu erkennen, der oberhalb des dritten Querstreifens im Bereich des neunten bis elften Hartstrahls liegt und den Männchen fehlt. Während der Brutpflege sind der untere Kopf, die Brust und die Bauchregion tiefschwarz gefärbt.

Arttypische Merkmale

bilden das Muster von sieben gleichmäßig ausgebildeten dunklen Querstreifen, bei den Weibchen der Fleck in der Rückenflosse und bei den Männchen die Gelbfärbung von Kopf und Brust. Hinzu kommen der Besitz von 8 bis 10 Hartstrahlen in der Afterflosse. Mehrere sehr

ähnliche Arten

finden sich in der Gattung *Archocentrus*. Beispielsweise besitzt *Archocentrus spinosissimus* (VAILLANT & PELLEGRIN, 1902) ein ähnliches Farbkleid, jedoch fehlt den Männchen die Gelbfärbung. Ferner hat die Art 11–12 Analstacheln. *Archocentrus septemfasciatus* (REGAN, 1908) fehlt ebenfalls die Gelbfärbung im männlichen Geschlecht. *Archocentrus sajica* (BUSSING, 1974) besitzt neben den Quer- auch einen Längsstreifen. Die

natürlichen Lebensräume

von *Archocentrus spilurus* liegen in Guatemala, Belize und an der Ostgrenze des mexikanischen Bundesstaates Campeche. Als Fundorte sind insbesondere der Belize River, der Rio Motagua sowie die Umgebung der Laguna de Izabal belegt. Die genauen Grenzen der Verbreitung dieser Art sind zur Zeit noch ungeklärt. Weiter östlich gelegene Fundorte, die in der Literatur angegeben werden (Nikaragua, Costa Rica, Panama), beziehen sich auf die Arten *Archocentrus septemfasciatus* (REGAN,

Archocentrus spilurus ♂

1908) und *Archocentrus cutteri* (FOWLER, 1932) die einige Autoren als Synonyme von *Archocentrus spilurus* ansahen. Die

Haltung

dieses Buntbarsches ist auch Anfängern zu empfehlen, da er anspruchslos und sehr anpassungsfähig ist. Hinzu kommt, daß er sich auch in relativ kleinen Aquarien, deren Seitenlänge unter einem Meter liegt, mit Erfolg pflegen läßt. Dem Chemismus des Wassers braucht keine besondere Aufmerksamkeit geschenkt zu werden. Höhlenartige Versteckplätze erhöhen das Wohlbefinden der Tiere. Da sie während der Brutpflege flache Gruben anlegen, sollte Sand oder feinster Kies als Bodengrund verwendet werden. Eine Bepflanzung des Aquariums ist durchaus möglich. In einem derartig eingerichteten Behälter gelingt auch die

Zucht

recht leicht. *Archocentrus spilurus* ist ein Offenbrüter mit einer deutlichen Neigung zum Versteckbrüten, d.h., grundsätzlich laichen die Fische bereitwillig auf flachen Steinen oder ähnlichen Substraten. Sie bevorzugen aber möglichst geschützte Örtlichkeiten und benutzen, falls sich die Möglichkeit bietet, auch gern Höhlen. Die Brutpflege erfolgt in einer Vater-Mutter-Familie, das heißt, die Eltern kümmern sich zwar gemeinsam um die Nachkommen, sie nehmen aber verschiedene Aufgaben wahr. Das Männchen pflegt weniger das Gelege und die Larven, sondern sichert die Reviergrenzen. Da die Brutpflege sehr intensiv ist, wachsen auch im Gesellschaftsaquarium einige Jungfische heran, die am besten mit jungen Salinenkrebsen und zerkleinertem Flokkenfutter gefüttert werden.

Die Gattung Astronotus
SWAINSON, 1839

Diese Gattung wird zusammen mit *Chaetobranchus* und *Chaetobranchopsis* in der Gattungsgruppe der Chaetobranchinen zusammengefaßt, die sich durch besonders große, stärker mit Stacheln besetzte Mikrokiemenrechen von anderen Gattungen unterscheiden. Zu den besonderen gattungstypischen Merkmalen der *Astronotus*-Arten zählen die starke Beschuppung des Grundes von Rücken- und Afterflosse sowie die unter südamerikanischen Buntbarschen ungewöhnliche Anordnung der Lippen, bei der der hintere Teil der Unterlippe nicht die Oberlippe bedeckt. Obwohl eine ganze Reihe von Arten beschrieben wurden, galt die Gattung zwischenzeitlich als monotypisch. Neuerdings hat sich aber wieder die Auffassung durchgesetzt, daß es mehrere Arten gibt, von denen allerdings erst *Astronotus ocellatus* aus dem Rio Ucayali und oberen Amazonas und *A. crassipinnis* aus den Einzugsgebieten von Madre de Dios, Mamoré, Guaporé und Rio Paraguay abgegrenzt sind (Kullander, 1986).

Der Hafen von Manaus (Brasilien) ist das Ziel vieler Zierfischfänger.

Astronotus ocellatus
(AGASSIZ, 1831)

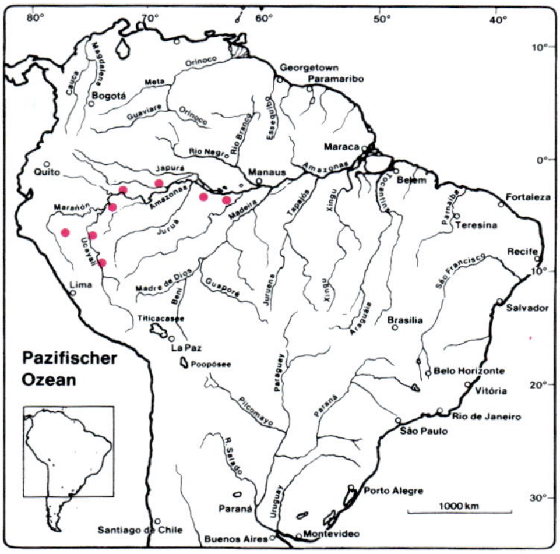

Fundorte von *Astronotus ocellatus*

trug ursprünglich den Gattungsnamen *Lobotes.* Jüngere Synonyme sind unter anderem *Acara compressus* COPE, 1872, sowie *A. hyposticta* COPE, 1878. Wahrscheinlich ist *Cychla rubroocellata* JARDINE, 1843, ebenfalls zu den Synonymen zu rechnen.

Die Fische können eine Länge von 30 cm erreichen und zählen deshalb in ihren Heimatländern zu den wichtigsten Speisefischen. Ihr Farbkleid wird durch braune bis schwarze wolkige Bänder bestimmt, die auf einem grauen oder gelblichen Untergrund liegen. Anlaß für den Artnamen war ein runder schwarzer Fleck, der in der oberen Hälfte des Schwanzstieles liegt und von einem orangeroten bis goldenen Hof umgeben ist, sowie weitere Augenflecken am Grund der Rückenflosse. Einzelne orangerote Schuppen oder Farbzonen können auch auf den Flanken auftreten. Innerhalb des riesigen Verbreitungsgebietes, das diese Art besiedelt hat, kommt es zur Ausbildung unterschiedlicher Farbrassen, die sich vor allem in der Ausdehnung der orangeroten Farbzonen unterscheiden. Ferner gibt es inzwischen eine einfarbig kupferrote Zuchtform, die in der Aquaristik unter der Bezeichnung „Roter Oskar“ bekannt wurde. Die Art ist monomorph, d.h., es gibt keine äußeren Geschlechtsunterschiede.

Astronotus ocellatus trägt auffällige Flecken in der Dorsale.

Astronotus sp.

Arttypische Merkmale

von *Astronotus ocellatus* bilden die auffälligen orangerot gesäumten Augenflecken in der Dorsale sowie 12–14 Hart- und 19–21 Weichstrahlen in der Rückenflosse. Im Unterschied dazu besitzt *A. crassipinnis* keine derartigen Flecken und 11–13 Hart- sowie 19–22 Weichstrahlen in dieser Flosse.

Natürliche Lebensräume

von *Astronotus ocellatus* sind nach unseren Beobachtungen vor allem strömungsarme Gewässer, d.h. tote Seitenarme und Buchten. Wie wir in Peru feststellen konnten, scheinen sich die Fische bevorzugt im Schutz von im Wasser liegenden Ästen und Baumstämmen aufzuhalten.

Nach KULLANDER (1986) erstreckt sich die Verbreitung von *Astronotus ocellatus* in Peru und Brasilien über die Flußsysteme des mittleren und unteren Rio Ucayali sowie über den oberen Amazonaseinzug. Dort sind Fundorte in der Umgebung der Städte Iquitos, Pebas und Codajás sowie im Rio Tefé und Rio Içá belegt. Wie weit diese Art auch in den mittleren Amazonas vordringt, ist bisher ungeklärt. Vieles spricht dafür, daß im unteren Amazonas eine andere Art vorkommt. Aus diesem Gebiet wurden *Astronotus zebra* PELLEGRIN, 1904, und *A. orbiculatus* HASEMAN, 1911, beschrieben. Infolge der Körpergröße dieses Cichliden ist seine erfolgreiche

Haltung

langfristig nur in sehr großen Aquarien möglich, die mindestens eineinhalb Meter lang sind. Besonders zu beachten ist, daß unverpaarte Tiere bei einem zu gering bemessenen Raum untereinander ausgesprochen unverträglich werden können. Für die Einrichtung des Aquariums werden Kies, größere Steinplatten oder Moorkienwurzeln sowie einige größere robuste Einzelpflanzen benötigt, um Versteckplätze zu schaffen. *A. ocellatus* ist recht widerstandsfähig und anspruchslos, so daß dem Chemismus des Wassers keine besondere Aufmerksamkeit geschenkt werden muß. Gegenüber anderen Cichliden, die eine vergleichbare Körpergröße besitzen, verhält sich der Pfauenaugenbuntbarsch friedlich. Im Alter ist er ein ausgesprochen ruhiger Pflegling. Er ist ein Großbrockenfresser, der bereits im halbwüchsigen Zustand einen großen Nahrungsbedarf hat und deshalb regelmäßig mit zerschnittenem fettarmem Süßwasser- oder Meeresfisch gefüttert werden sollte. Ein gut harmonierendes Paar kann bereits in einem Aquarium, das eine Seitenlänge von 120 Zentimetern hat, zur

Zucht

angesetzt werden. Dieser Cichlide ist ein Offenbrüter, der die Eier auf einem flachen Stein deponiert und die Brut in einer Elternfamilie betreut und verteidigt. Bei größeren Exemplaren kann das Gelege mehrere hundert Eier enthalten. Bei einer Fütterung mit dem üblichen Aufzuchtfutter wachsen die Jungtiere, die ein sehr hübsches schwarzsilbernes Jugendkleid tragen und ganz anders als die Eltern aussehen, ohne Schwierigkeiten heran.

Tabelle 11:

Ort:	Kleiner Weißwasserfluß im Einzugsgebiet des oberen Ucayali bei Iparia (Peru)
Sichtweite:	starke Trübung
Farbe:	lehmgelb
pH-Wert:	7,3
Gesamthärte:	10 °dH
Karbonathärte:	11 °dH
Leitfähigkeit:	455 µS bei 28 °C
Wassertiefe:	3 m
Wasserbewegung:	leichte Strömung
Wassertemperatur:	28 °C
Lufttemperatur:	30 °C
Datum:	10. 7. 1981
Uhrzeit:	12.30 Uhr

Die Gattung Biotodoma

wurde im Jahre 1903 von EIGENMANN & KENNEDY beschrieben. Da ihre Mitglieder im Besitz eines fleischigen Anhanges am oberen Teil des ersten Kiemenbogens sind, gehört sie in die Gattungsgruppe der Geophaginen. Von nahe verwandten Gattungen unterscheidet sie sich durch den Aufbau des Skeletts der Rückenflosse, das zwei Supraneurale (besondere Knochen im vorderen Rückenflossenskelett) aufweist. Ein in der Aquaristik zu verwendendes Unterscheidungskriterium bildet die Lage des Flankenfleckes, der niemals in der Körpermitte, sondern immer in der hinteren Körperhälfte gelegen ist, und zwar je nach Art direkt unter der Rückenflosse, auf der oberen Seitenlinie oder zwischen den Seitenlinien. Zur Zeit enthält diese kleine Gattung nur zwei Arten. Wahrscheinlich wird demnächst eine weitere, jetzt noch unbeschriebene Spezies hinzukommen.

Zu den Lebensräumen der Gattung *Biotodoma* gehören auch Schwarzwasserbiotope wie dieses Gewässer am Rio Negro.

Biotodoma cupido
(HECKEL, 1840)

wurde ursprünglich in der Erstbeschreibung der Gattung *Geophagus* zugeordnet. GÜNTHER (1962) verwendete den Gattungsnamen *Mesops*. Da dieser für die Haltung im Aquarium sehr zu empfehlende Buntbarsch kaum importiert wird, wurde er bisher nur selten gepflegt. Die Fische können eine Länge von rund 15 cm erreichen.

Die wichtigsten Merkmale ihres Farbkleides sind eine gut ausgebildete tiefschwarze Augenbinde, ein rundlicher, golden gesäumter schwarzer Seitenfleck, der zwischen dem Grund der Rückenflosse und der oberen Seitenlinie liegt, und eine orangebraune bis rotbraune Farbzone, die sich bei adulten Exemplaren häufig in dem Bereich zwischen dem Rand des Kiemendeckels und der Körpermitte ausbildet. Ein Geschlechtsdimorphismus fehlt weitgehend. Im Alter zeigen Männchen eine kräftigere Beflossung, insbesondere sind die äußeren Strahlen der Schwanzflosse fädig verlängert.

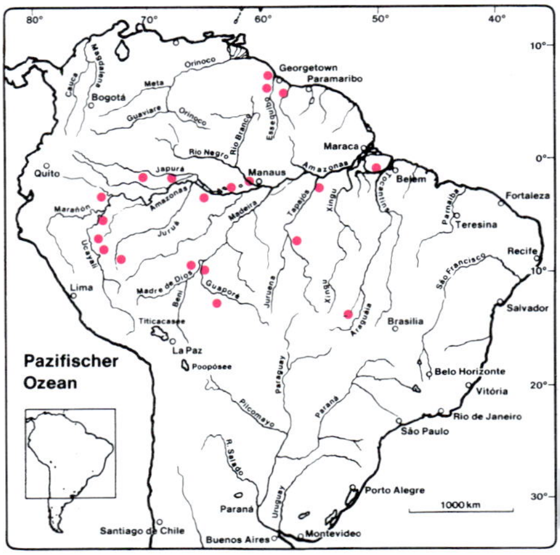

Fundorte von *Biotodoma cupido*

Arttypische Merkmale

sind der Seitenfleck, der zwischen dem Grund der Dorsale und der oberen Seitenlinie in der hinteren Körperhälfte liegt, sowie die orangebraune Farbzone in der vorderen Körperhälfte.

Biotodoma cupido

Ähnliche Arten

sind *Biotodoma wavrini* (GOSSE, 1963), die den Seitenfleck unter der oberen Seitenlinie trägt und einen relativ langgestreckten Körper besitzt, sowie eine noch unbeschriebene Form aus den Guayana-Ländern, bei der der Seitenfleck auf der oberen Seitenlinie liegt, die aber bisher auch als *Biotodoma cupido* angesprochen wurde.

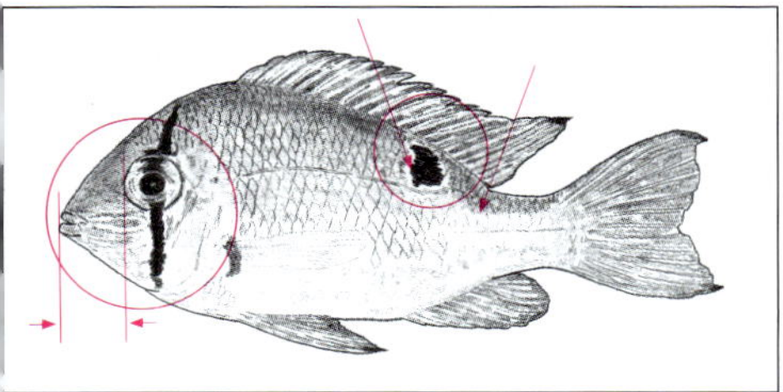

Biotodoma cupido

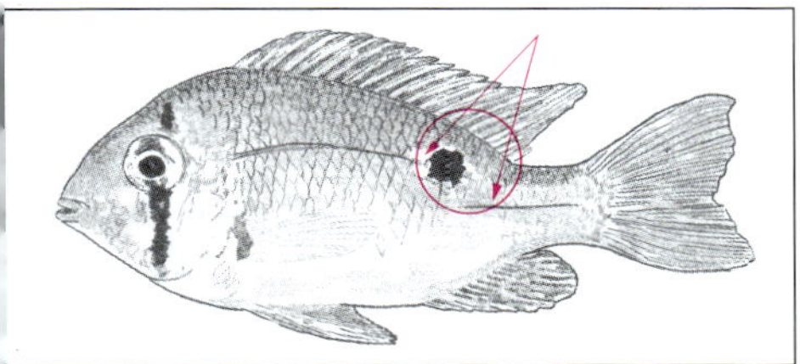

Biotodoma sp.

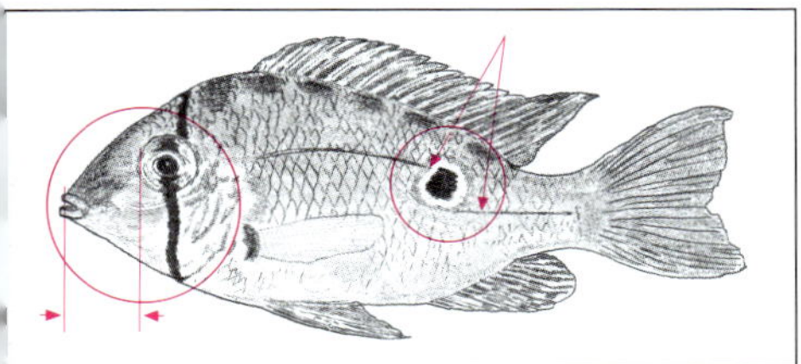

Biotodoma wavrini

Der

natürliche Lebensraum

dieses Buntbarsches erstreckt sich über Brasilien (Rio Solimoes, Rio Negro, Madeira, Araguaia, Tapajos), das nordöstliche Peru (Ucayali) und das Grenzgebiet zwischen Bolivien und Brasilien (Guaporé). Die Nachweise in Guayana (Essequibo, Demerara) beziehen sich wahrscheinlich auf eine andere *Biotodoma*-Art. Aufgrund dieser Verbreitung kann angenommen werden, daß die Fische grundsätzlich in weichen Gewässern auftreten, deren pH-Wert im sauren Bereich liegt. Da sie relativ kleinwüchsig und sehr ruhige Pfleglinge sind, ist eine erfolgreiche

Haltung

auch in vergleichsweise kleinen Aquarien möglich, die eine Seitenlänge von rund einem Meter besitzen. Der Pflegebehälter ist so einzurichten, daß durch Moorkienwurzeln und einige dichtere Pflanzengruppen genügend Schutz- und Versteckzonen vorhanden sind. Als Bodengrund sollte möglichst Sand verwendet werden. Dieser Buntbarsch ist kein gieriger Fresser, benötigt aber dennoch eine gehaltvolle und abwechslungsreiche Kost, die durch die Fütterung von Kleinkrebsen, Weißen Mückenlarven und Garnelenfleisch zu erreichen ist. Diese friedliche und bisweilen etwas scheue Art läßt sich nur mit Cichliden vergesellschaften, die ein ähnliches Verhalten besitzen, beispielsweise Zwergcichliden. Die

Zucht

ist bisher nur ganz selten gelungen. Den ersten ausführlichen Bericht über die Fortpflanzung einer *Biotodoma*-Art veröffentlichte KUHLMANN (1984), bei dem die Fische in recht hartem Wasser (18° Gesamthärte und 9 °dH Karbonathärte) ablaichten. Günstiger ist sicher mineralarmes Wasser mit einem pH-Wert im sauren Bereich. Die Fische laichten in einer kleinen Grube ab, die vorher vom Weibchen angelegt worden war, und beide Eltern beteiligen sich intensiv an der Brutpflege.

Tabelle 12:

Ort:	Quebrada de Bagasan im Einzugsgebiet des unteren Ucayali (Peru)
Sichtweite:	trübe
Farbe:	lehmig
pH-Wert:	6,5
Gesamthärte:	< 1 °dH
Karbonathärte:	3 °dH
Leitfähigkeit:	85 µS/cm
Wassertiefe:	> 2 m
Wasserbewegung:	gering
Wassertemperatur:	27 °C
Lufttemperatur:	25 °C
Datum:	1. 8. 1990

Die Gattung Bujurquina
KULLANDER, 1986

Mit etwa dreißig bekannten Arten, von denen aber erst rund zwanzig taxonomisch bearbeitet wurden (vgl. KULLANDER, 1994), bildet *Bujurquina* einen der größten südamerikanischen Verwandtschaftskreise. Die Verbreitung dieser Gattung erstreckt sich vom nördlichen Südamerika (Kolumbien, Ekuador, Venezuela) nach Süden bis in die Flußsysteme des Rio Paraguay und des Rio Paraná in Argentinien. In besonderer Formenvielfalt ist sie in Peru vertreten, wo insgesamt dreizehn Arten nachgewiesen wurden, von denen acht im Einzugsbereich des Rio Ucayali vorkommen.

Die *Bujurquina*-Arten, die zur Gattungsgruppe der Cichlasominen gezählt werden, wurden bis zum Jahr 1986 als Vertreter der Gattung *Aequidens* angesehen. Nähere verwandtschaftliche Beziehungen bestehen einerseits zu den Arten der „*Aequidens*"-*pulcher*-Gruppe und andererseits zur Gattung *Tahuantinsuyoa* KULLANDER, 1986. Die meisten *Bujurquina*-Arten sind sich untereinander so ähnlich, daß die Bestimmung der Artzugehörigkeit von lebenden Fischen in einigen Fällen, in denen sich die Verbreitungsgebiete überlappen, sogar bei genauen Fundortangaben mit erheblichen Schwierigkeiten verbunden ist.

Ein gemeinsames Merkmal, das alle *Bujurquina*-Arten in ihrem Farbkleid zeigen, bildet ein schwarzes Längsband, das sich einerseits vom Rand des Kiemendeckels schräg nach oben bis zum hinteren Ansatz der Rückenflosse erstreckt und das andererseits nach vorn bogenförmig am hinteren Augenrand vorbei über die Nackenregion verläuft. Ein weiteres gemeinsames Merkmal bildet die besondere Form ihres Fortpflanzungsverhaltens: Alle *Bujurquina*-Arten sind larvophile Maulbrüter, das heißt, sie legen den Laich genauso wie Offenbrüter auf einer festen Unterlage ab, wo er dann zu Beginn der Brutpflege vom Männchen und Weibchen bis zum Schlüpfen der Larven gepflegt wird. Später nehmen die Elternfische die Brut jedoch in das Maul, um sie dort wie typische Maulbrüter bis zum Ende der Larvenentwicklung zu betreuen.

Am Rio Cuieiras (Rio-Negro-Einzug), Fundort von Cichliden aus den Gattungen *Apistogramma*, *Acarichthys*, *Aequidens*, *Cichla*, *Heros*, *Mesonauta* und *Satanoperca*.

Bujurquina robusta
KULLANDER, 1986

Der abgebildete Fisch wurde von uns im Jahre 1983 während einer ichthyologischen Sammelreise in das obere Ucayali-Gebiet gefangen. Begleiter von uns brachten mehrere Exemplare lebend nach Deutschland. KULLANDER untersuchte das von uns mitgebrachte konservierte Material und kam zu dem Ergebnis, daß es sich um eine noch nicht beschriebene Spezies handelt. Die größten von uns im natürlichen Biotop beobachteten Exemplare hatten eine Länge von knapp 15 Zentimetern. Weibliche Tiere bleiben kleiner.

Die wichtigsten schwarzen Muster im Farbkleid dieser Spezies sind ein Schwanzwurzelfleck, der in der oberen Hälfte des Schwanzstieles liegt, und ein Flankenfleck, der sich unmittelbar unter der Seitenlinie in der Mitte des Körpers befindet. Ein schwarzes Längsband beginnt im Nacken, am hinteren Augenrand, und erstreckt sich im Bogen bis zum oberen vorderen Rand des Schwanzstiels. Stimmungsbedingt können auf den Körperseiten zwischen dem Schwanzwurzelfleck und dem Kiemendeckel sechs dunkle Querstreifen auftreten. Die Rückenflosse besitzt einen

Fundorte von *Bujurquina robusta*

schmalen orangegelben Saum. Die Körperseiten tragen einen hübschen Metallglanz, insbesondere fallen auf den Flanken fünf blaugrün glänzende Längsstreifen auf. Ähnliche Glanzlinien liegen auch unterhalb des Auges in der unteren Kopfregion. Männliche und weibliche Fische sind äußerlich sehr schwer zu unterscheiden. Allerdings besitzen ältere Männchen eine kräftigere Beflossung und eine spitz ausgezogene Rücken- und Afterflosse.

Bujurquina robusta

Arttypische Merkmale

Mit Ausnahme des auffallenden grünen Metallglanzes, der im Vergleich zu einigen anderen Buntbarschen aus diesem Verwandtschaftskreis sehr farbintensiv ist, zeigt *Bujurquina robusta* keine artspezifischen Merkmale, die bei lebenden Fischen eine Unterscheidung von nahe verwandten Arten ermöglichen.

Da sich die Verbreitungsgebiete von *Bujurquina robusta* und *Bujurquina labiosa* überlappen, sind insbesondere Merkmale von Interesse, die eine Unterscheidung dieser beiden Arten ermöglichen: *Bujurquina labiosa* hat einen deutlich spitzeren Kopf und erheblich dickere Lippen. Der

natürliche Lebensraum

dieser neubeschriebenen *Bujurquina*-Art liegt im oberen Ucayali in Peru. Der einzige bisher bekannte Fundort ist der Rio Chinipo, der ungefähr 10 km südlich der Ortschaft Chicosa in den Ucayali mündet. Dabei handelt es sich um einen Klarwasserfluß, der eine beträchtliche Strömung besitzt. Die Buntbarsche hielten sich jedoch nicht im Hauptgewässer, sondern in stillen Seitenarmen und Restwassertümpeln auf, wo der Boden nicht steinig, sondern sandig war und wo sie zwischen ins Wasser gefallenen Bäumen und Ästen Schutz fanden. Das Wasser war relativ weich und besaß eine deutlich alkalische Reaktion. Weitere Fische dieses Gewässers sind die Buntbarsche *Bujurquina labiosa, Cichlasoma amazonarum* und *Crenicichla sedentaria,* Saugwelse aus den Gattungen *Chaetostoma* und *Hypostomus,* Salmler aus den Gattungen *Phenacogaster, Bryconamericus* sowie *Hemigrammus agulha, Characidium etheostoma, Astyanax maximus* und *A. bimaculatus* sowie ein Süßwasserrochen.

Aquarien ab einer Seitenlänge von einem knappen Meter sind für die

Haltung

dieses Buntbarsches geeignet. Der Behälter wird mit Sand oder feinem Kies, einigen großen Steinen und Moorkienwurzeln eingerichtet. Versteckmöglichkeiten tragen sichtlich zum Wohlbefinden der Fische bei. Obwohl in natürlichen Lebensräumen keine höheren Wasserpflanzen gefunden wurden, kann das Aquarium durchaus sparsam bepflanzt werden, da diese Art pflanzenfreundlich ist. Als Mitbewohner desselben Behälters kommen auch kleinere südamerikanische Cichliden in Betracht, da dieser Buntbarsch relativ friedlich ist.

Alle gängigen Futterarten werden von den Tieren willig gefressen.

Die

Zucht

gelingt nicht immer auf Anhieb, da sich die Fische offenbar nicht beliebig verpaaren lassen. Dieser Buntbarsch gehört zu den larvophilen Maulbrütern, d.h., er laicht nach Art von Offenbrütern auf einem Stein oder einer Wurzel ab. Sobald die Larven schlüpfen, werden sie jedoch in der Mundhöhle gepflegt. Wie unsere Unterwasserbeobachtungen ergaben, bilden die Fische eine Elternfamilie. Bei Gefahr werden die Jungfische sowohl vom Männchen als auch vom Weibchen in das Maul aufgenommen. Diese Beobachtungen wurden später durch Post, der die Art 1984 im Aquarium erstmals zur Fortpflanzung brachte, bestätigt. Bei einer Wassertemperatur von 27 °Celsius beginnt die Maulbrutpflege nach etwa 40 Stunden. Die Jungfische verlassen das Maul der Eltern nach rund einer Woche.

Tabelle 13:

Ort:	**Restgewässer am Rio Chinipo (Klarwasserfluß), ca. 10 km südlich von Chicosa (Peru, Depto. Junin)**
Sichtweite:	**3 m**
Farbe:	**grünlich**
pH-Wert:	**7,9**
Gesamthärte:	**4 °dH**
Karbonathärte:	**4 °dH**
Leitfähigkeit:	**116 µS bei 26 °C**
Wassertiefe:	**< 1 m**
Wasserbewegung:	**keine**
Wassertemperatur:	**26 °C**
Lufttemperatur:	**30 °C**
Datum:	**23. 6. 1983**
Uhrzeit:	**11.00 Uhr**

Bujurquina tambopatae
KULLANDER, 1986

Dieser Buntbarsch gehört zweifellos zu den farbenprächtigsten Vertretern der Gattung. Er besitzt eine graugelbe bis lehmgelbe Grundfärbung, die bei erwachsenen Exemplaren auf den Körperseiten von einem schönen hellgrünen Metallglanz überlagert ist. Auch in der unteren Kopfregion tragen die Fische grüne Glanzpunkte und -streifen. Der hintere Bereich der Rückenflosse und die obere Hälfte der Schwanzflosse besitzen entweder einen schmalen orangeroten oder einen weißen Saum. Diese Farbunterschiede treten auch bei Fischen auf, die an demselben Fundort gefangen wurden. Alle Flossen besitzen eine zart gelbliche Tönung. Die unpaaren Flossen zeigen bei auffallendem Licht ein Muster hellblauer Pünktchen.

Die schwarzen Zeichnungen, deren Ausprägung jedoch stimmungsabhängig ist, bestehen aus den für die Gattung typischen Elementen: Ein meist in eine Reihe von Flecken zerfallendes Längsband zieht vom oberen Rand des Kiemendeckels schräg nach oben zum hinteren Ende der Rückenflosse sowie bogenförmig über die Nackenregion. Zwischen dem hinteren Rand des Kiemendeckels

Fundorte von *Bujurquina tambopatae*

und der Schwanzwurzel gibt es auf den Körperseiten sieben Querstreifen, und auf dem Grund der Schwanzflosse liegt zusätzlich ein kleiner länglicher Schwanzfleck.

Die maximale Gesamtlänge dieser Art liegt bei ungefähr zwölf Zentimetern. Da ein deutlicher Sexualdimorphismus fehlt, läßt sich das Geschlecht der Fische aufgrund äußerer Merkmale nur schwer bestimmen. Bei älteren Männchen sind jedoch die Bauchflossen sowie der hintere Teil der Rücken- und Afterflosse

Bujurquina tambopatae: Exemplar von Typusfundort

stärker ausgezogen und fädig verlängert. Darüber hinaus besitzt bei ihnen die Schwanzflosse keinen geraden, sondern einen ausgefransten Rand, ein Merkmal, das für viele *Bujurquina*-Arten ganz typisch ist.

Arttypische Merkmale

Da sich die Verbreitungsgebiete von *Bujurquina tambopatae* und *Bujurquina cordemadi* überlappen, sind vor allem arttypische Merkmale von Interesse, die eine Unterscheidung dieser beiden Arten ermöglichen. Bei *B. cordemani* sind der — von hinten gezählt — fünfte und sechste Querstreifen in der Rückenregion miteinander verschmolzen, während sie bei *B. tambopatae* getrennt verlaufen. *B. tambopatae* besitzt ferner dickere Lippen und eine längere Schnauzenregion.

Natürliche Lebensräume

Dieser Buntbarsch ist bisher nur vom Typusfundort bekannt. Dabei handelt es sich um ein kleines, in seinem Oberlauf bachartiges Flüßchen, das sowohl Quebrada San Roque als auch Quebrada Castañas genannt wird und gut zehn Kilometer von der Stadt Puerto Maldonado entfernt die Straße nach Cuzco kreuzt. Dieses Gewässer mündet in den Rio Tambopata, der wiederum ein Nebenfluß des Madre de Dios ist.

Im August 1992 konnten wir in einer weiherartigen Erweiterung dieses Gewässers mehrere adulte Exemplare von *Bujurquina tambopatae* fangen. Die Ergebnisse einer Wasseranalyse zeigten, daß das recht trübe Wasser dort sehr weich und schwach sauer war. Zu den an diesem überraschend artenreichen Fundort nachgewiesenen Fischen zählten unter anderem der Killifisch *Rivulus christinae* sowie die Buntbarsche *Mesonauta festivus, Cichlasoma boliviense, Aequidens tetramerus, Crenicichla semicincta* und *Apistogramma urteagai.*

Haltung

Für die Pflege dieses Buntbarsches ist ein Aquarium geeignet, das eine Mindestlänge von einem Meter hat. Es kann mit *Echinodorus*- und größeren *Anubias*-Arten bepflanzt werden, da die Fische diese Gewächse nicht beschädigen. Man sollte jedoch darauf achten, daß ein ausreichend bemessener freier Schwimmraum vorhanden ist. Zur artgemäßen Einrichtung des Behälters gehören ferner einige größere Steine und Wurzeln, mit denen Versteckplätze geschaffen werden. Da *Bujuquina tambopatae* wenig Durchsetzungsvermögen besitzt, sollten diese Fische nicht mit größeren oder aggressiven Cichliden zusammen gepflegt werden.

Zucht

Bujurquina tambopatae gehört zu den larvophilen Maulbrütern. Das Gelege wird von den Fischen nach Art der Offenbrüter auf einer Unterlage angeheftet und verbleibt dort bis zum Schlüpfen der Larven. Erst dann beginnt die Maulbrutpflege, an der sich Männchen und Weibchen in einer Elternfamilie beteiligen.

Für Zuchtversuche empfiehlt es sich, die in den natürlichen Lebensräumen auftretenden Wasserwerte möglichst genau zu imitieren, da andernfalls die Gefahr besteht, daß sich die Larven in hartem Wasser mit einer deutlich alkalischen Reaktion nicht normal entwickeln. Sobald die Jungfische von den Eltern aus dem Maul entlassen werden, sind sie bereits so groß, daß sie mühelos die frischgeschlüpften Larven des Salinenkrebses fressen können.

Tabelle 14:

Ort:	Quebrada San Roque/Castañas im Tambopata-Einzug: gut 10 km von der Stadt Puerto Maldonado entfernt an der Straße nach Cuzco
Sichtweite:	gering
Farbe:	lehmig
pH-Wert:	6,7
Gesamthärte:	< 1 °dH
Karbonathärte:	< 1 °dH
Leitfähigkeit:	10 µS/cm
Wassertiefe:	> 1 m
Wasserbewegung:	gering
Wassertemperatur:	21,5 °C
Lufttemperatur:	26,0 °C
Datum:	3. 8. 1992
Uhrzeit:	15.30 Uhr

Die Gattung *Caquetaia*
FOWLER, 1945

Die Gattung wurde von FOWLER anläßlich der Erstbeschreibung von *Caquetaia amploris* aufgestellt, ein Taxon, das sich jedoch als Synonym zu *Caquetaia myersi* erwies. Zwischenzeitlich wurde dieser Gattungsname dann als Synonym zu *Cichlasoma* angesehen. Infolge der Auflösung und neuen Definition der ehemaligen Sammelgattung *Cichlasoma* durch den schwedischen Ichthyologen KULLANDER im Jahre 1983 wurde der Name jedoch gültig. Auf die Verfügbarkeit des Gattungsnamens *Caquetaia* für einen Verwandtschaftskreis südamerikanischer Buntbarsche und auf dessen Definition hat KULLANDER schon im Jahre 1983 hingewiesen.

Die Gattung *Caquetaia*, die zur Gattungsgruppe der Cichlasominen gehört, enthält zur Zeit nur drei südamerikanische Großcichliden, bei denen es sich ausnahmslos um hochspezialisierte piscivore Raubfische handelt. Zu den gemeinsamen Merkmalen dieser Buntbarsche gehören ein großes, sehr dehnungsfähiges Maul, das vorn vergrößerte Zähne enthält, beschuppte Flossen, relativ kleine Schuppen auf den Körperseiten sowie fünf bis sieben Hartstrahlen in der Afterflosse. Besonders enge verwandtschaftliche Beziehungen bestehen zur Gattung *Petenia*, die in Mittelamerika endemisch ist. Die Verbreitung der *Caquetaia*-Arten erstreckt sich über Kolumbien und das Amazonasbecken.

Caquetaia myersi
(SCHULTZ, 1944)

Dieser Buntbarsch wurde in seiner Erstbeschreibung der Gattung *Petenia* zugeordnet. Ein jüngeres Synonym ist *Caquetaia amploris* FOWLER, 1945.

Caquetaia myersi besitzt einen sehr hochrückigen, seitlich stark zusammengedrückten Körper und ein großes, dehnungsfähiges Maul. Die Grundfärbung bildet ein schmutziges Graugelb, das jedoch bei Erregung in ein prächtiges Lehmgelb übergehen kann. Einzelne der auf den Flanken befindlichen Schup-

Fundorte von *Caquetaia myersi*

pen zeigen einen irisierenden Metallglanz. Die Iris ist kräftig rot gefärbt. Alle unpaaren Flossen zeigen bei auffallendem Licht einen zart hellblauen Anflug.

Die Ausbildung schwarzer Zeichnungen wird sehr stark von verschiedenen Erregungszuständen beeinflußt. Deutlich sichtbar sind im allgemeinen neben dem Super- und Suborbitalstreifen nur zwei weitere schwarze Querstreifen. Der vordere befindet sich in der Körpermitte, der hintere verbindet jeweils die letzten Hartstrahlen der Rücken- und Afterflosse. Darüber hinaus können zwischen diesen beiden vertikalen Binden ein weiterer sowie im hinteren Körperbereich sogar noch drei zusätzliche Querstreifen angedeutet sein, von denen der letzte auf dem Grund der Schwanzflosse liegt.

Das Geschlecht halbwüchsiger Fische ist schwierig zu bestimmen, da ein deutlicher Sexualdimorphismus fehlt. Im Alter liefert jedoch die Beflossung brauchbare Hinweise, da sie bei den männlichen Fischen, die auch größer werden, kräftiger entwickelt ist. *Caquetaia myersi* erreicht eine Größe von über 25 Zentimetern.

Natürliche Lebensräume

Der Typusfundort von *Caquetaia myersi* liegt in Kolumbien am Rio Dedo, einem Nebenfluß des Rio Orteguaza. Weitere Fundorte sind für

Pärchen von *Caquetaia myersi* bei der Brutpflege am Gelege

das Einzugsgebiet des Rio Caqueta belegt. Darüber hinaus erstreckt sich das Vorkommen dieser Art aber auch über den oberen Amazonas-Einzug im nordöstlichen Ekuador, beispielsweise über die Flußsysteme von Rio Aguarico, Rio Napo und Rio Coca.

Ingemann HANSEN (briefl. Mitt.) übermittelte uns die Ergebnisse von Messungen, die in Kolumbien in der weiteren Umgebung der Stadt Florencia (Provinz Caqueta) an verschiedenen Fundorten von *Caquetaia myersi* im Einzug des Rio Orteguaza, unter anderem in der Quebrada Mochilero, der Quebrada Aguas Calientes und der Quebrade Montanita, durchgeführt wurden. Danach lebt dieser Buntbarsch in sehr weichen Gewässern mit häufig alkalischer Reaktion. Die Karbonathärte lag stets unter der Nachweisgrenze, während die Gesamthärte maximal 2 °dH betrug. Der pH-Wert schwankte von 6,0 bis 8,5. Bei Lufttemperaturen zwischen 29° und 33 °Celsius wurden im Wasser Werte von 24° bis 30,5 °Celsius ermittelt.

Haltung

Caquetaia myersi ist ein Großcichlide, der bei reichlicher Fütterung recht schnellwüchsig ist. Seine Pflege kann daher langfristig nur in einem sehr geräumigen Spezialaquarium erfolgen, das eine Mindestlänge von eineinhalb Metern aufweist. Allerdings sind die Fische ruhige Pfleglinge, die kein übermäßiges Bewegungsbedürfnis zeigen. Ihr Aquarium sollte mit Steinbrocken und Wurzeln so eingerichtet werden, daß einige Höhlen und Unterstände entstehen, die eine Abgrenzung von Revieren ermöglichen. Kräftige Pflanzen werden von ihnen nicht beschädigt.

Als piscivorer Raubfisch benötigt dieser Buntbarsch ein kräftiges Futter, das man ihm beispielsweise in Form von Fisch- und Krebsfleisch (Tiefseekrabben) anbieten kann.

Zucht

Für Zuchtversuche empfiehlt es sich, ein harmonierendes Paar in einem artgemäß eingerichteten Behälter zu isolieren. *Caquetaia myersi* ist ein typischer Offenbrüter, der das Gelege auf einer festen Unterlage deponiert. Männchen und Weibchen versorgen und verteidigen den Laich, die Larven und Jungfische in einer Elternfamilie. Als Aufzuchtfutter haben sich die frischgeschlüpften Larven des Salinenkrebses bewährt.

Chaetobranchopsis australis lebt in Lagunen und kleinen Flüßchen, die häufig Weißwasser führen.

Die Gattung *Chaetobranchopsis*
STEINDACHNER, 1875

gehört zum Tribus *Chaetobranchini*. Sie ist klein und enthält nur zwei Arten, die in der Aquaristik wenig bekannt sind. Sehr nahe verwandt ist die Gattung *Chaetobranchus* HEKKEL, 1840. Beide unterscheiden sich von allen anderen amerikanischen Buntbarschen durch die ungewöhnliche Zahl und Länge der Kiemenrechen, die sie auf dem unteren Teil des ersten Kiemenbogens tragen. Während die *Chaetobranchus*-Arten in der Afterflosse nur drei Hartstrahlen besitzen, haben die Vertreter der Gattung *Chaetobranchopsis* zwischen vier und sechs Hartstrahlen in der Anale.

Chaetobranchopsis australis
EIGENMANN & WARD, 1907

Dieser Buntbarsch ist bisher nur ausnahmsweise einmal im Aquarium gepflegt worden, da er in Gebieten vorkommt, aus denen bis jetzt keine regelmäßigen Fischexporte erfolgt sind.

Chaetobranchopsis australis kann eine Länge von rund 20 cm erreichen. Auf den Körperseiten zeigt dieser Cichlide einen silbrigen bis zart messingfarbenen Metallglanz. Die Iris ist blutrot und die untere Kopfregion gelblich bis kräftig gelb gefärbt. Ungefähr in der Mitte des Körpers befindet sich ein größerer schwarzer Fleck, der unmittelbar unter der oberen Seitenlinie beginnt. Im oberen Winkel des Kiemendeckels liegt ein rötlicher bis braunroter Fleck. Auch die mittleren Schuppen der ersten sechs Schuppenreihen, die unmittelbar hinter dem Kiemendeckel liegen, können einen roten Fleck tragen.

Da diesem Buntbarsch ein deutlich ausgebildeter Sexualdimorphismus fehlt, gestaltet sich die Unterscheidung der Geschlechter schwierig.

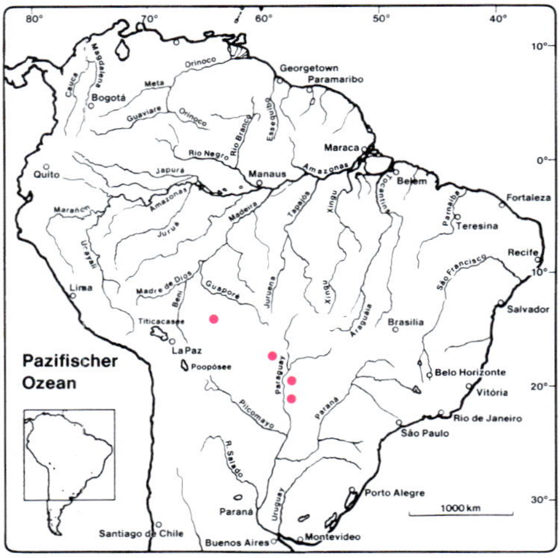

Fundorte von *Chaetobranchopsis australis*

Das wichtigste
arttypische Merkmal,
das eine Identifizierung dieses Buntbarsches ermöglicht, ist die Zahl der Hartstrahlen in der Afterflosse. Im allgemeinen besitzen die Fische fünf Analstacheln.

Chaetobranchopsis australis

Zu den

ähnlichen Arten

mit mehr oder weniger derselben Körpergestalt zählen die *Chaetobranchus*-Arten, deren Anale aber nur drei Hartstrahlen aufweist.

Chaetobranchopsis orbicularis STEINDACHNER, 1875, hat meist sechs Hartstrahlen in der Anale und ist leicht durch den Besitz von zwei dunklen Längsstreifen auf den Flanken zu unterscheiden.

Der

natürliche Lebensraum

dieses Cichliden scheint vor allem im Grenzgebiet zwischen dem südlichen Bolivien bzw. dem nördlichen Paraguay und Brasilien zu liegen. Die bisher publizierten Fundorte liegen alle im Einzugsgebiet des oberen Rio Paraguay in der Umgebung der Orte Bahia Negro und Puerto Suarez sowie am oberen Jaura bei Campos Alegre. Die Verfasser konnten diese Art 1984 erstmals weiter westlich im zentralen Bolivien nachweisen. Unser Fundort liegt im Einzugsgebiet des Rio Mamoré in der Umgebung der Stadt Trinidad. Die Fische lebten in teichartigen Erweiterungen von kleinen Flüßchen und Lagunen, die sich dort überall beiderseits der Überlandstraßen finden. Es handelt sich dabei um typisches Weißwasser, das außerordentlich stark getrübt, aber sehr weich ist und eine saure Reaktion besitzt. Bis auf eine *Utricularia*-Art gab es keine submersen Wasserpflanzen. Dafür wies die Wasseroberfläche dichte Teppiche von Schwimmpflanzen auf, die insbesondere aus *Eichhornia crassipes* bestanden. Zu den am Fundort nachgewiesenen Fischen zählten unter anderem die Cichliden *Cichlasoma boliviense, Crenicichla lepidota, Apistogramma staecki,* die Salmler *Hoplias malabaricus, Pyrrhulina brevis, Charax gibbosus, Prionobrama filigera, Ctenobrycon spilurus hauxwelliarus,* die Messerfische *Gymnotus carapo, Eigenmannia* sp. aff. *virescens, Hypopomus* sp. sowie die Welse *Parauchenipterus galeatus* und *Hoplosternum littorale.* Bemerkenswert war der Reichtum an kleinen Garnelen an den Fundorten der Fische.

Tabelle 15:

Ort:	Restgewässer im Einzugsgebiet des Rio Marmoré an der Straße von Trinidad nach Pto. Amacen (Bolivien, Depto. Beni)
Sichtweite:	extreme Trübung
Farbe:	weißlich
pH-Wert:	6,6
Gesamthärte:	1,5 °dH
Karbonathärte:	1,0 °dH
Leitfähigkeit:	37 µS bei 29 °C
Wassertiefe:	> 2 m
Wasserbewegung:	keine
Wassertemperatur:	29 °C
Lufttemperatur:	31 °C
Datum:	11. 7. 1983
Uhrzeit:	15.00 Uhr

Die

Haltung

dieses Cichliden ist langfristig nur in einem Aquarium möglich, dessen Seitenlänge deutlich über einem Meter liegt. Bei der Einrichtung sollte darauf geachtet werden, daß die Fische Versteckplätze in Form von zusammengestellten Moorkienwurzeln oder Steinplatten vorfinden. Obwohl die hohe Zahl von langen, schlanken Kiemenrechen, die für alle *Chaetobranchopsis*-Arten typisch ist, ein Anzeichen dafür ist, daß diese Fische vermutlich zumindest zeitweilig ausgesprochene Kleinbrockenfresser sind, ist aufgrund der Beobachtungen in ihrem natürlichen Lebensraum anzunehmen, daß bei ihrer Ernährung kleine Garnelen eine wichtige Rolle spielen. Im Aquarium sollte man sie deshalb gelegentlich mit zerschnittenen Krabben füttern.

Über die

Zucht

liegen bisher keinerlei Informationen vor, da die Fortpflanzung im Aquarium noch nicht beobachtet wurde. Saures, mineralarmes Wasser erscheint für Zuchtversuche am besten geeignet. Zu beachten ist ferner, daß die Wassertemperatur am Fundort 29 °Celsius betrug.

Die Gattung *Chuco*
FERNANDEZ-YEPEZ 1969

Der Name *Chuco* galt lange als Synonym zu *Cichlasoma* bzw. *Theraps*. Auf die Verfügbarkeit dieses Gattungsnamens für einen Verwandtschaftskreis mittelamerikanischer Buntbarsche hat KULLANDER bereits in seiner Revision der Gattung *Cichlasoma* (1983) hingewiesen, allerdings ohne *Chuco* formal in dieser Funktion erneut einzuführen. Dieser Schritt wurde dann von ALLGAYER (1989) vollzogen, wobei er sich ausdrücklich auf die bereits von FERNANDEZ-YEPEZ aufgezählten gattungstypischen Merkmale bezog. Zur Zeit zählt man in dieser Gattung drei Arten.

Fundorte von *Chuco intermedius*

Chuco intermedius
(GÜNTHER, 1862)

wurde in der Erstbeschreibung der Gattung *Heros* zugeordnet. Synonyme für diese Art sind *Heros angulifer* GÜNTHER, 1862, und *Acara rectangularis* STEINDACHNER, 1864. Die Fische können eine Länge von knapp 20 cm erreichen. In größerer Stückzahl wurden sie erstmals im Jahre 1983 – unter anderem von uns – lebend nach Europa eingeführt. Die erste Nachzucht gelang im Jahre 1984.

Auf graubraunem, in der oberen Körperhälfte eher gelbbraunem Untergrund trägt diese Art eine ganz typische schwarze Winkelzeichnung. Sie besteht aus einem breiten Längsband, das am hinteren Rand des Auges beginnt und sich bis zur Körpermitte, ungefähr bis zur Höhe des dreizehnten Dorsalstachels erstreckt, wo es sich mit der senkrecht stehenden fünften Querbinde vereinigt, die, von oben kommend, ebenfalls nur bis zur Mitte der Flanken reicht. Die restlichen der insgesamt acht Querstreifen sind nur angedeutet oder fehlen gänzlich. Der Schwanzwurzelfleck ist jedoch kräftig ausgebildet. Auffällig ist die grüne Iris. Während der Brutpflege färben sich die Bauch- und Brustregion sowie der untere Kopf schwarz. Ferner treten die Winkelzeichnung und Teile der Querstreifen besonders kontrastreich hervor. Da die Art isomorph ist, lassen sich männliche und weibliche Tiere aufgrund äußerer Merkmale nicht mit Sicherheit unterscheiden.

Chuco intermedius im natürlichen Lebensraum

Arttypische Merkmale,

die bei der Identifizierung dieser Spezies helfen können, sind die auffällige Winkelzeichnung, die sehr kurzen Bauchflossen sowie der Besitz von nur 6 bis 8 Kiemenrechen auf dem unteren Ast des ersten Kiemenbogens. Da die beiden anderen *Chuco*-Arten gänzlich andere Farbkleider besitzen, ist eine Verwechslung mit *Chuco intermedius* kaum möglich.

Chuco intermedius

Natürlicher Lebensraum

Die Verbreitung dieser Art erstreckt sich über die nordwestlichen Teile von Guatemala und die mexikanischen Bundesstaaten Tabasco und Chiapas. Fundorte liegen vor allem in den Einzugsgebieten des Rio Usumacinta und des Rio Grijalva. Wir konnten die Fische mehrfach in der Umgebung von Palenque beobachten, wo sie typische Klarwasserflüsse bewohnen.

Haltung

Bei der Pflege dieses Buntbarsches treten bisweilen dadurch Probleme auf, daß unverpaarte Fische untereinander recht aggressiv werden können. Daher sind nur geräumige Behälter mit einer Seitenlänge von rund eineinhalb Metern empfehlenswert. Für die Einrichtung des Aquariums werden vor allem größere Steine benötigt, mit denen einige Versteckplätze vorbereitet werden. Zusätzlich können Moorkienwurzeln, aber auch Pflanzen als Dekorationsmittel Verwendung finden, denn die Fische sind pflanzenfreundlich. Als weitere Bewohner desselben Aquariums sind insbesondere andere mexikanische „*Cichlasoma*"-Arten geeignet. Dieser Cichlide frißt willig Flockenfutter und andere gängige Futtermittel. Größere Exemplare benötigen natürlich eine kräftige Kost. Bei einem großzügigen Raumangebot kann die

Zucht

auch im Gesellschaftsaquarium gelingen. Die Fische laichen nach Art der Offenbrüter auf Steinen ab, bevorzugen allerdings geschützte Plätze. An der Betreuung und Verteidigung der Brut beteiligen sich Männchen und Weibchen. Die Aufzucht der Jungfische mit den Larven von *Artemia salina* und zerkleinertem Flockenfutter ist nicht schwer.

Tabelle 16:

Ort:	**Rio Nututun bei Palenque (Chiapas, Mexiko)**
Sichtweite:	**ca. 3 m**
Farbe:	**grünlich**
pH-Wert:	**8,85**
Gesamthärte:	**12,5 °dH**
Karbonathärte:	**12,0 °dH**
Leitfähigkeit:	**1200 µS bei 27 °C**
Wassertiefe:	**1,50 – 3,50 m**
Wasserbewegung:	**starke Strömung**
Wassertemperatur:	**27 °C**
Lufttemperatur:	**30 °C**
Datum:	**2. 4. 1983, 14.00 Uhr**

Die Gattung Cichla
SCHNEIDER, 1801

Obwohl man im Laufe der Zeit fünfzehn verschiedene *Cichla*-Arten beschrieben hat, galt diese Gattung jahrzehntelang als ein sehr kleiner Verwandtschaftskreis mit nur zwei oder drei Arten, da die meisten Taxa als Synonyme angesehen wurden. Neuerdings (KULLANDER & NIJSSEN, 1989) hat sich jedoch die Erkenntnis durchgesetzt, daß es mindestens elf *Cichla*-Arten gibt, von denen jedoch bisher nur die folgenden fünf in neuerer Zeit von MACHADO-ALLISON (1971; 1973), KULLANDER (1986) und KULLANDER & NIJSSEN (1989) bearbeitet wurden: *Cichla intermedia* MACHADO-ALLISON, *C. monoculus* SPIX, *C. ocellaris* SCHNEIDER, *C. orinocensis* HUMBOLDT und *C. temensis* HUMBOLDT.

Da sich alle *Cichla*-Arten durch sehr ausgeprägte altersabhängige Veränderungen ihres Farbkleides auszeichnen, erweist sich die Bestimmung von jugendlichen und halbwüchsigen Exemplaren im lebenden Zustand als außerordentlich schwierig. Ausgewachsene Fische der genannten fünf Arten lassen sich jedoch aufgrund artspezifischer Merkmale ihres Farbkleides recht gut unterscheiden.

Cichla gilt als ein phylogenetisch recht ursprünglicher Verwandtschaftskreis, dessen Mitglieder in mehreren Merkmalen mehr den afrikanischen als den übrigen amerikanischen Buntbarschen ähneln. Zu diesen Eigenheiten zählt die Morphologie ihrer Lippen, die dadurch bemerkenswert ist, daß die Unterlippe im Gegensatz zu den meisten südamerikanischen Buntbarschen nicht den hinteren Teil der Oberlippe bedeckt.

Die Vertreter der Gattung *Cichla* gehören zu den größten Buntbarschen, denn sie können eine Gesamtlänge von über 60 Zentimetern und ein Gewicht von drei bis vier Kilogramm erreichen, wie aus Berichten von Anglern und Fischern hervorgeht. Auf den amazonischen Fischmärkten gelten diese Cichliden deshalb als beliebte Speisefische. Von allen anderen amerikanischen Buntbarschen lassen sie sich durch die typische Form ihrer Rückenflosse unterscheiden, die vor dem weichstrahligen Bereich eine tiefe Einbuchtung aufweist.

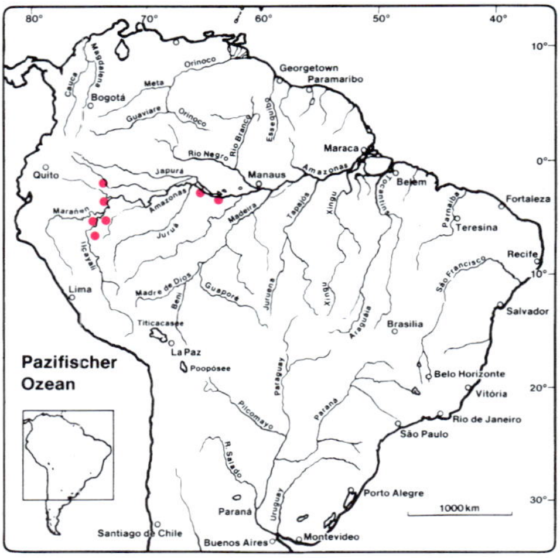

Fundorte von *Cichla monoculus*

Weitere typische Merkmale bilden das tiefgespaltene Maul mit dem vorstehenden Unterkiefer und die beschuppten Flossen.

Cichla monoculus
(SPIX, 1831)

Erwachsene Exemplare von *Cichla monoculus* zeigen eine gelbgrüne bis grüngelbe Grundfärbung auf den Körperseiten. Die Unterseite des Körpers sieht jedoch weiß aus. Im Grenzbereich dieser beiden Farbzonen erstreckt sich zwischen dem Mundwinkel und dem unteren Teil des Schwanzflossengrundes häufig eine schmale kräftig orange gefärbte Zone. Die Iris ist orangerot getönt, und die untere Hälfte der Schwanzflosse und die Afterflosse sind rotbraun gefärbt. Auf den Flanken befinden sich drei breite tiefschwarze Querstreifen, die häufig bereits in der Körpermitte enden. In der unteren Körperhälfte können weitere schwarze Zeichnungen in Form von Flecken auftreten. Auf dem oberen Grund der Schwanzflosse liegt ein auffälliger, golden gesäumter Augenfleck.

Äußere Geschlechtsunterschiede sind bei diesem Buntbarsch nicht deutlich erkennbar. Bei geschlechtsreifen Männchen entwickelt sich jedoch in der Nackenregion ein Fettbukkel.

Cichla monoculus kurz nach dem Fang im Rio Ucayali

Arttypische Merkmale

Zu den artspezifischen farblichen Merkmalen, die eine Identifikation erwachsener Exemplare von *Cichla monoculus* ermöglichen, gehören die dunklen Farbmuster auf den Körperseiten. Sie bestehen aus drei schwarzen Querstreifen, die im Gegensatz zu anderen *Cichla*-Arten bereits unmittelbar unter der Rückenflosse beginnen und nicht von einem golden oder silbern glänzenden Rand gesäumt sind.

Natürliche Lebensräume

Fundorte von *Cichla monoculus* sind vor allem aus dem oberen Einzugsgebiet des Amazonas in Ekuador, Peru und Brasilien bekannt. Die Fische wurden im mittleren und unteren Rio Ucayali sowie im unteren Rio Napo und Rio Tefé nachgewiesen. Im Rio Solimões soll sich die Verbreitung dieser Art bis Codajás oder sogar Manaus erstrecken. KULLANDER (1986) erwähnt ferner das Flußsystem des Madre de Dios in Bolivien (Rio Guaporé, Rio Beni) und den Oyapock in Guyana als mögliche Fundorte.

Haltung

Aufgrund seiner beträchtlichen Endgröße ist dieser Buntbarsch, der gelegentlich als Jungtier importiert wird, auf gar keinen Fall ein Fisch für ein normales Wohnzimmeraquarium. Die Pflege dieses imposanten Großcichliden muß ausschließlich den Aquarianern vorbehalten bleiben, die ein so großes Spezialaquarium besitzen, daß auch langfristig seine artgemäße Haltung gewährleistet ist.

Cichla monoculus ist ein piscivorer Raubfisch, der anfangs häufig nur lebende Fische frißt und alle Ersatznahrung verweigert. Die Umgewöhnung an Fischfleisch kann mit toten Stinten versucht werden, die an einem locker befestigten Faden bewegt werden.

Tabelle 17:

Ort:	Paca Cocha (Einzugsgebiet des Rio Ucayali) in der Umgebung der Stadt Pucallpa in Peru
Sichtweite:	sehr trübe
Farbe:	gelb
pH-Wert:	7,7
Gesamthärte:	14 °dH
Karbonathärte:	16 °dH
Leitfähigkeit:	474 µS/cm
Wassertiefe:	> 2 m
Wasserbewegung:	kaum sichtbar
Wassertemperatur:	28,6 °C
Lufttemperatur:	30,0 °C
Datum:	31. 7. 1985
Uhrzeit:	16.00 Uhr

Cichla orinocensis

HUMBOLDT, 1833

Cichla orinocensis wurde jahrzehntelang irrtümlich für ein Synonym von *Cichla ocellaris* gehalten. KULLANDER (1986) wies dann aber darauf hin, daß es sich bei diesen beiden Taxa um zwei eigenständige Arten handelt. Der Körper von *Cichla orinocensis* trägt eine grüngelbe Grundfarbe. Die Körperunterseite ist jedoch weiß gefärbt. Bei erwachsenen Exemplaren dieses Großcichliden verkleinern sich die drei dunklen Querstreifen, die im Farbkleid der Jungtiere aller *Cichla*-Arten auftreten, zu drei großen, sehr unregelmäßig geformten schwarzen Seitenflecken, die von einem goldenen Hof umgeben sind. Zwischen diesen Zeichnungen können weitere, aber erheblich kleinere schwarze Flecken auftreten. In der oberen Hälfte des Schwanzflossengrundes befindet sich ein von einem goldenen Hof umgebener Augenfleck. Die Bauchflossen sowie die After- und die untere Hälfte der Schwanzflosse sind orangerot bis rotbraun gefärbt.

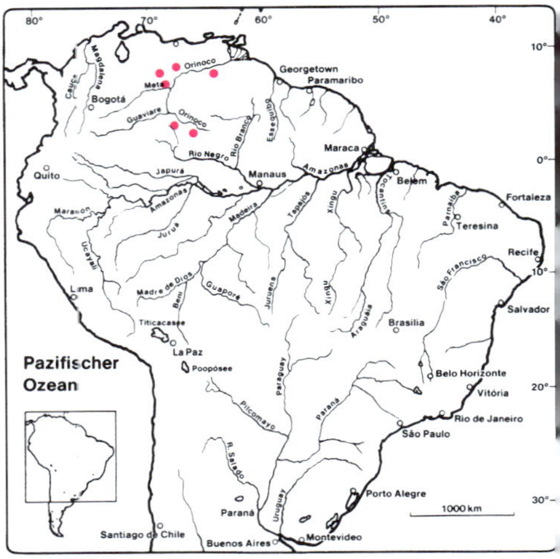

Fundorte von *Cichla orinocensis*

Adulte Fische besitzen eine auffallend blut rote Iris.

Cichla orinocensis kann eine Gesamtlänge von über 60 Zentimetern erreichen, weshalb erwachsene Exemplare als Speisefische begehrt sind. Ein Sexualdimorphismus scheint bei diesem Buntbarsch zu fehlen.

Cichla orinocensis

Diese *Cichla*-Art aus Manaus zeigt eine ungewöhnliche Rotfärbung.

Arttypische Merkmale

Zu den artspezifischen farblichen Merkmalen, die bei *Cichla orinocensis* eine eindeutige Identifikation erwachsener Fische ermöglichen, gehören die drei großflächigen, schwarzen, unregelmäßig geformten Seitenflecken, die im Gegensatz zu ähnlichen Zeichnungen bei anderen Arten von einem goldenen Hof umgeben sind.

Natürliche Lebensräume

Fundorte von *Cichla orinocensis* sind vor allem aus Venezuela belegt, wo diese Art sowohl im Flußsystem des Orinoko als auch im Einzugsgebiet des oberen Rio Negro vorkommt. Wieweit dieser Buntbarsch im Rio Negro nach Süden vordringt, ist zur Zeit nicht geklärt.

Haltung

Wegen seiner ungewöhnlichen Endgröße ist dieser Cichlide zwar kein Aquariumfisch im üblichen Sinn, jedoch ein imposanter Pflegling in öffentlichen Schauaquarien. Andererseits gibt es aber auch Privatleute, die über entsprechend große Spezialbehälter verfügen, die alle Voraussetzungen für die artgemäße Haltung dieses Großcichliden erfüllen. *Cichla orinocensis* ist ein recht ruhiger Pflegling, der nur bei der Fütterung mit lebenden Fischen seine unglaubliche Schnelligkeit zeigt. Als piscivorer Räuber ist er oft nur schwer an Ersatznahrung in Form von Fischfleisch zu gewöhnen.

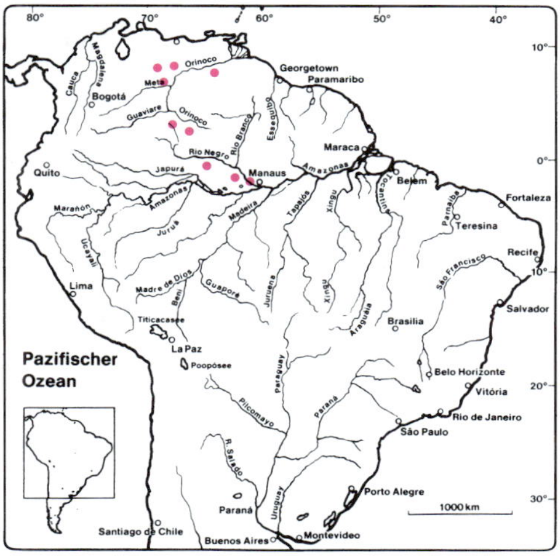

Fundorte von *Cichla temensis*

Cichla temensis
HUMBOLDT, 1833

Dieser Buntbarsch besitzt ein großes, tiefgespaltenes Maul und einen im Vergleich zu manchen anderen *Cichla*-Arten etwas schlankeren und stärker gestreckten Körper. Die Körperseiten zeigen eine graue bis silbrig weiße Grundfärbung. Über die Flanken ziehen drei schmale tiefschwarze vertikale Streifen, die sich vom Grund der Rückenflosse bis in die untere Bauchregion erstrecken. Der erste befindet sich kurz hinter dem Ansatz der Brustflosse. Der zweite liegt etwas vor dem After und der dritte im Bereich der ersten Afterflossenstrahlen. Zwischen dem hinteren Rand des Auges und dem Rand des Kiemendeckels gibt es einen kurzen waagerecht verlaufenden Hinteraugenstreifen.

Auf dem Grund der oberen Hälfte der Schwanzflosse liegt ein auffälliger silbrig bis golden gesäumter Augenfleck, der gelegentlich auch als Doppelfleck ausgebildet ist und dann auf den unteren Teil der Flosse übergreift. Der gesamte Körper ist von zahlreichen kleinen silbrig oder golden glänzenden Flecken und kurzen waagerechten Strichen übersät, die in vier bis sechs unregelmäßigen Längsreihen angeordnet sind. Die Iris ist golden bis rötlich getönt, und die Brustflossen sind zart orange

Cichla temensis

gefärbt. Die Bauchflossen zeigen ebenso wie die Afterflosse und die untere Hälfte der Schwanzflosse einen kräftig orangeroten Ton. Deren obere Hälfte trägt, genau wie die Rükkenflosse, ein Muster aus kleinen hellen Flekken, die in mehreren Reihen angeordnet sind.

Arttypische Merkmale

Zu den artspezifischen farblichen Merkmalen, die bereits bei halbwüchsigen Exemplaren von *Cichla temensis* eine eindeutige Identifikation ermöglichen, gehören die zahlreichen silbrig bis golden glänzenden kleinen Flecken und Striche, die auf den Körperseiten in mehreren unregelmäßigen Längsreihen angeordnet sind. Darüber hinaus besitzt *Cichla temensis* kleinere Schuppen als andere Vertreter der Gattung, weshalb bei dieser Spezies die ungewöhnlich hohe Zahl von 108 bis 127 Schuppen in der Längsreihe gezählt werden.

Natürliche Lebensräume

Cichla temensis kommt in Venezuela und im nördlichen Brasilien vor. Fundorte dieser Art sind aus den Flußsystemen des Orinoko und Rio Negro bekannt. Auf dem Fischmarkt von Manaus ist dieser Buntbarsch ein häufig angebotener Speisefisch. Wir konnten ihn mehrfach im Gebiet der Anavilhanas-Inseln im Bereich des zur Hochwasserzeit überschwemmten Uferwaldes mit der Angel fangen.

Haltung

Die artgemäße Pflege dieses großen piscivoren Raubfisches ist langfristig nur in Spezialaquarien möglich.

Tabelle 18:

Ort:	Rio Cuieiras im Einzugsgebiet des unteren Rio Negro (Brasilien)
Sichtweite:	2 m
Farbe:	dunkelbraun
pH-Wert:	4,3
Gesamthärte:	< 1 °dH
Karbonathärte:	< 1 °dH
Leitfähigkeit:	10 µS/cm
Wassertiefe:	> 2 m
Wasserbewegung:	nicht sichtbar
Wassertemperatur:	26 °C
Lufttemperatur:	23 °C
Datum:	25. 3. 1986
Uhrzeit:	6.00 Uhr

Die Gattung Cichlasoma
SWAINSON, 1839

Seit ihrer Überarbeitung durch REGAN im Jahre 1905 bildete *Cichlasoma* eine formenreiche Sammelgattung mit über einhundert überwiegend mittelamerikanischen Arten. In einer erneuten Revision verkleinerte KULLANDER (1983) die Gattung aber drastisch, indem er sie ausschließlich auf ein Dutzend südamerikanischer Arten beschränkte und alle mittelamerikanischen Buntbarsche ausgrenzte.

Die Gattung ist vom Orinoko-Einzug im Norden bis zum Flußsystem des Paraná im Süden im tropischen und subtropischen Südamerika weit verbreitet. Bei den Vertretern dieses Verwandtschaftskreises handelt es sich um mittelgroße Buntbarsche, deren Gesamtlänge fünfzehn Zentimeter nicht überschreitet. Die meisten Arten sind sich in der Körpergestalt und in der Färbung so ähnlich, daß die Bestimmung der Artzugehörigkeit lebender Fische ohne genaue Informationen über die Herkunft auf erhebliche Schwierigkeiten stößt. Zu den gemeinsamen Merkmalen ihres Farbkleides gehören ein kleiner Wangenfleck unterhalb des Auges, ein großer Seitenfleck auf den Körperseiten und ein Schwanzfleck in der oberen Hälfte des Schwanzflossengrundes. Hinzu kommt ein breites schwarzes Längsband, das sich zumindest vom Auge bis zum Seitenfleck erstreckt, häufig aber auch bis auf den Schwanzstiel verläuft.

n den Klarwasserflüssen Mexikos leben zahlreiche Buntbarsche, die früher der Gattung *Cichlasoma* ugeordnet wurden.

Cichlasoma amazonarum
KULLANDER, 1983

Bis zu seiner Zuordnung zu einer eigenständigen Spezies im Jahre 1983 wurde dieser Buntbarsch der Art *Cichlasoma bimaculatum* (LINNAEUS, 1758) zugerechnet. Die in den natürlichen Lebensräumen gefangenen Exemplare haben höchstens eine Länge von gut 12 cm. Im Aquarium können die Fische jedoch etwas größer werden.

Sie besitzen keine auffälligen Farben. Der Körper zeigt ein helles Graubraun bis Braun, auf dem eine Reihe schwärzlicher Zeichnungen in Erscheinung treten. Die wichtigsten Merkmale sind ein Schwanzfleck in der oberen Hälfte der Schwanzwurzel, der oft zu einem Querstreifen erweitert ist, ein großer Seitenfleck, der in der Mitte der Flanken unmittelbar unter der oberen Seitenlinie liegt, und ein kleiner Wangenfleck unter dem Auge. Ferner tritt ein schwarzer Längsstreifen auf, dessen vorderer Abschnitt, der sich zwischen dem Auge und dem Seitenfleck erstreckt, in der Regel weit kräftiger gefärbt ist als der hintere Abschnitt. Schließlich können auch noch acht Querstreifen auf den Körperseiten angedeutet sein. Der obere Teil der Iris ist rot gefärbt. Die

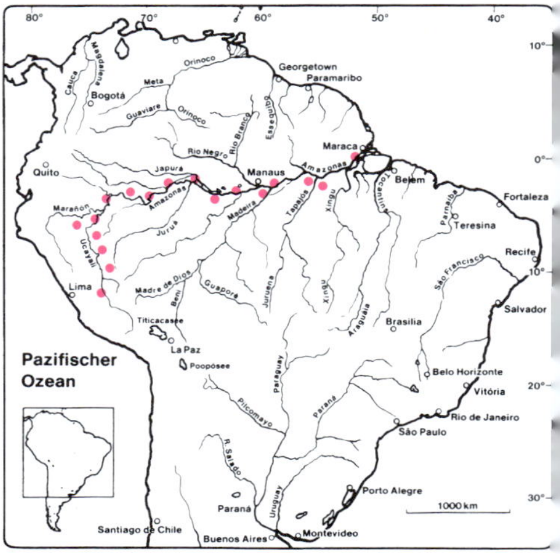

Fundorte von *Cichlasoma amazonarum*

Geschlechter sind äußerlich nicht mit Sicherheit zu unterscheiden. Zu den

arttypischen Merkmalen,

die eine Identifizierung von *Cichlasoma amazonarum* und eine Abgrenzung gegenüber ähnlichen Arten ermöglichen, gehören der Besitz einer Vielzahl winziger Schuppen auf dem Grund der Rücken- und Afterflosse

Cichlasoma amazonarum

sowie das Fehlen eines deutlich ausgebildeten Längsstreifens in der hinteren Körperhälfte. Wichtig ist ferner, daß dieser Cichlide meist vier Hartstrahlen in der Afterflosse besitzt, obwohl Abweichungen von dieser Zahl gelegentlich auftreten können. Zu den

ähnlichen Arten

mit ebenfalls vier Analstacheln gehören *Cichlasoma orientale* Kullander, 1983, mit einem kräftigen Längsstreifen auf dem hinteren Körper, *C. sanctifranciscense* Kullander, 1983, mit einer ungefleckten Schwanzflosse sowie *C. orinocense* Kullander, 1983, und *C. taenia* (Bennet, 1831), die beide auf der Basis von Dorsale und Anale eine weniger kräftige Beschuppung als *C. amazonarum* besitzen.

Die

natürlichen Lebensräume

von *C. amazonarum* liegen weit über das Amazonasgebiet verstreut. Fundorte sind für den gesamten Ucayali (Peru) sowie den Rio Solimoes und den Amazonas (Brasilien) belegt. Wir konnten diesen Buntbarsch auf mehreren Reisen wiederholt im Einzugsgebiet des mittleren und oberen Ucayali sowie am Rio Tambo nachweisen, wo er an vielen Stellen der häufigste Cichlide ist. Er kommt dort meist im Weißwasser vor, wurde von uns aber auch im Rio Chinipo, einem typischen Klarwasserfluß, gefangen. Kennzeichnend für diesen Buntbarsch scheint zu sein, daß er sowohl fließendes als auch tiefes Wasser nach Möglichkeit meidet. Die von ihm bevorzugten Biotope sind tote Seitenarme mit geringem Wasserstand und Restgewässer, in denen es viel Laub und Äste gibt oder die von Pflanzen verkrautet sind. Manches deutet darauf hin, daß er auch in relativ sauerstoffarmen Gewässern überleben kann. Wasseranalysen an einer ganzen Reihe von Fundorten ergaben pH-Werte zwischen 7,1 und 7,9. Die Gesamthärte schwankte zwischen 4 und 13,5° und die Karbonathärte zwischen 4 und 16,5 °dH. Die Wassertemperatur wurde mit 26 bis 29 °Celsius ermittelt. Obwohl *C. amazonarum* in den unterschiedlichsten Gewässern auftritt, scheint für diesen Cichliden bezeichnend zu sein, daß er sehr häufig in ausgesprochenen *Apistogramma*- und Killifischbiotopen anzutreffen ist. Wir fingen ihn häufig mit *A. eunotus*, *A. cacatuoides* sowie mit Killifischen aus den Gattungen *Pterolebias* und *Rivulus*.

Haltung

Aus den Beobachtungen in den natürlichen Lebensräumen dieses Buntbarsches läßt sich bereits ablesen, daß er ein anpassungsfähiger und wenig empfindlicher Pflegling ist, den auch Anfänger erfolgreich halten können. Einem harmonierenden Paar bietet ein Aquarium mit einer Seitenlänge von einem knappen Meter ausreichend Raum. Es sollte gut bepflanzt sein und auch größere Wurzeln und Steine enthalten, denn die Fische fühlen sich nur wohl, wenn sie ausreichend Deckung finden. Ihre Ernährung ist einfach, da sie alle gängigen Futtermittel gern fressen. Der Chemismus des Wassers spielt bei der Pflege dieser widerstandsfähigen Art keine große Rolle. Da sie relativ friedlich ist, läßt sie sich gut mit anderen Fischen in einem Gesellschaftsaquarium halten. Wenn es nicht überbesetzt ist und genügend Raum bietet, kann darin auch die

Zucht

gelingen. Die Fische zeigen die Verhaltensweisen typischer Offenbrüter und laichen auf einer festen Unterlage ab. Die Larven werden an geschützter Stelle in einer Vertiefung oder Grube deponiert. An der Brutpflege beteiligen sich beide Elternfische. Die Jungtiere lassen sich mit zerriebenem Flockenfutter und den Larven des Salinenkrebses aufziehen.

Tabelle 19:

Ort:	**Restgewässer am Rio Chinipo (Klarwasserfluß), ca. 10 km südlich von Chicosa (Peru, Depto. Junin)**
Sichtweite:	**3 m**
Farbe:	**grünlich**
pH-Wert:	**7,9**
Gesamthärte:	**4 °dH**
Karbonathärte:	**4 °dH**
Leitfähigkeit:	**116 µS bei 26 °C**
Wassertiefe:	**< 1 m**
Wasserbewegung:	**keine**
Wassertemperatur:	**26 °C**
Lufttemperatur:	**30 °C**
Datum:	**23. 6. 1983**
Uhrzeit:	**11.00 Uhr**

Lebensraum von *Cichlasoma boliviense* nördlich der Stadt Santa Cruz (Bolivien). Dieser Cichlide ist seh anpassungsfähig und tritt in der Natur unter ganz unterschiedlichen Umweltbedingungen auf, beispiels weise in stark erwärmten Restgewässern.

Cichlasoma boliviense

KULLANDER, 1983

Bis zur Beschreibung dieser Art sind die ihr zugeordneten Fische im allgemeinen als *Aequidens portalegrensis* angesehen worden. Sie können eine Länge von gut 12 cm erreichen.

Die wichtigsten dunklen Zeichnungen, die in ihrem Farbkleid auftreten, sind ein kleiner Schwanzwurzelfleck, der am oberen Rand des Schwanzflossengrundes bzw. des Schwanzstieles liegt, ein Seitenfleck, der ungefähr in dem Bereich des 8.–10. Dorsalstachels unmittelbar unter der Seitenlinie gelegen ist, sowie ein Wangenfleck in Form eines im Bogen verlaufenden Striches am hinteren bzw. unteren Rand des Auges. Sieben bis acht Quer- und ein Längsstreifen treten nur andeutungsweise auf. Die hintere Körperhälfte wirkt häufig schwarz meliert, da viele Schuppen einen dunklen Fleck tragen. Im hinteren Bereich der After- und Rückenflosse sowie in der

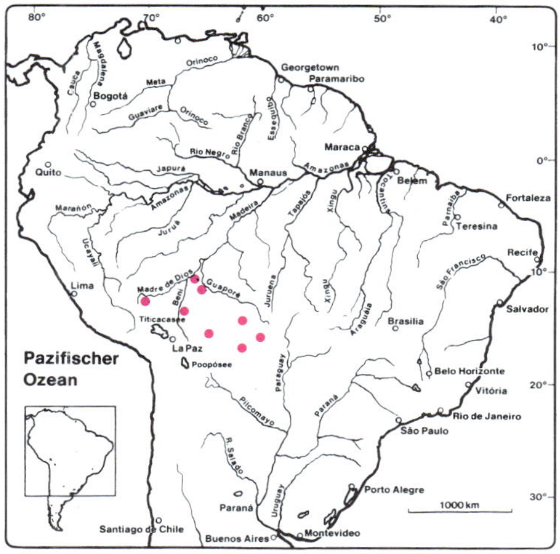

Fundorte von *Cichlasoma boliviense*

Schwanzflosse können zart gelbe Farbtöne auftreten. Auch die Wangen glänzen gelblich. Da die Fische isomorph sind, können die Geschlechter anhand äußerer Merkmale nicht unterschieden werden. Ein wichtiges

Cichlasoma boliviense

arttypisches Merkmal

dieser Spezies besteht darin, daß die Basis der unpaaren Flossen dicht mit winzigen Schuppen bedeckt ist. Ferner besitzt *C. boliviense* in der Regel nur drei Hartstrahlen in der Anale. Für die aquaristische Praxis ist ferner wichtig, daß dieser Cichlide im allgemeinen am Grund der Schwanzflosse ein Muster von zwei oder drei schmalen senkrechten schwarzen Streifen trägt und daß die hintere Körperhälfte ein schwarzes Punktmuster aufweist.

Ähnliche Arten

mit ebenfalls nur drei Analstacheln sind *Cichlasoma araguaiense* KULLANDER, 1983, mit einem stark vergrößerten Wangenfleck und einer unregelmäßigen Fleckenzeichnung auf dem Kiemenddeckel, *C. dimerus* (HECKEL, 1840) mit einer blaugrünen Färbung des Kopfes und der Flanken sowie *C. portalegrensis* (HENSEL, 1870) mit nur 11–15 Zähnen in der äußeren Halbseite des Unterkiefers. Die

natürlichen Lebensräume

von *C. boliviense* liegen im bolivianischen Teil des Amazonasgebietes, das zum Einzugsgebiet des Rio Madeira gehört. Stellenweise ist diese Art dort der häufigste Buntbarsch. Im Jahre 1983 konnten wir die Fische mehrfach sowohl in der Umgebung von Trinidad (Rio Mamoré) als auch bei Santa Cruz (Rio Japacani und Rio Grande) nachweisen. Die Analyse der von uns an einer ganzen Reihe von Fundorten ermittelten Wasserwerte ergibt, daß *C. boliviense* in der Natur unter ganz verschiedenen Umweltbedingungen anzutreffen ist. Die Gesamthärte schwankte zwischen knapp 1 und 15 °dH, die Karbonathärte zwischen knapp 1 und 16,5 °dH. Die gemessenen pH-Werte lagen zwischen 5,7 und 7,8. Die Wassertemperatur bewegte sich zwischen 24 und 29,5 °Celsius. Aufgrund unserer Beobachtungen scheint sich dieser Buntbarsch augenscheinlich bevorzugt in stehenden Gewässern und im Schutze dichter, verkrauteter Pflanzenbestände aufzuhalten. Zum Teil handelte es sich dabei um überflutete Landvegetation, zum Teil um Schwimmpflanzen *(Eichhornia crassipes, E. azurea)* und submerse Gewächse *(Echinodorus)*. Die Fische traten auch in stark erwärmten Restgewässern auf, die sehr sauerstoffarm waren. In den natürlichen Lebensräumen waren sie mit *Crenicichla lepidota, Bujurquina vittata, Laetacara dorsigera*, verschiedenen *Apistogramma*, Welsen *(Rhineloricaria, Pimelodella, Hoplosternum)*, Messerfischen *(Eigenmannia, Hypopomus)* und Salmlern *(Moenkhausia, Hemigrammus, Prionobrama, Cheirodon, Pyrrhulina)* auf.

Wie sich aus den Beobachtungen in den natürlichen Lebensräumen von *C. boliviense* ablesen läßt, ist diese Art robust und anpassungsfähig, so daß bei ihrer

Haltung

keine besonderen Probleme auftreten. Die Länge des verwendeten Aquariums sollte ungefähr einen Meter betragen. Seine Einrichtung erfolgt mit Sand und Kies, Steinen und Wurzeln.

Wichtig sind auch einige dichte Pflanzengruppen, die den Sichtschutz vermitteln, den die Fische auch in ihren natürlichen Biotopen suchen. Untereinander und gegenüber artfremden Cichliden sind die Fische friedlich. Ihre

Zucht

gelingt unter den verschiedensten Hälterungsbedingungen leicht. Während der Fortpflanzung zeigen sie die typischen Verhaltensweisen von Offenbrütern. Beide Elterntiere beteiligen sich an der Aufzucht der Brut.

Tabelle 20:

Ort:	Lagunen an der Straße Portachuelo nach Bella Vista (Bolivien, Depto. Santa Cruz)
Sichtweite:	starke Trübung
Farbe:	bräunlich
pH-Wert:	7,8
Gesamthärte:	6 °dH
Karbonathärte:	6 °dH
Leitfähigkeit:	198 µS bei 24 °C
Wassertiefe:	0,10 – 1 m
Wasserbewegung:	kaum
Wassertemperatur:	24,0 °C
Lufttemperatur:	30,5 °C
Datum:	6. 7. 1983
Uhrzeit:	11.00 Uhr

Cichlasoma dimerus
(HECKEL, 1840)

Dieser ursprünglich als *Acara dimerus* beschriebene Buntbarsch wurde nicht nur in der Aquaristik, sondern auch in der wissenschaftlichen Literatur zeitweilig irrtümlich als *Aequidens portalegrensis* geführt. Zu den Merkmalen, durch die sich *C. dimerus* von anderen Vertretern der Gattung unterscheidet, zählen der blaugrüne Glanz, den erwachsene Männchen auf den Flanken tragen, die kräftig gemusterte Schwanzflosse, der nur kleine Wangenfleck unterhalb der Augen sowie nur drei Hartstrahlen in der Afterflosse.

Diese Art besitzt einen recht deutlichen Sexualdimorphismus, denn die erheblich größeren Männchen entwickeln neben einer kräftigeren Beflossung im Alter auch einen prächtigen blaugrünen Glanz auf den Flanken, während die Weibchen eher bräunlich gefärbt sind.

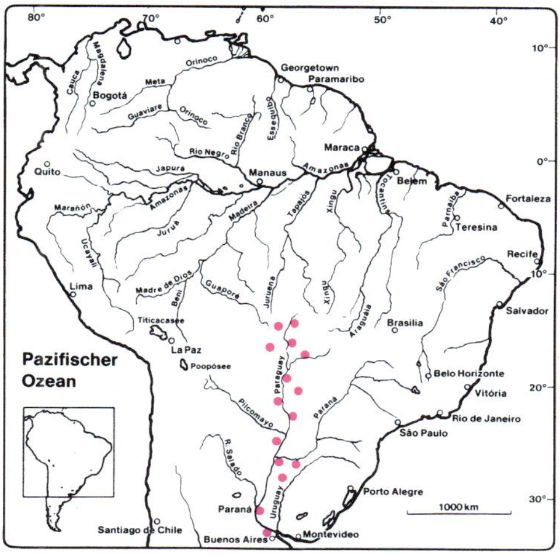

Fundorte von *Cichlasoma dimerus*

Natürliche Lebensräume

Fundorte von *Cichlasoma dimerus* sind aus den vier Ländern Bolivien, Brasilien, Uruguay und Argentinien bekannt. KULLANDER (1983) nennt als Verbreitungsgebiet das gesamte Flußsystem des Rio Paraguay sowie den unteren Alto Paraná und den Paraná bis in die Umgebung von Buenos Aires. Wir konnten die Fische im Pantanal sowohl im Einzug des Rio Cuiabá (Brasilien) als auch in der Umgebung von Puerto Suarez (Bolivien) sowie im

Männchen von *Cichlasoma dimerus*

Paraná-System in Argentinien fangen. Die Fische kommen folglich nicht nur in tropischen, sondern auch in subtropischen Regionen vor und sind infolgedessen erstaunlich tolerant gegenüber niedrigen Wassertemperaturen.

Ein typisches Merkmal ihrer Biotope ist ein üppiger Pflanzenwuchs, der sich entweder aus echten Wasser- und Sumpfpflanzen oder aus der ins Wasser reichenden emersen Ufervegetation zusammensetzt. Bemerkenswert ist die Widerstandsfähigkeit dieser Fische gegenüber ungünstigen Lebensbedingungen. Im Juli und August, zur Zeit des extremen Niedrigwassers, fingen wir *Cichlasoma dimerus* häufig in Restwassertümpeln, die stark verschlammt waren und infolge großer Mengen sich zersetzender Pflanzen oft faulig rochen. In derartigen Gewässern waren sie neben Schwielenwelsen aus der Gattung *Hoplosternum* die einzigen überlebenden Fische. Messungen, die an rund einem Dutzend verschiedener Fundorte in Argentinien und Bolivien durchgeführt wurden, hatten folgende Ergebnisse: Die Gesamthärte betrug maximal 2 °dH, die Karbonathärte 5 °dH. Die elektrische Leitfähigkeit lag zwischen 10 und 90 µS/cm, der pH-Wert zwischen 5,5 und 6,0. Im Juli und August ermittelte ich in der argentinischen Provinz Corrientes in verschiedenen Lebensräumen von *C. dimerus* Wassertemperaturen zwischen 6,5 und 13 °Celsius.

Haltung

Obwohl *C. dimerus* eine Größe von knapp 15 cm erreichen kann, werden für eine artgemäße Pflege keine übergroßen Aquarien benötigt. Als Lebensraum für ein harmonierendes Paar genügt ein Behälter mit einem Fassungsvermögen von 125 Litern. Als Bodengrund sollte grober Sand gewählt werden, der den Fischen während der Brutpflege das Ausheben von Gruben ermöglicht. Versteckplätze zwischen Moorkienwurzeln und in Gruppen angeordneten größeren, robusten Pflanzen (*Echinodorus, Cryptocoryne aponogetifolia, Vallisneria*-Arten) erhöhen das Wohlbefinden der Tiere. Schließlich sollte sich ein faustgroßer Stein mit einer glatten Oberfläche als Laichsubstrat im Aquarium befinden.

Wie sich den Angaben zur Ökologie dieses Buntbarsches entnehmen läßt, stellt er an die Wasserqualität keine besonderen Ansprüche. Auch der Bereich der tolerierten Temperaturen, der zwischen rund 6 °Celsius und 30 °Celsius (Optimum 25 °Celsius) liegt, spricht für seine Robustheit und Anpassungsfähigkeit. *C. dimerus* ist ein gieriger Fresser, der willig alle gängigen Futtermittel annimmt.

Zucht

Die Zucht dieses anspruchslosen Buntbarsches im Aquarium gelingt leicht. *Cichlasoma dimerus* ist ein typischer Offenbrüter, der einen frei liegenden flachen Stein mit glatter Oberfläche als Laichsubstrat bevorzugt. Die beigefarbenen, tarnfarbigen Eier werden vom Männchen und Weibchen abwechselnd betreut. Bei Wassertemperaturen um 26 °Celsius schlüpfen die Larven im Laufe des dritten Tages nach dem Ablaichen. Sie werden von den Eltern sofort in eine bereits vorher ausgehobene Grube transportiert. Bis zum Freischwimmen der Jungfische vergeht eine Zeitspanne von weiteren fünf Tagen, in der die Larven mehrfach in andere Gruben umgebettet werden. Der Schwarm der Jungfische, die von Anfang an die frisch geschlüpften Nauplien des Salinenkrebses fressen, wird von beiden Elternfischen gemeinsam geführt und verteidigt. Die Jungtiere sind bei reichlicher Fütterung sehr schnellwüchsig und erreichen in sechs Monaten eine Länge von knapp zehn Zentimetern.

Tabelle 21:

Ort:	Weiher im Einzug des Rio Miriñay, ca. 80 km südöstlich der Stadt Mercedes in Argentinien (Prov. Corrientes)
Sichtweite:	klar
Farbe:	farblos
pH-Wert:	7,0
Gesamthärte:	< 1 °dH
Karbonathärte:	3 °dH
Leitfähigkeit:	150 µS/cm
Wassertiefe:	> 1 m
Wasserbewegung:	keine
Wassertemperatur:	9,5 °C
Lufttemperatur:	18,0 °C
Datum:	16. 7. 1993
Uhrzeit:	14.30 Uhr

Die Gattung Copora
FERNANDEZ-YEPEZ, 1969

Die Gattung *Copora* galt jahrzehntelang als Synonym für *Cichlasoma* beziehungsweise *Theraps*. Auf die Verfügbarkeit des Gattungsnamens *Copora* für mittelamerikanische Buntbarsche hat KULLANDER schon im Jahre 1983 anläßlich der Auflösung und neuen Definition der ehemaligen Sammelgattung *Cichlasoma* hingewiesen, allerdings ohne den Namen formal in dieser Funktion erneut einzuführen. Dieser Schritt wurde dann von ALLGAYER im Jahre 1989 anläßlich der Beschreibung von zwei neu entdeckten *Theraps*-Arten aus Mexiko vollzogen.

In seiner Definition der Gattung bezieht er sich ausdrücklich auf die bereits von FERNANDEZ-YEPEZ aufgezählten Merkmale. *Copora* ist gegenwärtig eine monotypische Gattung, das heißt, sie besteht nur aus einer einzigen Art, die sich durch besonders lange Brustflossen, ein kleines, unterständiges Maul mit kräftiger Bezahnung sowie einen gestreckten, sich nach hinten rasch verjüngenden Körper auszeichnet. Die Sonderstellung dieser Spezies im System der Cichliden erklärt sich jedoch weniger durch ihre besonderen anatomischen und morphologischen Merkmale, sondern durch eine Eigentümlichkeit in ihrer Fortpflanzungsbiologie. *Copora nicaraguensis* ist nämlich der einzige amerikanische Buntbarsch, der Eier besitzt, denen Klebevorrichtungen fehlen und die deshalb nicht auf der Unterlage haften.

Fundorte von *Copora nicaraguensis*

Uferzone des Rio Negro zur Hochwasserzeit

Copora nicaraguensis
(GÜNTHER, 1864)

Dieser mittelamerikanische Cichlide aus Nikaragua und Costa Rica wurde ursprünglich als *Heros nicaraguensis* beschrieben. Synonyme für diese Spezies sind *Heros balteatum* GILL & BRANSFORD, 1877, und *Cichlasoma spilotum* MEEK, 1912. Nach Europa wurde die Art erstmals Ende der 70er Jahre lebend eingeführt. Männliche Fische können eine Länge von rund 20 Zentimetern erreichen, Weibchen bleiben deutlich kleiner.

Die wichtigsten schwarzen Zeichnungen im Farbkleid der Fische sind ein kleiner Schwanzwurzelfleck, ein großer Seitenfleck, der unter der Seitenlinie im Bereich des zwölften bis fünfzehnten Hartstrahls der Rückenflosse liegt, und ein Längsband, das sich vom Kiemendeckel zur Schwanzwurzel erstreckt. Die Ausbildung dieser Muster ist jedoch stimmungsbedingt. Männliche und weibliche Exemplare sind ohne Schwierigkeiten zu unterscheiden, da diese Art sowohl dimorph als auch dichromatisch ist, das heißt, die Geschlechter unterscheiden sich in der Größe und Färbung.

Die Weibchen tragen in der Rückenflosse, der Rückenregion und besonders im unteren Bereich des Kopfes intensiv gelb- oder blaugrün glänzende Farbzonen. Der Bauch ist bei ihnen leuchtend gelborange bis orangerot gefärbt. Der restliche Körper sieht kupferfarben bis kräftig goldgelb aus. Die Bauchflossen und und Afterflosse sind bläulich getönt.

Männliche Tiere sehen weniger farbig aus. Insbesondere sind die Grüntöne bei ihnen weniger intensiv ausgebildet, und die rotorange Färbung der Bauchregion fehlt im allgemeinen gänzlich. Dafür besitzen aber manche Exemplare unmittelbar hinter dem Ansatz der Brustflossen einen kräftig roten Fleck. Meist zeigen die männlichen Fische eine grüngolden bis messing- oder kupferfarbene Grundfärbung. Selbst halbwüchsige Männ-

Copora nicaraguensis ♀

chen sind bereits leicht an einem auffälligen Tüpfelmuster aus kleinen hellen und dunklen Punkten zu erkennen, das sie in den unpaaren Flossen tragen und das den Weibchen fehlt. Bei älteren Männchen vergrößern sich die Stirn- und Nackenregion, bis die Profillinie oberhalb des Maules beinahe senkrecht ansteigt und die Fische einen unförmigen, unproportioniert wirkenden Kopf besitzen.

Von *Copora nicaraguensis* sind verschiedene geographische Farbrassen bekannt (LOPEZ, 1974). Fischen aus dem Nikaraguasee fehlen die grünen Farbtöne. Diese Rasse ist in der Rückenregion purpurfarben, in der Bauchregion bei den Weibchen gelbrot, bei den Männchen eher weißlich gefärbt. Die Oberseite des Kopfes sieht bei den Männchen kräftig purpurrot, die Unterseite gelbrot bis goldgelb aus. Die Kehlhäute der Weibchen sind leuchtend rot getönt. Bei dieser Farbrasse trägt das schwarze Längsband in der hinteren Körperhälfte fünf bis sechs Flecken, die häufig in vertikaler Richtung zu Querstreifen verlängert sind. Das wichtigste

arttypische Merkmal,

an dem dieser Buntbarsch zu erkennen ist, bildet das Farbkleid, insbesondere der Flankenfleck und der Längsstreifen. Hinzu kommt der Besitz von bis zu 20 Hartstrahlen in der Rükkenflosse und von bis zu 9 Hartstrahlen in der Anale (LOPEZ, 1974). Diese Werte sind ungewöhnlich hoch. Eine Verwechslung dieses Cichliden mit anderen Arten ist nicht wahrscheinlich. Seine

natürlichen Lebensräume

befinden sich ausschließlich auf der atlantischen Seite Mittelamerikas. Die Fundorte liegen in Nikaragua, insbesondere in den großen Grabenseen (Nikaragua-, Managua-, Jiloasee) und im nördlichen Costa Rica (Einzugsgebiet des Rio Sapoa und Rio San Carlos). Die Heimatgewässer besitzen pH-Werte im Bereich zwischen 7 und 9 und zum Teil auch eine mittlere Härte. In den großen Seen wurden sie auch noch in einer Tiefe von 15 m und mehr nachgewiesen. Gewöhnlich halten sie sich aber im flacheren Wasser auf, wo unverpaarte Fische auf der Nahrungssuche in großen Schu-

Copora nicaraguensis ♂

len weit umherziehen. Da die Mitglieder derartiger Verbände dieselbe Größe haben, sind sie vermutlich Geschwister. Magenuntersuchungen (vgl. THORSON, 1976) ergaben, daß sich die Tiere im natürlichen Biotop hauptsächlich von Algen ernähren, daß aber auch Zuckmückenlarven (Chironomidae) und vor allem Mollusken wichtige Bestandteile der Nahrung sind. Bei der

Haltung

dieses empfehlenswerten Buntbarsches treten keine besonderen Probleme auf. Auf Dauer ist er jedoch nur in einem Aquarium zu pflegen, dessen Seitenkante deutlich über einem Meter lang ist. Versteckmöglichkeiten tragen merklich zum Wohlbefinden der Tiere bei. Es empfiehlt sich, nur harte, widerstandsfähige Pflanzen in diesem Aquarium zu kultivieren. Als Bodengrund sollte Sand verwendet werden. Für die

Zucht

sind keine besonderen Vorkehrungen notwendig. Besonders zu beachten ist jedoch, daß die Fische das Gelege nicht auf einem Substrat anheften, sondern in einer Grube ablegen. Deshalb ist es wichtig, daß als Untergrund Sand und keinesfalls grober Kies verwendet wird. In einer Vater-Mutter-Familie, in der es eine deutliche Rollenverteilung gibt, betreuen beide Elternfische die Brut. Bei Temperaturen um 27 °Celsius haben die Jungfische nach etwa 12 Tagen das Larvenstadium durchlaufen. Dann ist es Zeit, sie mit den Larven des Salinenkrebses und zerkleinertem Flockenfutter zu füttern.

Die Gattung *Crenicichla*
HECKEL, 1840

Mit wahrscheinlich mehr als neunzig Arten, von denen aber gegenwärtig erst ungefähr siebzig taxonomisch bearbeitet sind (Kullander, 1994), bildet *Crenicichla* zur Zeit neben *Apistogramma* die formenreichste Gattung südamerikanischer Buntbarsche. Da sie infolge der ständig wachsenden Zahl der Arten recht unübersichtlich geworden ist, hat man bereits vor einigen Jahren damit begonnen, innerhalb dieses Verwandtschaftskreises durch das Zusammenfassen ähnlicher Formen mehrere Artengruppen zu bilden, um dadurch die verwandtschaftlichen Beziehungen innerhalb der Gattung deutlicher herauszuarbeiten.

Den Anfang machte Kullander (1981) durch die Abgrenzung der *Crenicichla-lacustris*-Gruppe. Ein Jahr später (1982) unterschied er die *Crenicichla-saxatilis*- und die *-lepidota*-Artengruppe. Die *Crenicichla-lepidota*-Gruppe wird jedoch heute nicht mehr aufrechterhalten, da sie nicht monophyletisch, sondern heterogenen Ursprungs ist (Kullander, 1986: 83). Ploeg (1991) führte dann die *Crenicichla-lugubris*-Gruppe, die *-reticulata*-Gruppe und die *-wallaciii*-Gruppe ein. Schließlich unterscheiden Lucena & Kullander (1992) noch die *Crenicichla-scottii*- und die *Crenicichla-missioneira*-Gruppe.

Die *Crenicichla*-Arten, die im Deutschen auch unter der Bezeichnung Hechtcichliden zusammengefaßt werden, bilden zusammen mit den Vertretern der Gattung *Teleocichla*, zu denen so enge verwandtschaftliche Beziehungen bestehen, daß Ploeg sie in die *Crenicichla-wallacii*-Gruppe einordnet, die Gattungsgruppe der Crenicichlinen. Einige *Crenicichla*-Arten wurden zeitweilig in der Gattung *Batrachops* geführt.

Aufgrund ihres ganz typischen, ungewöhnlich langgestreckten, schlanken Körpers, der häufig einen ovalen, beinahe rundlichen Querschnitt hat, sind die Vertreter der Gattung *Crenicichla* kaum mit anderen südamerikanischen Buntbarschen zu verwechseln. Sie besitzen einen mehr oder weniger deutlich vorstehenden Unterkiefer und fleischige Lippen. Die Augen liegen in der oberen Kopfhälfte. Die

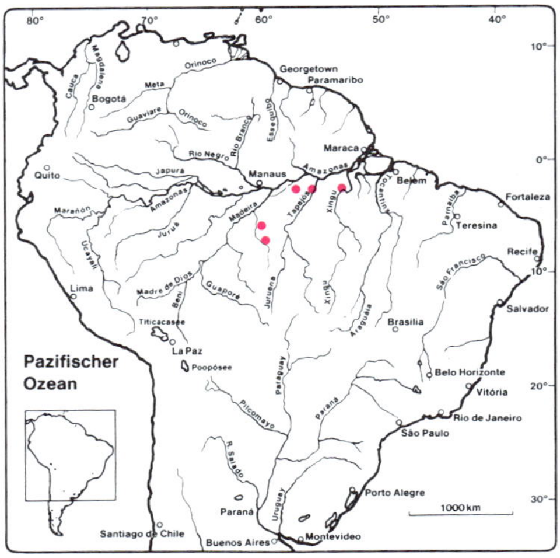

Fundorte von *Crenicichla acutirostris*

Schwanzflosse ist gerundet. Die meisten *Crenicichla*-Arten sind typische Großcichliden mit einer räuberischen Lebensweise.

Crenicichla acutirostris
GÜNTHER, 1862

Crenicichla acutirostris ist ein typischer Großcichlide, der eine Gesamtlänge von über dreißig Zentimetern erreichen kann. In einzelnen Exemplaren wurde er erstmals Mitte und Ende der 80er Jahre lebend nach Deutschland eingeführt. Zu den artspezifischen Merkmalen dieses Buntbarsches, die seine Identifizierung erleichtern, zählen der äußerst schlanke Körper und der ungewöhnlich spitze Kopf mit dem deutlich hervorstehenden Unterkiefer.

Die Fische besitzen eine graugrüne Grundfärbung, zu der die kräftig lehmgelbe Rückenregion in wirkungsvollem Kontrast steht. Im Grenzbereich dieser beiden Farbzonen kann ein Muster kräftig rotoranger Flecken auftreten. Die Bauchregion trägt rosa bis rotviolette Farbtöne. Die untere Hälfte des Kopfes ist ebenso wie die Iris leuchtend goldgelb gefärbt. Die Rückenflosse, die einen schmalen signalroten Saum besitzt, schimmert überwiegend hellblau, in ihrem hinteren Bereich jedoch weinrot. Auch die Afterflosse und die untere Hälfte der Schwanzflosse sind weinrot getönt

Crenicichla acutirostris

Stimmungsbedingt kann sich ein dunkler Längsstreifen vom Mundwinkel bis zum Grund der Schwanzflosse erstrecken.

Ein besonders charakteristisches Merkmal im Farbkleid dieses Buntbarsches bildet jedoch ein Muster von neun bis elf tiefschwarzen breiten Querstreifen, die sich in der Rückenregion zwischen dem Grund der Rückenflosse und dem oberen Rand des Längsbandes erstrecken. Dadurch entsteht der Eindruck, daß die Fische in der oberen Körperhälfte eine Reihe von ungefähr neun mehr oder weniger quadratisch geformten gelben Flecken tragen.

Die äußeren Geschlechtsunterschiede sind bei diesem Buntbarsch nicht sehr deutlich ausgebildet. Fortpflanzungsbereite Weibchen sind jedoch trotzdem unschwer zu erkennen, da sie durch den Laichansatz einen kräftig verdickten Bauch besitzen.

Natürliche Lebensräume

Die Verbreitung von *Crenicichla acutirostris* erstreckt sich im nördlichen Brasilien über die Einzugsgebiete einiger südlicher Nebenflüsse des unteren Amazonas. Fundorte sind aus den Flußsystemen des Rio Xingú, des Rio Tapajós, des Rio Maués und des Rio Madeira (Rio Aripuanã) bekannt. Bei den zuerst genannten Gewässern handelt es sich um typische Klarwasserflüsse, die nur wenige gelöste Mineralien enthalten (Gesamt- und Karbonathärte um 1 °dH, elektrische Leitfähigkeit selten über 100 µS/cm) und in denen pH-Werte um 6,5 gemessen wurden.

Haltung

Für diesen Hechtcichliden werden sehr geräumige Behälter benötigt, da unverpaarte Fische eine stark ausgeprägte innerartliche Aggression zeigen und Artgenossen häufig heftig attackieren. Bei der Einrichtung des Aquariums sollte man daher größere Steinplatten und Moorkienwurzeln verwenden, die zu höhlenartigen Versteckplätzen angeordnet werden. Die Fische fressen keine Pflanzen, legen aber während der Brutpflege Gruben an. Deshalb empfiehlt es sich, die Bepflanzung auf einige wenige robuste Einzelexemplare zu beschränken.

Bei der Fütterung von *Crenicichla acutirostris* ist zu beachten, daß diese räuberische Art eine zumindest teilweise piscivore Ernährungsweise besitzt. Die Tiere benötigen deshalb ein gehaltvolles Futter, das auch aus Fisch- und Garnelenfleisch bestehen sollte.

Crenicichla marmorata

PELLEGRIN, 1904

Diese zu den prächtigsten Hechtcichliden gehörende Art ist in der Färbung außerordentlich variabel. Sie ist im Jugendkleid nur schwer von *Crenicichla strigata* zu unterscheiden, denn Jungtiere besitzen in der Kopfregion ein Tüpfelmuster und in der Körpermitte ein breites und darüber ein schmales Längsband. Erwachsene Fische tragen in der Körpermitte kräftig rosarote bis rote Flecken und Zonen, die sich bis in die Bauchregion ausdehnen können und von breiten tiefschwarzen Zeichnungen gesäumt sind, die teils an Querstreifen erinnern, teils aber zu einem Längsband zusammenfließen. Im Unterschied zu *Crenicichla lenticulata* reichen die roten Zeichnungen nicht bis an den Grund der Dorsale heran.

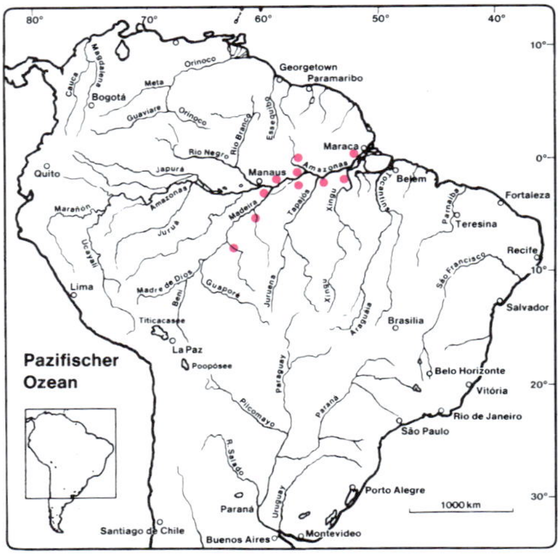

Fundorte von *Crenicichla marmorata*

Natürliche Lebensräume

Crenicichla marmorata ist im Flußsystem des unteren Amazonas weit verbreitet, und zwar sowohl in nördlichen als auch in südlichen Nebenflüssen. Fundorte sind für die Einzugsbereiche der Flüsse Rio Madeira, Rio Maués, Rio Curuá-Una, Rio Xingú, Rio Trombetas, Rio Puraquequara und Rio Jari im nordöstlichen Brasilien belegt.

Crenicichla marmorata

Crenicichla sedentaria
KULLANDER, 1986

)ie abgebildeten Fische wurden von uns im uni 1983 gefangen und beobachtet. KULLAN-)ER untersuchte sie und kam zu dem Ergeb-ıis, daß sie einer noch unbeschriebenen Art ıngehörten, die er dann in seiner im Jahre 1986 eröffentlichten Monographie über die Bunt-)arsche Perus beschrieb. Beobachtungen im ıatürlichen Lebensraum zeigten, daß die Art iber 25 Zentimeter lang werden kann.

Bei halbwüchsigen Exemplaren sieht die Rückenregion gelbbraun, die Bauchregion her weißlich aus. Von der Oberlippe zieht in Augenhöhe ein dunkler Längsstreifen bis zum Grund der Schwanzflosse, häufig aber auch)is zum hinteren Rand der Caudale. Zwischen lem Rand des Kiemendeckels und dem Ansatz der Schwanzflosse liegen etwa zwölf lunkle Querstreifen auf den Flanken. Zum Teil sind sie gegabelt oder als Doppelstreifen ıngelegt. In der oberen Hälfte des Schwanz-lossengrundes liegt ein goldgelb gesäumter Augenfleck. Die Caudale trägt vier oder fünf enkrechte Streifen. Die Rückenflosse zeigt art braunrote Töne und einen schmalen oran-eroten Saum. Bei adulten Fischen gehen diese

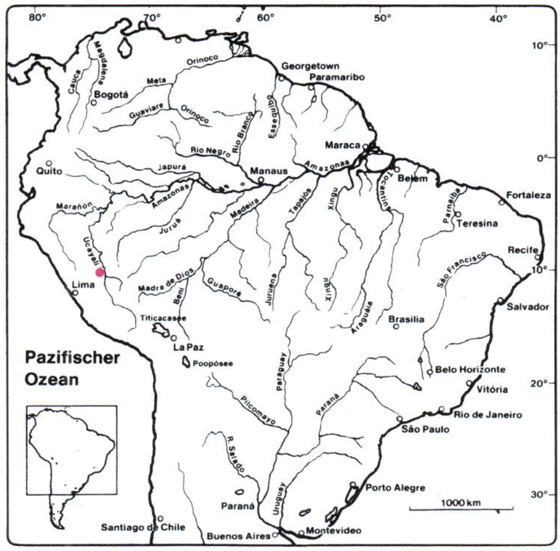

Fundorte von *Crenicichla sedentaria*

Rottöne verloren. Bei ihnen zeigen die unpaaren Flossen eine gelbgrüne Färbung. Ihre Iris ist blutrot getönt. Der Längsstreifen auf ihren Flanken erscheint in ungefähr zwölf unregelmäßigen Flecken aufgelöst. Männliche und weibliche Fische sind isomorph und infolgedessen schwer zu unterscheiden. Alte Männchen besitzen eine kräftigere Beflossung. Insbesondere sind After- und Rückenflosse bei ihnen spitz ausgezogen und verlängert.

Crenicichla sedentaria (Rio Chinipo): Jungtier

Crenicichla sedentaria **(Rio Chinipo) im natürlichen Lebensraum bei der Brutpflege**

Natürliche Lebensräume

Die Fische kommen im Rio Napo und Putomayo in Ekuador sowie im Huallaga und oberen Ucayali in Peru vor. Wir fotografierten und fingen sie im Rio Chinipo, einem kleinen Klarwasserfluß. Wasseranalysen am Fundort ergaben eine geringe Härte und einen pH-Wert im deutlich alkalischen Bereich. Das Flußbett war überwiegend felsig und steinig, denn die Strömungsgeschwindigkeit dieses Gewässers war erheblich. Unterwasserbeobachtungen zeigten, daß erwachsene Exemplare sich durchaus in Bereichen mit heftiger Strömung aufhielten. Brutpflegende Tiere bewohnten jedoch strömungsarme Buchten und Seitenarme. Halbwüchsige Jungtiere fanden sich vor allem im extremen Flachwasserbereich von Restwassertümpeln, wo sie sich zwischen Fallaub und Holz versteckt hielten und auf Beute lauerten. Weitere Fische dieses Biotops waren die Buntbarsche *Cichlasoma amazonarum, Bujurquina robusta* und *Bujurquina labiosa,* Saugwelse aus der Gattung *Chaetostoma,* Salmler aus den Gattungen *Phenacogaster, Brycoamericus, Hemigrammus, Characidium* und *Astyanax* sowie ein Süßwasserrochen. Bei der

Haltung

im Aquarium sollten diese Beobachtungen zur Lebensweise, die auch auf viele andere *Crenicichla*-Arten übertragbar sind, beachtet werden. Infolge ihrer Größe sind diese Cichliden auf Dauer nur in einem Behälter zu pflegen, dessen Länge erheblich über einem Meter liegt. Höhlenartige Versteckplätze zwischen größeren Steinen und Wurzeln tragen wesentlich zum Wohlbefinden der Fische bei und sind auch eine Voraussetzung für Zuchtversuche. Sie sind recht robust und durchsetzungsfähig, weshalb sie nur mit Buntbarschen zu vergesellschaften sind, die ein ähnliches Temperament haben. Erwachsene Fische ernähren sich im natürlichen Lebensraum vermutlich überwiegend von anderen Fischen. Man sollte sie deshalb im Aquarium regelmäßig mit zerschnittenem Fisch und Krebsfleisch von Krabben und Garnelen füttern. Bei dieser Art, deren Heimatgewässer keinen extremen Wasserchemismus aufweisen, dürfte die

Zucht

nicht schwer sein. Beobachtungen in dem natürlichen Lebensraum ergaben, daß diese Cichlide ebenso wie andere *Crenicichla*-Arten zwischen Steinen und Wurzeln in höhlenartigen Verstecken ablaicht. Beide Elternfische beteiligen sich an der Brutpflege. Wie das Unterwasserfoto gut dokumentiert, stehen sie immer in unmittelbarer Nähe des Jungfischschwarmes, um ihn zu führen und zu verteidigen.

Tabelle 22:

Ort:	**Rio Chinipo (Klarwasserfluß) ca. 10 km südlich von Chicosa (Peru, Depto. Junin)**
Sichtweite:	**3 m**
Farbe:	**grünlich**
pH-Wert:	**7,9**
Gesamthärte:	**4 °dH**
Karbonathärte:	**4 °dH**
Leitfähigkeit:	**116 µS bei 26 °C**
Wassertiefe:	**bis 2 m**
Wasserbewegung:	**starke Strömung**
Wassertemperatur:	**26 °C**
Lufttemperatur:	**30 °C**
Datum:	**23. 6. 1983**
Uhrzeit:	**11.00 Uhr**

Die Gattung Geophagus
HECKEL, 1840

Im Jahre 1976 veröffentlichte Gosse seine Überarbeitung dieser Gattung, der er zehn Arten zuordnete. Wenig später ergab sich aber bereits die Notwendigkeit einer erneuten Revision der *Geophagus*-Arten, da sich herausgestellt hatte, daß die Gattung in der damaligen Form keineswegs monophyletisch war, sondern einen sehr heterogenen Verwandtschaftskreis bildete. Kullander (1986) grenzte daher eine ganze Reihe von Arten aus, die er zum Teil in die Gattung *Satanoperca* überführte, zum Teil aber auch keinen neuen Gattungen zuordnete, weshalb sie vorläufig als sogenannte „*Geophagus*" geführt werden, das heißt, der Gattungsname wird in Anführungszeichen gesetzt.

Zur Zeit werden der Gattung *Geophagus* elf taxonomisch bearbeitete Arten zugerechnet, zu denen jedoch noch über zehn bisher unbeschriebene Buntbarsche hinzukommen. Diese rund zwanzig Cichliden unterscheiden sich von anderen Arten aus der Gattungsgruppe der Geophaginen durch ihre besondere Morphologie der Schwimmblase und der Wirbelsäule.

Besonders bemerkenswert ist der Umstand, daß es bei den *Geophagus*-Arten mehrere ganz unterschiedliche Muster des Fortpflanzungsverhaltens und der Brutpflege gibt. Die Mehrzahl dieser Buntbarsche gehört nach unserem derzeitigen Wissen offenbar zu den Maulbrütern. Zum einen Teil handelt es sich um ovophile, zum anderen Teil jedoch um larvophile Maulbrüter, die nicht die Eier, sondern nur die Larven im Maul betreuen. *Geophagus argyrostictus* ist dagegen ein typischer Offenbrüter.

Wegen der extremen Wasserstandsschwankungen baut man in Amazonien oft schwimmende Häuser.

„Geophagus" brasiliensis
(QUOY & GAIMARD, 1824)

Diese Art zählt zu den am längsten bekannten Buntbarschen, denn sie wurde bereits vor über 150 Jahren als *Chromis*-Art beschrieben. Es gibt eine ganze Reihe von angeblichen Synonymen, zu denen *Chromys unipunctata*, *Ch. unimaculata* und *Ch. obscura* CASTELNAU, 1855, ferner *Acara gymnopoma* GÜNTHER, 1862, sowie *A. minuta* HENSEL, 1870, gehören. Einzelne dieser Namen bezeichnen aber zweifellos gute Arten, denn „*Geophagus*" *brasiliensis* gilt aufgrund neuer Erkenntnisse als überarbeitungsbedürftige Sammelbezeichnung (LUCENA & KULLANDER, 1992).

Dieser Buntbarsch kann eine Länge von knapp 30 cm erreichen. Er fällt vor allem durch seine herrlich grüngolden glänzenden Schuppen und die blaugrünen Glanzflecken und -linien in den Flossen auf. Etwa in der Körpermitte trägt er unmittelbar unter der oberen Seitenlinie einen schwarzen Flankenfleck. Die Iris ist golden gefärbt. Ein Sexualdimorphismus, der die Unterscheidung der Geschlechter erleichtern würde, fehlt weitgehend. Erst im Alter bekommen die Männchen eine kräftigere

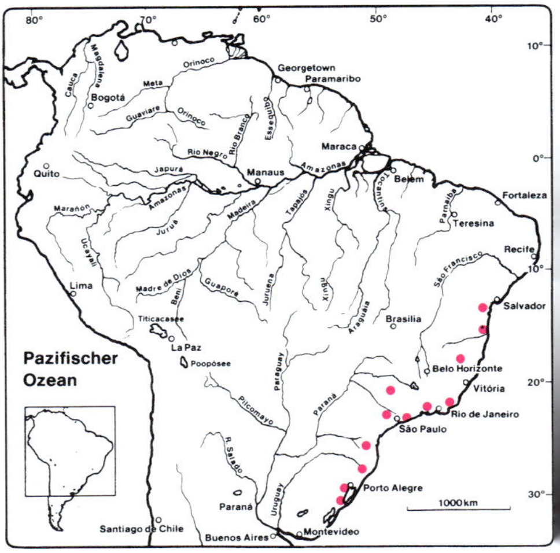

Fundorte von „*Geophagus*" *brasiliensis*

Stirn sowie eine länger ausgezogene Rücken- und Afterflosse.

Arttypische Merkmale,

die eine Bestimmung ermöglichen, sind die geringe Zahl von nur 8–12 Kiemenrechen, die diese Art auf dem unteren Teil des ersten Kiemenbogens besitzt, sowie die Zahl von 15–16

„*Geophagus*" *brasiliensis*

Schuppen, die um den Schwanzstiel gezählt werden. Für die aquaristische Praxis ist das typische Farbkleid wichtiger, vor allem die Eigenheit, daß diese Spezies im Alter mit Ausnahme des Seitenflecks keine weiteren schwarzen Zeichnungen besitzt. Zu den farblich

ähnlichen Arten

zählen weniger die *Geophagus,* sondern einige Cichliden aus der *„Aequidens“*-Verwandtschaft, die aber eine andere Maulform und ein anderes Profil besitzen. Ähnlichkeiten im Farbkleid besitzt unter anderem der Silbersaumbuntbarsch (*„Aequidens“* sp.). Jene Art ist an dem weiß gesäumten hinteren Rand der Schwanzflosse zu erkennen. Die

natürlichen Lebensräume

von *„Geophagus“ brasiliensis* liegen im südöstlichen Brasilien. Die Verbreitung ist im Vergleich zu anderen südamerikanischen Cichliden nicht allzu groß, denn die Fundorte liegen ausschließlich im küstennahen Bereich zwischen der Stadt Salvador und dem Grenzgebiet zu Uruguay. Bei der

Haltung

dieses Cichliden treten im allgemeinen keine Probleme auf, denn er ist widerstandsfähig und kann sich unterschiedlichen Pflegebedingungen gut anpassen. Deshalb braucht auch den chemischen Merkmalen des Wassers keine besondere Aufmerksamkeit geschenkt zu werden. Die erfolgreiche Haltung ist jedoch auf Dauer nur in einem geräumigen Aquarium von gut einem Meter Länge möglich, da die Fische im Laufe der Zeit recht groß werden. Der Bodengrund sollte aus Sand oder feinstem Kies bestehen, denn ebenso wie die übrigen Vertreter der Gattung liebt es auch diese Art, im Boden nach Nahrung zu suchen. Zur Beckeneinrichtung sollten Versteckplätze aus Moorkienwurzeln oder Steinplatten gehören, da diese zum Wohlbefinden der Fische beitragen. Eine Bepflanzung ist nur möglich, wenn große, robuste Einzelexemplare verwendet werden, denn erfahrungsgemäß werden zarte Gewächse häufig von den Fischen beschädigt.

In Peru war dieses Indianermädchen beim Fischen eine tüchtige Helferin.

„Geophagus“ brasiliensis frißt alle gängigen Futtermittel, so daß es auch in dieser Hinsicht keine Probleme gibt. Ab einer Länge von rund zwölf Zentimetern benötigen die Tiere jedoch eine gehaltvolle Kost, weshalb ihnen regelmäßig zerschnittenes Fisch- und Garnelenfleisch angeboten werden sollte. Das ist besonders wichtig, wenn sie Laich ansetzen sollen, weil man die

Zucht

versuchen möchte. Bei einem harmonierenden Paar, das sich am besten selbst in einer Gruppe von Jungfischen gefunden hat, ist sie nicht schwierig. *„Geophagus“ brasiliensis* ist ein Offenbrüter und zieht die Brut in einer Elternfamilie auf. Sobald die Jungtiere frei schwimmen, füttert man sie mit den frisch geschlüpften Larven des Salinenkrebses.

„Geophagus" pellegrini
REGAN, 1912

Dieser Buntbarsch bildet zusammen mit *„Geophagus" crassilabris* STEINDACHNER, 1877 und *„Geophagus" steindachneri* EIGENMANN & HILDEBRAND, 1910, eine kleine, in der Aquaristik als Rothauben-Erdfresser bezeichnete Gruppe eng miteinander verwandter Cichliden, die nach ihrer Ausgrenzung aus der verkleinerten Gattung *Geophagus* durch KULLANDER (1986) dort nur vorläufig als sogenannte *„Geophagus"* verbleiben, da sie zur Zeit keiner anderen Gattung zugeordnet werden können.

Ausgewachsene Exemplare von *„Geophagus" pellegrini* besitzen eine gelbliche bis gelbbraune Grundfärbung. Auf den Flanken zeigen sie einen zarten hellgrünen Metallglanz. Die Flossen sind vor allem bei den Männchen orangerot getönt. Auf dem Schwanzstiel tragen die Fische einen großflächigen schwarzen Fleck. Weitere schwarze Zeichnungen, deren Ausbildung jedoch stimmungsabhängig ist, gibt es auf den Körperseiten in Form von ungefähr fünf breiten Querstreifen. Der dritte dieser Streifen, der sich in etwa unter den letzten Hartstrahlen der Rückenflosse und über den ersten Strahlen der Afterflosse befindet, setzt sich in der Rückenflosse in Form eines dunklen Flecks fort.

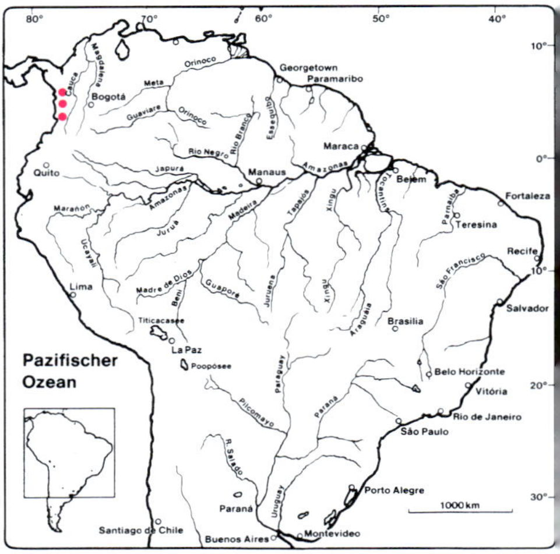

Fundorte von *„Geophagus" pellegrini*

Die Männchen dieser Art sind typische Rothauben-Erdfresser, denn im Alter tragen sie im Nacken einen großen, beulenartigen rötlich getönten Buckel. Ihre wulstigen Lippen

Männchen von *„Geophagus" pellegrini*

sind auffallend weißlich bis kräftig gelb getönt. Männliche Exemplare können eine Gesamtlänge von deutlich über zwanzig Zentimetern erreichen. Weibliche Fische bleiben dagegen erheblich kleiner.

Natürliche Lebensräume

„*Geophagus*“ *pellegrini* ist im westlichen Kolumbien endemisch. Die Fische, die als Grundlage der Erstbeschreibung dienten, wurden in der Umgebung der Ortschaft Tado im Einzugsbereich des Rio San Juán gefangen. Darüber hinaus sind jedoch weitere Fundorte unter anderem aus den Flußsystemen des Rio Atrato und des Rio Baudó bekannt.

Ingemann Hansen (briefl. Mitt.) übermittelte mir die Ergebnisse von Messungen, die sechs bis sieben Kilometer südlich der Stadt Istmia (Provinz Choco) an einem Fundort von „*Geophagus*“ *pellegrini* im Einzug des Rio Sand Juán durchgeführt wurden. Danach lebt dieser Buntbarsch dort in sehr weichen Gewässern, die eine leicht saure Reaktion aufweisen. Die Karbonathärte und die Gesamthärte lagen an dem genannten Fundort unter der Nachweisgrenze. Der pH-Wert betrug 6,7. Bei einer Lufttemperatur von 29,8 °Celsius wurden im Wasser 24,2 °Celsius ermittelt.

Haltung

Die Fische sollten wegen ihrer Endgröße auf Dauer nicht in Aquarien gepflegt werden, deren Seitenlänge erheblich unter eineinhalb Metern liegt. Ihre Einrichtung erfolgt mit Sand, Moorkienwurzeln und eventuell auch mit größeren Steinen, die zu Versteckplätzen zusammengestellt werden. Da die Fische auf der Nahrungssuche den Boden durchkauen, darf der Grund auf keinen Fall mit grobem Kies abgedeckt werden. Die Art ist ausgesprochen pflanzenfreundlich. Bei der Bepflanzung des Behälters muß jedoch darauf geachtet werden, daß ein ausreichend großer Schwimmraum verbleibt und daß der Wurzelbereich der Gewächse durch große Steine abgedeckt wird, so daß sie von den Fischen beim Durcharbeiten des Bodens nicht ausgegraben werden.

Als weitere Bewohner eines Gesellschaftsaquariums sollten auf keinen Fall sehr aggressive Arten, sondern vorzugsweise andere Buntbarsche aus der Gattungsgruppe der Geophagien ausgewählt werden.

Ausgewachsene Exemplare von „*Geophagus*“ *pellegrini* benötigen aufgrund ihrer Größe ein gehaltvolles Futter, so daß es sich empfiehlt, regelmäßig auch entsprechend zerkleinertes Garnelen- und Fischfleisch zu verfüttern. Dieser Cichlide hat sich als ein robuster, anpassungsfähiger Pflegling erwiesen, der keine besonderen Ansprüche an den Chemismus des Wassers stellt.

Zucht

Für Zuchtversuche empfiehlt es sich, ein Männchen und mehrere Weibchen in ein ausreichend geräumiges Aquarium zu überführen, in dem die Fische zahlreiche Versteckplätze vorfinden. „*Geophagus*“ *pellegrini* gehört ebenso wie die anderen beiden Rothauben-Erdfresser zu den ovophilen Maulbrütern. Diese Form des Brutpflegeverhaltens bildet unter den südamerikanischen Buntbarschen, die zumeist Offenbrüter oder larvophile Maulbrüter sind, die große Ausnahme.

Charakteristisch ist für diesen Buntbarsch, daß es zwischen den Fortpflanzungspartnern keine dauerhafte Bindung gibt, da Männchen und Weibchen nur zum Ablaichen zusammenfinden. Der Laich wird vom weiblichen Fisch nach einer temperamentvollen Balz in kleinen Portionen von bis zu vier Laichkörnern auf einer festen Unterlage, vorzugsweise auf einer Wurzel oder einem flachen Stein, abgelegt und anschließend sofort in das Maul aufgenommen. Sobald das Weibchen alle Eier abgegeben hat, zieht es sich zurück, um an einem geschützten Platz möglichst ungestört die Maulbrutpflege durchzuführen.

Im Unterschied zu anderen südamerikanischen Buntbarschen beteiligt sich das Männchen nicht an der Aufzucht der Nachkommen. In Abhängigkeit von der Wassertemperatur dauert es in etwa vierzehn Tage, bis die Jungfische ihr Larvenstadium durchlaufen haben und erstmals aus dem Maul der Mutter entlassen werden. Da sie dann bereits so groß sind, daß sie mit den frischgeschlüpften Larven des Salinenkrebses gefüttert werden können, bereitet ihre weitere Aufzucht keinerlei Schwierigkeiten.

„Geophagus" steindachneri

EIGENMANN & HILDEBRAND, 1910

Über die Identität dieses Cichliden gab es längere Zeit widersprüchliche Ansichten, da als Synonyme auch noch die Namen *G. hondae* REGAN, 1912, und *G. magdalenae* BRIND, 1943, verfügbar waren und Unsicherheit darüber bestand, welche Bezeichnung nach den Nomenklaturregeln als gültig anzusehen sei. Für eine Klärung dieser Probleme sorgten schließlich GOSSE & KULLANDER im Jahre 1981.

Die maximale Körperlänge männlicher Exemplare kann deutlich über 15 cm liegen, obwohl die Fische im allgemeinen kleiner bleiben. Auf einem grauen oder gelblichen Braun tragen vor allem die Schuppen in der hinteren Körperhälfte grüne Glanzpunkte. Über die Flanken ziehen oft unregelmäßige dunkle Bänder und Streifen. Das auffälligste Merkmal adulter Männchen ist ein kräftig ausgebildeter Buckel in der Stirn- und Nackenregion, der weinrot gefärbt ist. Seine Größe hängt bei der Anwesenheit weiterer Männchen in demselben Aquarium von der Stellung ab, die die Fische

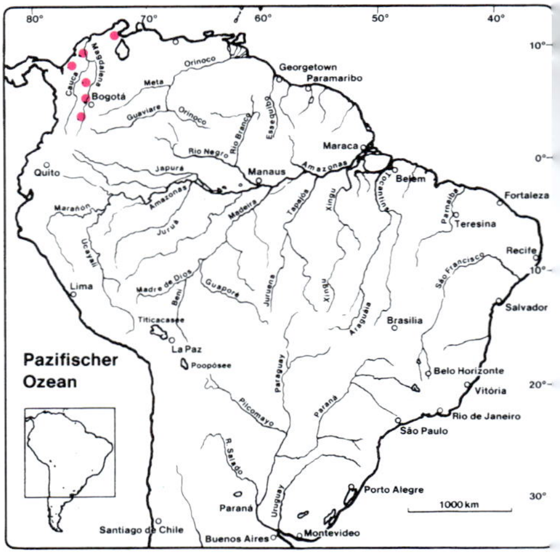

Fundorte von *„Geophagus" steindachneri*

innerhalb der Rangordnung haben. Weiblichen Exemplaren, die deutlich kleiner bleiben, fehlt dieser Buckel. Das wichtigste unter den

arttypischen Merkmalen,

die eine Identifizierung dieses Buntbarsche ermöglichen, bildet der vorstehend beschrie

„Geophagus" steindachneri ♂

bene Stirnbuckel. Von den anderen beiden Rothauben-Erdfressern unterscheidet sich diese Art durch das Fehlen eines Streifen- oder Fleckenmusters auf den Körperseiten. Die

natürlichen Lebensräume

von *„Geophagus" steindachneri* liegen ausschließlich im nordöstlichen Südamerika innerhalb der Staatsgrenzen von Kolumbien. Die bisher bekannt gewordenen Fundorte sind im Einzugsgebiet der Flüsse Magdalena, Sinú, Canda und Limón gelegen.

Solange die Fische nicht voll ausgewachsen sind, genügt für ihre

Haltung

ein Aquarium mit einer Seitenlänge von einem knappen Meter. Es wird mit Sand oder feinstem Kies, größeren Steinen und Moorkienwurzeln eingerichtet. Einige dichtere Pflanzengruppen, welche die Bodenfläche gliedern und die Abgrenzung von Revieren erleichtern, können als zusätzliche Dekorationsmittel verwendet werden. Dem Wasserchemismus braucht keine besondere Aufmerksamkeit geschenkt zu werden, da *„Geophagus" steindachneri* ein anpassungsfähiger und robuster Pflegling ist. Eine Vergesellschaftung mit anderen Geophaginen oder Vertretern der Gattung *Aequidens,* die eine vergleichbare Körpergröße besitzen, ist bei einem entsprechend geräumigen Aquarium gut möglich. Die

Zucht

dieses Buntbarsches ist nicht schwierig, denn er pflanzt sich unter den verschiedensten Hälterungsbedingungen willig fort. Unter den amerikanischen Cichliden nimmt er insofern eine Sonderstellung ein, als er zu den wenigen spezialisierten ovophilen Maulbrütern gehört, die ihre Brut in einer Mutterfamilie aufziehen. Dies ist eine Form der Brutpflege, die vor allem bei ostafrikanischen Buntbarschen häufig ist. Bei diesen Fischen gibt es keine feste Bindung zwischen Männchen und Weibchen. Die Fortpflanzungspartner finden sich nur zum Laichen zusammen und trennen sich unmittelbar nach der Paarung wieder. Infolgedessen sollte man möglichst ein Männchen und mehrere Weibchen zusammen halten, denn ein einzelner weiblicher Fisch würde durch das mehr oder weniger ständig sexuell aktive Männchen zu stark bedrängt werden. Manche Verhaltensweisen während des Ablaichens sprechen dafür, daß der braunrote Fleck im Mundwinkel der Männchen im Dienste der innerartlichen Kommunikation steht und während der Laichabgabe als Schlüsselreiz für das Weibchen wirkt.

Weißwasserbiotop am mittleren Ucayali bei Pucallpa (Peru)

Geophagus surinamensis
(BLOCH, 1791)

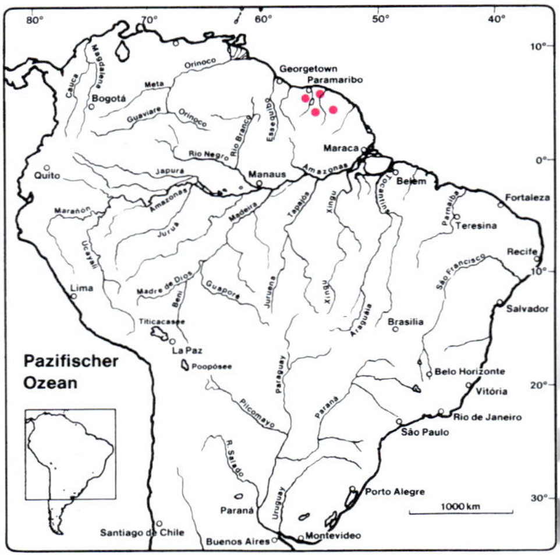

Fundorte von *Geophagus surinamensis*

Diese Art zählt zu den am längsten bekannten Buntbarschen. In ihrer Erstbeschreibung wurde sie der Gattung *Sparus* zugeordnet, die jedoch nicht zur Familie der Cichliden gehört.

In seiner im Jahre 1976 veröffentlichten Revision der Gattung *Geophagus* vertrat GOSSE noch die Auffassung, daß *Geophagus surinamensis* eine polymorphe Art mit einer sehr großen Verbreitung sei. KULLANDER & NIJSSEN (1989) korrigierten jedoch diese Meinung und stellten fest, daß dieser Buntbarsch ein nur sehr begrenztes Areal in den Guyanaländern besiedelt. Als Konsequenz aus dieser Erkenntnis ergab sich, daß sich die bis zum Ende der 80er Jahre in der aquaristischen Literatur veröffentlichten Beiträge über diesen Cichliden wahrscheinlich ausnahmslos auf ganz andere Arten beziehen, denn Importe von lebenden Exemplaren dieses Buntbarsches aus seinem natürlichen Verbreitungsgebiet sind erstmals für die erste Hälfte der 90er Jahre verbürgt.

Geophagus surinamensis zählt zu den weniger auffällig gefärbten Vertretern der Gattung. Das für viele Arten typische Muster von ungefähr fünf alternierenden, schmalen, gelb und grün glänzenden Streifen, die in vertikaler Richtung über die Körperseiten ziehen, ist bei dieser Spezies nur vergleichsweise blaß ausgebildet. Zwischen dem Ansatz der Brust- und der Bauchflossen gibt es eine gelb gefärbte Zone. Auch der Kiemendeckel ist gelblich getönt. Die Bauchflossen und alle unpaaren

Geophagus surinamensis (Wildfang aus Guyana)

Flossen tragen einen zart weinroten Grundton. Die Schwanzflosse zeigt ein Muster recht großer rundlicher weißblauer Flecken. Ähnliche Fleckenmuster gibt es auch in den weichstrahligen Teilen von After- und Rückenflosse.

Die schwarzen Zeichnungen beschränken sich bei dieser Art nur auf einen kleinen Flankenfleck und fünf bis sechs Querstreifen, die unter dem Einfluß bestimmter Erregungszustände auf den Körperseiten zwischen dem Rand des Kiemendeckels und dem hinteren Ende von Rücken- und Afterflosse andeutungsweise erscheinen können. Die Endgröße dieser Art liegt bei gut fünfzehn Zentimetern.

Arttypische Merkmale

In der Gattung *Geophagus* gibt es eine ganze Reihe von Arten, die sich außerordentlich ähnlich sind, weshalb sich die Bestimmung von lebenden Fischen häufig recht schwierig gestaltet. Zu den artspezifischen Merkmalen des Farbkleides, die eine Identifizierung von *Geophagus surinamensis* ermöglichen, gehören das Fehlen jeglicher schwarzer Zeichnungen in der Kopfregion und das sich über die gesamte Schwanzflosse erstreckende Fleckenmuster, das aus großen rundlichen hellen Flecken besteht, die bei auffallendem Licht hellblau schimmern. Hinzu kommen der relativ kleine Flankenfleck, der im allgemeinen zwischen der elften bis dreizehnten Schuppe der Seitenlinie beginnt und sich in vertikaler Richtung über drei Schuppenreihen erstreckt, das Fehlen eines dunklen Fleckes unter dem hinteren Ende der Rückenflosse sowie das im Vergleich zu anderen Arten nur schwach ausgebildete Muster von horizontalen Streifen auf den Körperseiten.

Natürliche Lebensräume

Geophagus surinamensis besiedelt im Gegensatz zu der früher auch in der wissenschaftlichen Literatur vertretenen Ansicht ein sehr begrenztes Verbreitungsgebiet, das sich nur über das östliche Surinam und den äußersten Westen von Französisch Guyana erstreckt. Fundorte sind vor allem aus den Flußsystemen des Saramacca, Suriname, Marowijne bzw. Maroni bekannt (KULLANDER & NIJSSEN, 1989).

Haltung

Bei der Pflege von *Geophagus*-Arten und anderen Erdfressern muß unbedingt darauf geachtet werden, daß der Boden des Aquariums mit einer ausreichend hohen Schicht von feinem Sand bedeckt ist, der den Fischen das Durchkauen des Grundes ermöglicht. Diese Art der Nahrungssuche ist eine angeborene Verhaltensweise dieser Sandboden bewohnenden Cichliden. Ein Bodengrund aus grobem Kies würde deshalb auf gar keinen Fall einer artgemäßen Haltung entsprechen.

Zum Wohlbefinden der Fische tragen ferner einige Versteckplätze zwischen Steinplatten oder Moorkienwurzeln bei. Auch größere Pflanzen sind als Dekorationsmittel geeignet, da dieser Cichlide als pflanzenfreundlich gilt.

Zucht

Das Fortpflanzungsverhalten der *Geophagus*-Arten ist von besonderem Interesse, weil Aquariumbeobachtungen (u. a. STAWIKOWSKI & WERNER, 1988) ergeben haben, daß es in diesem Verwandtschaftskreis ganz unterschiedliche Brutpflegeformen gibt, denn neben larvophilen und ovophilen Maulbrütern gibt es unter den *Geophagus*-Arten sogar Offenbrüter.

Unterschiedliche Muster des Brut- und Fortpflanzungsverhaltens bei nahe verwandten Arten sind zwar im Hinblick auf die Evolution dieser Verhaltensweisen bemerkenswert, bei südamerikanischen Buntbarschen aber gar nichts Besonderes, denn sie treten auch in den Gattungen *Gymnogeophagus*, *Aequidens* und *Heros* auf.

Über das Brutpflegeverhalten von *Geophagus surinamensis* liegen zur Zeit noch keine gesicherten Beobachtungen vor. Das steht scheinbar im Gegensatz zu den zahlreichen Zuchtberichten, die über diese Art in der aquaristischen Literatur publiziert wurden, die sich nach neueren Erkenntnissen jedoch auf andere Arten aus diesem Verwandtschaftskreis beziehen.

Bei Zuchtversuchen sollte beachtet werden, daß die meisten Gewässer in den Guyanaländern sehr weiches und saures Wasser führen.

Die Gattung *Guianacara*
KULLANDER & NIJSSEN, 1989

Guianacara ist eine der erst in jüngster Zeit neu beschriebenen Buntbarschgattungen. Gegenwärtig werden ihr vier Arten zugeordnet, zu denen aber noch mindestens eine weitere hinzukommt, die bisher noch nicht taxonomisch bearbeitet wurde. Das Verbreitungsgebiet dieses Verwandtschaftskreises erstreckt sich, wie der Gattungsname andeutet, in erster Linie über die Gewässer in den drei Guyanaländern. Zusätzliche Fundorte sind jedoch aus den Flußsystemen des Rio Caroni, des Rio Branco und des Rio Trombetas im angrenzenden Venezuela und Brasilien bekannt.

Die *Guianacara*-Arten weisen besonders enge verwandtschaftliche Beziehungen zur Gattung *Acarichthys* auf, besitzen darüber hinaus aber auch eine Reihe gemeinsamer Merkmale mit den Vertretern der Gattungen *Biotodoma, Geophagus* und *Satanoperca.*

Alle *Guianacara*-Arten besitzen denselben seitlich kräftig abgeflachten, sehr hochrückigen Körper, der zwischen dem Ansatz der Bauchflossen und den ersten Strahlen der Rükkenflosse seine maximale Höhe erreicht. Auch der Kopf erscheint insbesondere bei älteren Männchen auffallend hoch und kurz. Das kleine endständige Maul befindet sich relativ weit unten im Kopf. Typische Merkmale im Farbkleid der nicht sehr auffällig gefärbten Fische bilden ein schwarzer Augenstreifen sowie ein häufig artspezifisch geformtes breites Querband in der Körpermitte, das zu einem Seitenfleck reduziert sein kann. Ein gemeinsames Merkmal aller Jungfische bildet

Guianacara geayi ♀

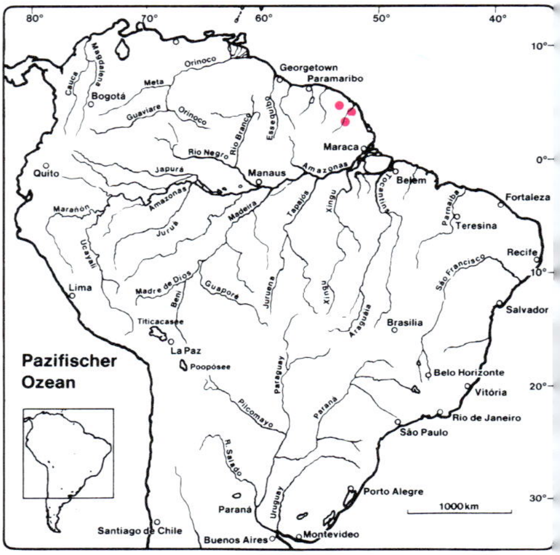

Fundorte von *Guianacara geayi*

die tiefschwarze Färbung der Membranen zwischen den ersten vier Hartstrahlen der Rückenflosse.

Guianacara geayi
(PELLEGRIN, 1902)

Dieser Buntbarsch ist ursprünglich als *Acara geayi* beschrieben, dann aber jahrzehntelang in der Gattung *Aequidens* geführt worden. KULLANDER (1980) hatte ihn schließlich vorübergehend der Gattung *Acarichthys* zugeordnet.

Guianacara geayi ist kein sehr auffällig gefärbter Fisch. Die blaugrauen bis graubraunen Körperseiten tragen ein Muster aus grüngoldenen kleinen Glanzflecken, die in ungefähr neun Längsreihen angeordnet sind. Insbesondere die älteren Männchen weisen auch in der Schwanz-, After- und Rückenflosse derartige Glanzflecken auf, die relativ groß sind und in der Dorsale bis in den hartstrahligen Bereich hineinreichen.

Am auffälligsten sind die kontrastreichen schwarzen Zeichnungen, deren Ausbildung aber stimmungsabhängig ist. Sie bestehen aus einem Augenstreifen, der sich vom Nacken bis zum unteren Rand des Kiemendeckels erstreckt, sowie entweder aus einem breiten Querband in der Körpermitte, das sich bauchwärts verjüngt, oder aber aus einem runden

Flankenfleck, der im oberen Bereich der Körperseiten, aber unter der Seitenlinie liegt. Nur bei den Jungtieren sind die Membranen zwischen den ersten drei Hartstrahlen der Rükkenflosse schwarz gefärbt.

Im Aquarium erreichen Männchen eine Länge von ungefähr zwölf Zentimetern, die Weibchen bleiben jedoch erheblich kleiner. Ein deutlicher Sexualdimorphismus tritt erst im Alter auf. Neben dem Größenunterschied können auch die stärker ausgezogenen Flossen der Männchen sowie ihr deutlicher ausgebildetes Fleckenmuster in den unpaaren Flossen als Hinweise auf das Geschlecht der Fische dienen.

Arttypische Merkmale

Artspezifische Merkmale im Farbkleid von *Guianacara geayi,* die eine Unterscheidung von den anderen Vertretern dieser Gattung ermöglichen, bilden das breite, gleichmäßig gefärbte, bauchwärts schmaler werdende Querband und die im Vergleich zu den anderen Arten recht großen Glanzflecken, die sich im Unterschied zu anderen Arten auch im hartstrahligen Teil der Rückenflosse finden. Wichtig ist ferner, daß bei erwachsenen Fischen die Membranen zwischen den ersten Strahlen der Rückenflosse nicht schwarz gefärbt sind und daß der Seitenfleck unter der Seitenlinie liegt (KULLANDER & NIJSSEN, 1989).

Ähnliche Arten

Bestimmungsmerkmale bilden bei *Guianacara owroewefi* die bei adulten Fischen schwarz gefärbten ersten Flossenhäute der Dorsale, bei *G. sphenozona* das Querband, das oft zu einem Fleck in der Rückenregion zurückgebildet ist, und bei *G. oelemariensis* die nicht verlängerten Flossenhäute im vorderen Teil der Dorsale sowie der Seitenfleck in der Körpermitte, der das Querband ersetzt. Ein artspezifisches Merkmal von *G.* sp. aus Venezuela ist die Gelbfärbung des Kiemendeckels.

Natürliche Lebensräume

Die Typusexemplare dieser Art stammen aus dem Einzugsbereich des Camopi in Französisch Guyana. Nach dem gegenwärtigen

Guianacara geayi ♂

Kenntnisstand ist die Verbreitung von *Guianacara geayi* auf dieses Land beschränkt, denn weitere gesicherte Fundorte sind nur aus den Flußsystemen des Oyapock und des Approuague bekannt (Kullander & Nijssen, 1989).

Haltung

Für die artgemäße Pflege dieses Cichliden reicht ein Aquarium mit einer Seitenlänge von gut einem Meter. Es wird mit Sand und Versteckplätzen aus Moorkienwurzeln und Steinaufbauten eingerichtet. In bezug auf die Ernährung und Wasserwerte ist dieser Buntbarsch wenig anspruchsvoll.

Zucht

Auch in mittelhartem Wasser und bei pH-Werten im leicht alkalischen Bereich vermehren sich die Fische problemlos. Zu beachten ist allerdings, daß sie zu den Höhlenbrütern gehören und den Laich vorzugsweise an einer senkrechten Höhlenwand ablegen. Während der Brutpflege bilden sie eine Vater-Mutter-Familie, in der die Eltern unterschiedliche Rollen übernehmen; das Weibchen versorgt überwiegend die Brut, während das Männchen Freßfeinde vom Revier fernhält.

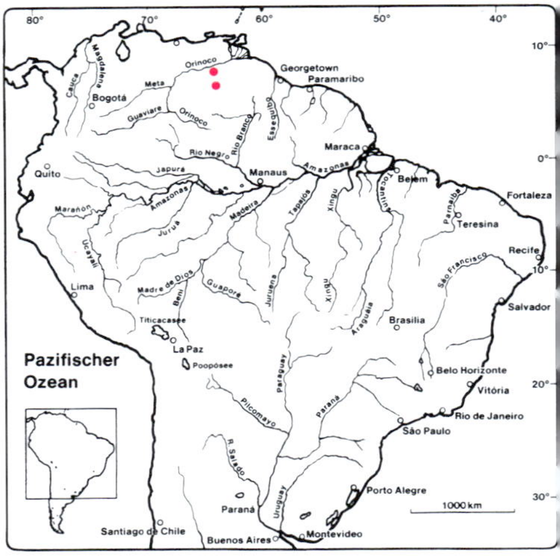

Fundorte von *Guianacara* sp.

➧ *Guianacara* sp.

(Rio Caroni)

Bei diesem Vertreter der Gattung *Guianacara* aus Venezuela handelt es sich um eine noch unbeschriebene Art. Die Fische besitzen eine lehmgelbe bis graugelbe Grundfärbung. Der hintere Bereich des Kiemendeckels zeigt oran

Guianacara sp. (Rio Caroni) aus dem Rio Cucurital

gegelbe Töne. Bei auffallendem Licht treten auf den Körperseiten acht oder neun Längsreihen kleiner goldener Glanzflecken auf. Die Bauchflossen sowie die After- und der hintere Teil der Rückenflosse tragen eine zart orangegelbe Tönung.

Die schwarzen Zeichnungen bestehen bei erwachsenen Fischen nur aus einem runden Seitenfleck, der unterhalb der Seitenlinie liegt, sowie aus einem Augenstreifen, der sich vom Nacken zum unteren Winkel des Kiemendekkels erstreckt. Beide Augenstreifen sind auf der Unterseite des Kopfes durch die rußig schwarz gefärbte Brachiostegalmembran miteinander verbunden. Im Unterschied zu den adulten Fischen besitzen Jungtiere bis zu einer Länge von ungefähr drei Zentimetern statt des Seitenflecks ein breites Querband. Ferner sind bei ihnen die Häute zwischen den ersten drei Hartstrahlen der Rückenflosse tiefschwarz gefärbt.

Im Aquarium können männliche Fische eine Länge von knapp zwölf Zentimetern erreichen, während die Weibchen deutlich kleiner bleiben. Zusätzliche äußere Geschlechtsunterschiede sind kaum vorhanden. Ausgewachsene Männchen besitzen jedoch eine kräftigere Beflossung.

Natürliche Lebensräume

Fundorte dieses Buntbarsches sind gegenwärtig nur für das Einzugsgebiet des Rio Caroni in Venezuela belegt. Wir fingen ihn im Rio Cucurital, einem Nebenfluß des mittleren Caroni. Am Fundort herrschte im April, das heißt zur Zeit des Niedrigwassers, eine sehr starke Strömung, und in dem steinigen und felsigen Flußbett gab es zahlreiche Stromschnellen. Das klare Wasser war sehr weich und sauer. In strömungsarmen Bereichen fanden sich am Flußufer im Schutz von Steinen und Geröll zahlreiche Jungfische dieser Art, die eine Größe von ungefähr einem Zentimeter besaßen. Weitere Fische, die an diesem Fundort vorkamen, waren mehrere unbestimmte Salmler und eine *Crenicichla*-Art.

Haltung

Diese *Guianacara*-Art zählt zu den robusten, anpassungsfähigen Pfleglingen im Aquarium. Für ein harmonierendes Pärchen bietet ein Behälter mit einer Seitenlänge von ungefähr einem Meter ausreichend Raum. Seine Einrichtung erfolgt mit Sand sowie größeren Steinen und Steinplatten in der Weise, daß mehrere Höhlen entstehen. Als zusätzliches Dekorationsmaterial kommen Wurzeln und einzelne große Pflanzen in Betracht. Die Fische stellen weder an den Chemismus des Wassers noch an das Futter besondere Ansprüche.

Zucht

Bei Zuchtversuchen sollten unbedingt die Wasserwerte der natürlichen Lebensräume beachtet werden, da sonst die Gefahr besteht, daß sich die Eier und Larven nicht normal entwickeln. Dieser Buntbarsch laicht gern an sehr versteckten Stellen ab. Vorzugsweise werden Höhlen als Laichplatz benutzt. Im Unterschied zu den spezialisierten Höhlenbrütern wird das Gelege aber nicht an der Decke, sondern an den Wänden des Verstecks deponiert.

Die Brutpflege erfolgt in einer Vater-Mutter-Familie, in der die beiden Geschlechter unterschiedliche Funktionen übernehmen. Die Betreuung der Eier und Larven in der Bruthöhle ist überwiegend Aufgabe des Weibchens. Das Männchen hält währenddessen Freßfeinde aus dem Brutrevier fern. Sobald die Jungtiere jedoch ihre Larvenentwicklung abgeschlossen haben und beginnen, einen Schwarm zu bilden, werden sie von beiden Eltern gemeinsam versorgt und verteidigt. Ihre Aufzucht gelingt mit den Larven des Salinenkrebses problemlos.

Tabelle 23:

Ort:	Rio-Cucuri-Tal (Einzug des Rio Caroni) in Venezuela (Estado Bolivar)
Sichtweite:	> 1 m
Farbe:	farblos
pH-Wert:	6,0
Gesamthärte:	< 1 °dH
Karbonathärte:	< 1 °dH
Leitfähigkeit:	< 10 µS/cm
Wassertiefe:	> 2 m
Wasserbewegung:	starke Strömung
Wassertemperatur:	29 °C
Lufttemperatur:	32 °C
Datum:	6. 4. 1992, 13.00 Uhr

Die Gattung Gymnogeophagus
RIBEIRO 1918

Die Verbreitung der *Gymnogeophagus*-Arten ist auf den östlichen Teil des zentralen Südamerika beschränkt, das heißt, sie sind nicht im Amazonasgebiet vertreten, sondern kommen nur in den Ländern Paraguay, Uruguay, Argentinien sowie im südlichen Brasilien vor. Fundorte dieser Buntbarsche sind vor allem aus den Einzugsgebieten des Rio Paraguay, des Rio Paraná und des Rio Uruguay sowie aus einigen kleineren Flüssen an der Atlantikküste bekannt.

Die letzte Überarbeitung dieses Verwandtschaftskreises wurde im Jahre 1988 durch die beiden Ichthyologen REIS & MALABARBA vorgenommen. Einschließlich der drei erst in jüngster Zeit neu beschriebenen Taxa werden der Gattung *Gymnogeophagus* gegenwärtig acht Arten zugeordnet. Diese Buntbarsche, die zur Gattungsgruppe der *Geophaginen* gehören, weisen nähere verwandtschaftliche Beziehungen zur Gattung *Geophagus* auf. Ihre Sonderstellung im System der Cichliden beruht vor allem auf anatomischen Merkmalen ihres Rückenflossenskeletts, denn die *Gymnogeophagus*-Arten unterscheiden sich von anderen Gattungen durch das Fehlen von Supraneuralknochen (besonderen Knochen im Skelett der Rückenflosse). Dafür gibt es als gattungsspezifisches Merkmal vor dem Anfang der Dorsale einen feststehenden, nach vorn gerichteten kleinen Dorn, der sich bei keinen anderen Cichliden findet.

Besonders bemerkenswert ist die Vielfalt der Fortpflanzungs- und Brutpflegeformen in dieser Gattung, denn es gibt in diesem Verwandtschaftskreis sowohl Offenbrüter, die den Laich auf einem Substrat erbrüten, als auch Maulbrüter. Ferner findet die Brutpflege teils in einer Elternfamilie, teils aber auch in einer Mutterfamilie statt.

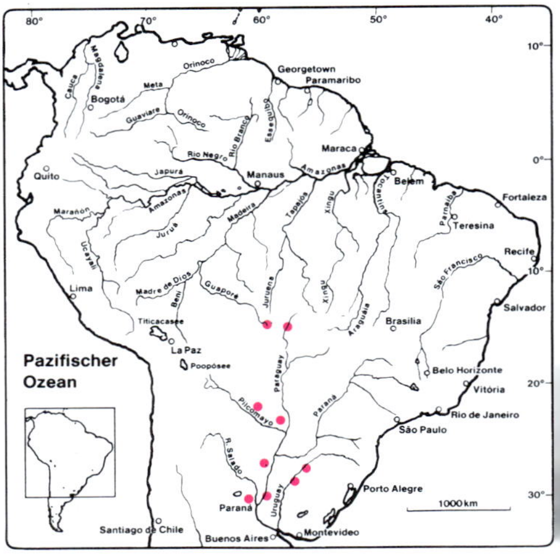

Fundorte von *Gymnogeophagus balzanii*

Gymnogeophagus balzanii
(PERUGIA, 1891)

Synonyme für diese Spezies sind *Geophagus duodecimspinosus* BOULENGER, 1895, und *Gymnogeophagus cyanopterus* RIBEIRO, 1918.

Die maximale Länge der Fische dürfte bei gut 15 cm liegen. Weibliche Exemplare bleiben jedoch beträchtlich kleiner. Wichtige Merkmale im Farbkleid dieser Art bilden ein schwarzer Augenstreifen, ein dunkler Seitenfleck, der unterhalb der oberen Seitenlinie ungefähr in der Körpermitte, liegt, sowie neun bis zehn dunkle Querstreifen, die als Doppelbänder erscheinen, häufig aber nur schwach angedeutet sind. Die Geschlechter sind leicht zu unterscheiden, da es einen krassen Sexualdimorphismus gibt. Alte Männchen bekommen einen unförmigen, ballonartig vergrößerten Kopf und eine lang ausgezogene After- und Rückenflosse. Darüber hinaus tragen sie weit mehr und größere grüne Glanzflecken auf dem Kiemendeckel und im vorderen Bereich der Flanken. Weibliche Tiere zeigen dafür in der unteren Kopf-, Kehl- und Brustregion kräftige orangegelbe Farbtöne. Zu den

arttypischen Merkmalen

zählen die in Form von Doppelstreifen angelegten Querbänder auf den Flanken, die ınverwechselbare Kopfform der Männchen ınd der Besitz der vergleichsweise hohen Zahl on 12–15 Weichstrahlen in der Rückenflosse.)er

ıatürliche Lebensraum

ːieses Cichliden erstreckt sich über das nordıstliche Argentinien, Teile von Uruguay und 'araguay sowie über das südöstliche Brasilien. 'undorte sind für die Einzugsgebiete von Rio 'araguay, Parana, Rio Uruguay und das Quellebiet des Guaporé belegt. *Gymnogeophagus ·alzanii* bewohnt folglich auch Gewässer im ubtropischen Teil Südamerikas, wo die Waserteperaturen im Winter unter 10 °Celsius bsinken.

Haltung

)ie Pflege ist unproblematisch, da dieser ːichlide recht anpassungsfähig ist und keine esonderen Ansprüche an die chemische ːusammensetzung des Wassers stellt. Auf)auer läßt er sich erfolgreich nur in einem ıquarium pflegen, dessen Seitenlänge deutlich ber einem Meter liegt. Für seine Einrichtung werden Sand oder feinster Kies sowie größere Steine und Moorkienwurzeln benötigt, mit denen einige Versteckplätze geschaffen werden. Als zusätzliches Dekorationsmittel können einige größere und robuste Einzelpflanzen, z.B. *Echinodorus*, verwendet werden. Die Fische sind relativ friedlich und lassen sich deshalb gut mit anderen Geophaginen oder *Aequidens*-Arten zusammen pflegen. Auf eine ausreichende und gehaltvolle Ernährung in Form von zerschnittenem Fisch oder Garnelenfleisch sollte geachtet werden. Sie ist die Voraussetzung für die

Zucht,

die nicht besonders schwer ist und auch in mittelhartem bis hartem Wasser gelingt, dessen pH-Wert im alkalischen Bereich liegt. *G. balzanii* ist ein larvophiler Maulbrüter, der seine Nachkommen in einer Mutterfamilie aufzieht. Das Gelege verbleibt auf dem Laichsubstrat, bis die Larven zu schlüpfen beginnen. Erst dann werden sie vom Weibchen in das Maul genommen und dort gepflegt. Das Männchen beteiligt sich nicht an der Aufzucht und Brut.

'ymnogeophagus balzanii ♀

Die Gattung Herichthys
BAIRD & GIRARD, 1854

Herichthys galt jahrzehntelang als Synonym von *Cichlasoma*, ist jedoch seit der Auflösung jener Sammelgattung wieder verfügbar, um eine Gattung mittelamerikanischer Cichliden zu kennzeichnen (KULLANDER, 1983; ARTIGAS-AZAS, 1993). Zur Zeit werden ihr rund ein halbes Dutzend Arten zugerechnet. Da dieser Verwandtschaftskreis jedoch gegenüber anderen Gattungen gegenwärtig nur unzulänglich abgegrenzt ist, bedarf er dringend einer Überarbeitung.

Fundorte von *Herichthys carpintis*

Herichthys carpintis
(JORDAN & SNYDER, 1899)

Der Perlcichlide wurde ursprünglich als *Neetroplus carpintis* beschrieben. In der aquaristischen Literatur ist er bis in jüngste Zeit unter dem Namen *Cichlasoma cyanoguttatum* geführt worden. Er kann eine maximale Länge von über dreißig Zentimeter erreichen.

Der gesamte Körper der Fische trägt auf schwärzlichem bis graugrünem Untergrund eine Vielzahl dicht nebeneinander liegend blaugrüner Glanzflecken, die zum Teil auc auf die Flossen übergreifen. Jüngere Exen plare besitzen im allgemeinen in der hintere Körperhälfte fünf oder sechs schwarze Fle ken, die in einer Längsreihe angeordne manchmal aber auch zu einem Muster vo Querstreifen erweitert sind. Bei älteren Tiere verblassen diese Zeichnungen zunehmen Der Perlcichlide besitzt eine ausgeprägte Bru

Herichthys carpintis

›flegefärbung. Das vordere Drittel des Kör›ers nimmt dann mit Ausnahme des Unterkie‹ers, der Kehle und der Brust einen besonders ıellen Farbton an, der in wirkungsvollem Contrast zu der sehr dunklen Färbung des ıbrigen Körpers steht. Diese helle Zone hat in :twa die Form eines rechtwinkligen Dreiecks, lessen Grundlinie sich von der Oberlippe ıber die Stirn zum Nacken erstreckt.

Ältere Fische zeigen einen deutlichen ›exualdimorphismus. Die Männchen werden ıicht nur erheblich größer, sondern tragen .uch einen unförmigen Stirnbuckel.

Arttypische Merkmale

'on *Herichthys carpintis* sind das dichte Muster relativ großflächiger Glanzflecken owie der enorme Stirnbuckel, den größere Männchen besitzen. Zu den

ähnlichen Arten.

lie Anlaß zu Verwechslungen geben können, ,ehört insbesondere *Herichthys cyanoguttatus* BAIRD & GIRARD, 1854. Jene Art unterscheidet ich vor allem durch die viel kleineren Glanzlecken. Ferner fehlt den Männchen der deutich ausgebildete Stirnbuckel. Die

natürlichen Lebensräume

on *Herichthys carpintis* liegen im Grenzgebiet ler mexikanischen Bundesstaaten Tamaulipas, /era Cruz und San Luis Potosi. Als unumstritene Fundorte sind die Laguna de Carpinteros nd das Einzugsgebiet des Rio Panuco ekannt. Die Typusexemplare stammen aus .er Umgebung der Stadt Tampico. Wir konnen diesen Buntbarsch im Frühjahr 1983 in roßer Zahl in den Nachbargewässern der .aguna Media Luna unweit der Stadt Rio 'erde beobachten. Nach TAYLOR & MILLER 1983) gehört das obere Einzugsgebiet des Rio 'erde aber nicht zu den natürlichen Verbrei.ungsgebieten, da die Fische dort eingeführt vurden. Langfristig ist die erfolgreiche

Haltung

.es Perlcichliden nur in geräumigen Aquarien, ie in etwa eineinhalb Meter lang sind, emp-

Biotop von *Herichthys cyanoguttatus* im Norden Mexikos (Rio Pablillo, Nuovo León)

fehlenswert, denn einerseits erreicht er eine beträchtliche Größe und andererseits können unverpaarte Fische untereinander sehr unverträglich sein.

Dem Wasserchemismus braucht keine besondere Aufmerksamkeit geschenkt zu werden, da die Art robust und anpassungsfähig ist. Bei der Einrichtung des Aquariums ist zu beachten, daß große Steine, die Höhlen bilden und die Abgrenzung von Revieren erleichtern, das Wohlbefinden der Fische steigern. Zarte Pflanzen werden von ihm zerstört. Infolge seiner Größe benötigt dieser Cichlide eine kräftige Ernährung, die mit Fischstückchen und Krebsfleisch (Shrimps) zu gewährleisten ist. Da diese Fische bereits mit einer Länge von gut 10 cm geschlechtsreif werden, sind bereits halbwüchsige Tiere zur

Zucht

geeignet. Sie laichen nach Art typischer Offenbrüter auf Steinen ab. Beide Elternfische pflegen und betreuen den Laich und die Jungfische. Als erstes Aufzuchtfutter für die Fischbrut haben sich die *Nauplius*-Larven des Salinenkrebses und zerkleinertes Flockenfutter bewährt.

Herichthys cyanoguttatus
BAIRD & GIRARD, 1854

Der Texascichlide wurde ursprünglich als *Herichthys cyanoguttatus* beschrieben. Die Tatsache, daß diese Fische im Unterschied zur Gattung *Cichlasoma,* die ausschließlich konische Zähne besitzt, auch abgeflachte, abgestumpfte Zähne aufweisen, wurde als ein ausreichend wichtiges Merkmal angesehen, um sie einer neuen, besonderen Gattung zuzuordnen. Diese Ansicht war aber von Anfang an umstritten und wurde keineswegs von allen Ichthyologen geteilt. Später erkannte man, daß die Form der Zähne stark von der Ernährungsweise und den Bedingungen abhängt, unter denen die Fische leben. Die besondere Zahnform dieser Cichliden ist nicht genetisch festgelegt, sondern beruht weitgehend auf einem Abnutzungsprozeß. Zeitweilig wurde *Herichthys* deshalb nur als Sektion von *Cichlasoma* behandelt.

Eine Reihe von Autoren sehen *Neetroplus carpintis* JORDAN & SNYDER, 1899, *Heros teporatus* FOWLER, 1903, und *Heros pavonaceus* GARMAN, 1881, als Synonyme von *Herichthys cyanoguttatus* an (vgl. TAYLOR & MILLER, 1983). Aufgrund unserer Beobachtungen in Mexiko teilen wir diese Ansicht nicht, son-

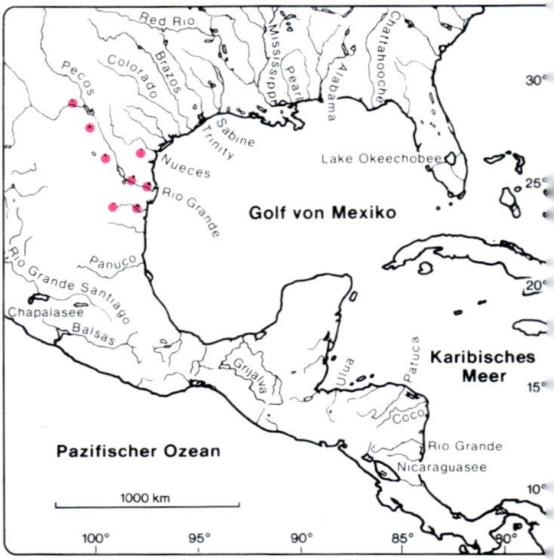

Fundorte von *Herichthys cyanoguttatus*

dern schließen uns ALVAREZ (1970) und LO- SELLE (1982) an, die mehrere verschieden Arten oder zumindest Unterarten in diesen Formenkreis unterscheiden. *H. cyanoguttatu* kann eine Länge von gut 25 cm erreichen.

Der Körper der Fische ist graugrün bis dun kel beigefarben getönt. Sowohl auf de Schwanzwurzel als auch in der Mitte der Flan ken liegt jeweils ein schwarzer Fleck. Meis treten in der hinteren Körperhälfte vier bi fünf breite dunkle Querstreifen auf. Der erst

Herichthys cyanoguttatus

von ihnen verdeckt gelegentlich den Flankenfleck. Der Körper und die Flossen sind mit grünsilbernen bis hellgrünen Glanzpunkten übersät. In der Kopfregion zeigen die Glanzflecken eine kräftig blaugrüne Farbe. Während der Brutpflege verfärbt sich der vordere Körper auffallend hell. In scharfem Kontrast dazu nehmen der hintere Körper sowie die Unterseite von Brust und Kehle eine beinahe schwarze Färbung an. Da jüngere Fische keinen Sexualdimorphismus zeigen, ist die Unterscheidung der Geschlechter schwierig. Ältere Männchen besitzen eine stärker entwickelte Beflossung. Das wichtigste

arttypische Merkmal,

an dem man diesen Buntbarsch erkennen kann, bildet die Färbung: Bei *Herichthys cyanoguttatus* sind Körper und Flossen im Unterschied zu nahe verwandten Arten nur mit sehr kleinen Glanzflecken übersät. Zu den

ähnlichen Arten,

die Anlaß für Verwechslungen geben können, zählt *Herichthys carpintis* (JORDAN & SNYDER, 1899), denn er wurde in Europa jahrzehntelang irrtümlich als *Herichthys cyanoguttatus* geführt. Diese Spezies besitzt relativ großflächige blaugrüne Glanzflecken. Ferner entwickelt sich bei älteren Männchen dieser Art ein auffallender Stirnbuckel, der beim Texascichliden nicht auftritt. *Herichthys cyanoguttatus* ist am weitesten nach Norden verbreitet. Seine

natürlichen Lebensräume

befinden sich in den mexikanischen Bundesstaaten Coahuila, Tamaulipas und Nuovo León sowie im südlichsten Teil von Texas, weshalb er auch Texascichlide genannt wird. Die Fundorte liegen im unteren Rio Nueces, im unteren Einzugsgebiet des Rio Grande (Pecos River, Devil's River) und im Rio Conchos. Die Typusexemplare wurden in Brownsville (Texas) gefangen. Wir haben die abgebildeten Fische im Rio Pablillo (Nuovo León) beobachtet, der zum oberen Einzugsgebiet des Rio Conchos gehört. Dieses Gewässer ist ein relativ klares, strömungsreiches Gebirgsflüßchen, das aus der Sierra Madre Occidental kommt. Die Fische hielten sich bevorzugt in einem von zahlreichen Bächen und Rinnsalen durchzogenen Bruchgebiet auf, das reich an Wasserpflanzen *(Hydrocotyle verticillata, Ludwigia* sp., *Lobelia cardinalis)* war und den Cichliden viele Versteckmöglichkeiten bot. Das Wasser war relativ hart und wies eine deutlich alkalische Reaktion auf. In seinen natürlichen Lebensräumen zeigt sich dieser Buntbarsch als ein Allesfresser, der viel pflanzliche Nahrung aufnimmt. Da er sehr robust und widerstandsfähig ist, kann seine

Haltung

als einfach eingestuft werden. Kurzfristig verträgt er sogar Temperaturen um 15 °Celsius, langfristig sollte man die Wassertemperatur jedoch auf Werte zwischen 22 °Celsius und 25 °Celsius einstellen. Da unverpaarte Tiere untereinander sehr aggressiv werden können, werden große Aquarien benötigt, die mit feinem Kies, größeren Steinen und Moorkienholz eingerichtet werden. Da die Fische Pflanzen fressen, sollte auf eine Bepflanzung verzichtet werden. Während der Brutpflege legen sie häufig große Gruben an. Die

Zucht

ist nicht schwierig. Die Fische laichen nach Art von Offenbrütern und bilden während der Brutpflege eine Vater-Mutter-Familie mit einer deutlichen Arbeitsteilung. Das Männchen übernimmt hauptsächlich die Revierverteidigung, während sich das Weibchen intensiver um die Brut kümmert.

Tabelle 24:

Ort:	Rio Pablillo (Nuovo León, Mexiko), etwa 15 km westlich der Stadt Linares
Sichtweite:	knapp 2 m
Farbe:	ohne
pH-Wert:	8,95
Gesamthärte:	17,0 °dH
Karbonathärte:	11,5 °dH
Leitfähigkeit:	6400 µS bei 24,5 °C
Wassertiefe:	< 1,50 m
Wasserbewegung:	z.T. starke Strömung
Wassertemperatur:	24,5 °C
Lufttemperatur:	24,0 °C
Datum:	27. 3. 1983, 11.00 Uhr

Herichthys tamasopoensis

ARTIGAS-AZAS, 1993

Obwohl dieser Buntbarsch eine große Ähnlichkeit zu *Herichthys cyanoguttatus* BAIRD & GIRARD, 1854, besitzt, wird in der Erstbeschreibung zwischen beiden Arten keine Abgrenzung vorgenommen. Ein farblicher Unterschied scheint jedoch darin zu bestehen, daß die auf den Körperseiten befindlichen Glanzflecken bei *Herichthys cyanoguttatus* kleiner und zahlreicher sind.

Während der Brutpflege wird die Grundfärbung der Fische deutlich heller. Gleichzeitig werden die dunklen Körperzeichnungen tiefschwarz. Zusätzlich bildet sich auf der Körperunterseite eine schwarze Farbzone, die sich von der Unterlippe bis zum Beginn der Afterflosse erstreckt und sich unmittelbar hinter dem Kiemendeckel bis zum Ansatz der Brustflossen ausdehnt. Die Art wird knapp zwanzig Zentimeter lang.

Herichthys tamasopoensis scheint nur im Einzugsbereich des Rio Gallinas, einem Nebenfluß des Rio Panuco, verbreitet zu sein.

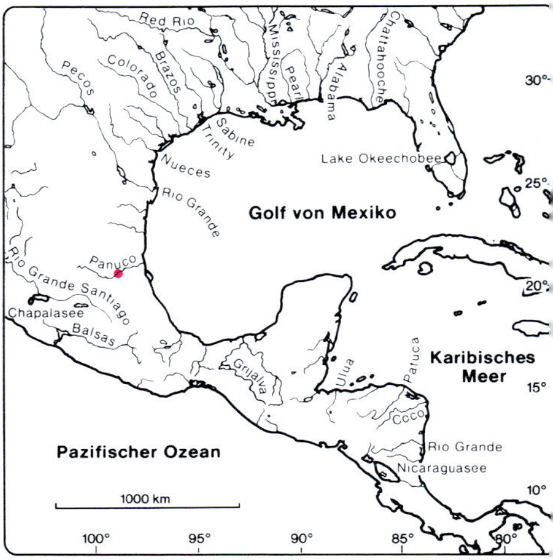

Fundorte von *Herichthys tamasopoensis*

Wir ermittelten an den Wasserfällen von Tamasopo, einem natürlichen Fundort dieser Art, im März 1983 die folgenden Werte: pH 8,35, GH 8 °dH, KH 10 °dH, Lufttemperatur 30 °Celsius, Wassertemperatur 24 °Celsius, 3850 µS/cm Leitfähigkeit.

Brutpflegendes Paar von *Herichthys tamasopoensis* im natürlichen Lebensraum (vgl. auch Vorsatzfoto)

Die Gattung Heros
HECKEL, 1840

Diese Cichlidengattung war zeitweilig sehr umfangreich, denn sie enthielt die Mehrzahl der amerikanischen Buntbarsche, die später aus Prioritätsgründen der Sammelgattung *Cichlasoma* zugeordnet wurden. Als Folge der Überarbeitung und drastischen Verkleinerung von *Cichlasoma* durch KULLANDER (1983) hat *Heros* als Name für eine südamerikanische Cichlidengattung erneut Gültigkeit erlangt. Nachdem *Heros* jahrzehntelang als monotypisch galt, haben neuere Erkenntnisse jedoch ergeben, daß es mindestens zwei Arten gibt (KULLANDER, 1986; 1994), die in näherer verwandtschaftlicher Beziehung zur Gattung *Symphysodon* stehen. Einen ähnlich hohen, seitlich abgeflachten Körper sowie vergleichbare Besonderheiten in der Anatomie des Hinterkörpers und im Bau der Schwimmblase weisen aber auch die Vertreter der Gattungen *Pterophyllum* und *Mesonauta* auf.

Die Gattung *Heros* ist im tropischen Südamerika weit verbreitet. Ihr Vorkommen erstreckt sich im Norden über das Einzugsgebiet des Orinoko sowie Teile von Guyana und reicht über das Amazonasstromsystem nach Süden bis in den oberen Rio Guaporé.

In vielen amerikanischen Cichlidenbiotopen finden die Fische Schutz zwischen Wasserhyazinthen.

Heros appendiculatus

(CASTELNAU, 1855)

Da dieser Buntbarsch über 25 Zentimeter lang werden kann, zählt er in seiner Heimat zu den beliebtesten Speisefischen, die regelmäßig auf Fischmärkten angeboten werden. Indianer fangen ihn häufig, indem sie den schlafenden Fisch mit Hilfe einer Taschenlampe ausfindig machen und dann speeren.

Das Farbkleid ist in Abhängigkeit vom Fundort sehr variabel. Zu seinen wichtigsten Merkmalen zählen je ein rundlicher schwarzer Fleck am Grund des weichen Teiles der After- und Rückenflosse. Häufig sind beide durch einen tiefschwarzen Querstreifen miteinander verbunden. Stimmungsbedingt können noch sechs bis sieben weitere Querstreifen auf den Körperseiten auftreten, die jedoch oft nur angedeutet sind. Erwachsene Fische tragen das Streifenmuster nur in der unteren Hälfte der Flanken. Typisch ist für sie ferner, daß ihre Bauch- und Afterflossen kräftig orangegelb gefärbt sind. Einer *Heros*-Art, die im unteren Rio Negro (Brasilien) verbreitet ist, fehlt dieses Merkmal. Sie zeigt dagegen auf dem Kopf und den Körperseiten ein sehr auffälliges Muster rotbrauner Flecken und wurmförmiger Linien. Die Grundfärbung kann alle Zwischentöne zwischen Grün und Braungelb zeigen. Eine im Aquarium herausgezüchtete teilalbinotische Form zeigt ein kräftiges

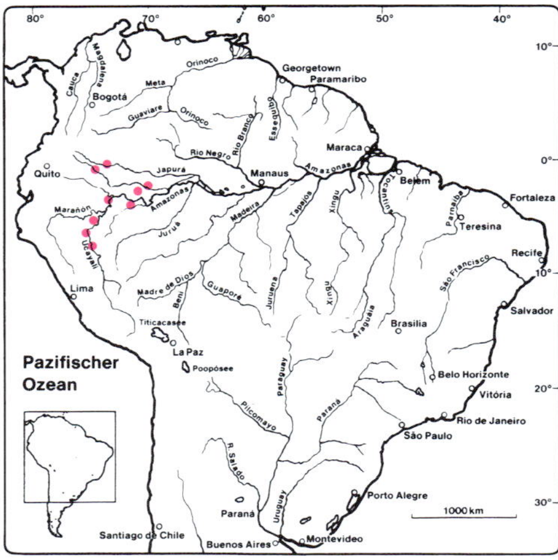

Fundorte von *Heros appendiculatus*

Heros appendiculatus aus dem Rio Ucayali

Orangegelb, auf dem rote Punkt- und Strichzeichnungen liegen. *H. severus* ist isomorph, so daß es keine verläßlichen äußeren Geschlechtsunterschiede gibt, die zur Bestimmung männlicher und weiblicher Fische verwendet werden könnten.

Arttypische Merkmale

Besonderheiten im Farbkleid dieses Buntbarsches, die seine Identifizierung ermöglichen, bilden die orangegelbe Färbung der Bauchflossen und der Afterflosse sowie die Verkürzung des zweiten bis fünften Querstreifens, denn diese Zeichnungen sind bei adulten Fischen nur in der unteren Körperhälfte ausgebildet und häufig sogar zu länglichen Flekken reduziert.

Ähnliche Arten

Die Fragen, wieviele *Heros*-Arten es gibt und wie sie sich unterscheiden, sind zur Zeit nur unvollkommen geklärt. *Heros severus* besitzt auch in der oberen Körperhälfte Querstreifen. Ferner reicht der sechste Streifen weniger weit in die Rückenflosse hinein. Einzelne Vertreter der Gattung unterscheiden sich dadurch, daß sie im Alter überhaupt keine Streifen tragen.

Natürliche Lebensräume

Die Verbreitung von *Heros appendiculatus* erstreckt sich auf das Einzugsgebiet des oberen Amazonas. Fundorte sind unter anderem aus dem Rio Ucayali sowie den Unterläufen der Flüsse Nanay, Napo, Ampiyacu, Yavarí, Putumayo und Iça bekannt. Wir konnten diesen Cichliden im Einzugsgebiet des Ucayali fangen, wo ein pH-Wert im leicht alkalischen Bereich gemessen wurde. Die Fische scheinen sich bevorzugt im Schutz von Schwimmpflanzen oder von Astwerk aufzuhalten, das ins Wasser gefallen ist.

In Anbetracht der Größe, die dieser Buntbarsch erreichen kann, ist die

Haltung

auf Dauer nur in sehr geräumigen Aquarien möglich, die eine Seitenlänge zwischen einem

Heros sp. aus dem unteren Rio Negro (Brasilien)

und eineinhalb Metern besitzen. Für das Wohlbefinden der Fische sind Versteckplätze wichtig. Eine Bepflanzung ist nur mit Einschränkung zu empfehlen, da die Tiere zarte Gewächse beschädigen. Halbwüchsige, unverpaarte Exemplare sind Artgenossen gegenüber häufig recht unverträglich, wenn das Raumangebot zu knapp bemessen ist. Eine Vergesellschaftung mit anderen Arten ist aber gut möglich. Die Fische sind robust und anpassungsfähig, benötigen aber eine gehaltvolle Nahrung. Selbst bei der

Zucht

muß den chemischen Wasserwerten keine besondere Aufmerksamkeit gewidmet werden. Das gilt besonders für Exemplare aus dem Ucayali. *Heros appendiculatus* ist ein typischer Offenbrüter, der seine Nachkommen in einer Elternfamilie aufzieht.

Tabelle 25:

Ort:	Rio Shahuaya, Einzugsgebiet des oberen Ucayali (Peru)
Sichtweite:	2 m
Farbe:	grünlich
pH-Wert:	7,5
Gesamthärte:	10 °dH
Karbonathärte:	11 °dH
Leitfähigkeit:	315 µS bei 27 °C
Wassertiefe:	bis 1,50 m
Wasserbewegung:	leichte Strömung
Wassertemperatur:	27 °C
Lufttemperatur:	28 °C
Datum:	14. 7. 1981
Uhrzeit:	11.00 Uhr

Heros severus

HECKEL, 1840

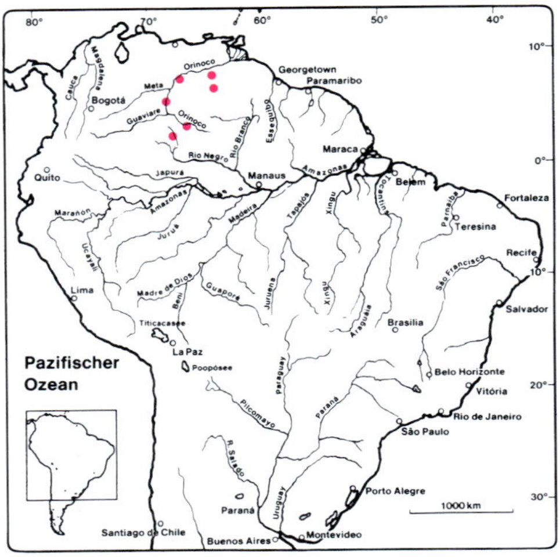

Fundorte von *Heros severus*

Dieser Buntbarsch besitzt den für alle *Heros*-Arten typischen hohen, seitlich abgeflachten scheibenförmigen Körper, der jedoch im Vergleich zu *Heros appendiculatus* etwas schlanker und langgestreckter ist (KULLANDER, 1986). Jungfische besitzen eine grünliche, erwachsene Fische eine eher gelbe Grundfärbung. Auf den Körperseiten liegen insgesamt acht Querstreifen, deren Ausbildung jedoch stimmungsabhängig ist. Der erste zieht schräg vom Nacken zum Rand des Kiemendeckels und der achte befindet sich auf dem Grund der Schwanzflosse. Häufig tritt aber nur der siebte Streifen deutlich in Erscheinung, der die letzten Strahlen von Rücken- und Afterflosse verbindet, jedoch kaum auf die Rückenflosse übergreift. Besonders auffällig ist die bei dominanten Fischen signalrot gefärbte Iris. Da die meisten Schuppen in der unteren Körperhälfte einen roten Fleck tragen, entsteht dort bei adulten Exemplaren ein Muster von roten Punkten, die in etwa acht Längsreihen angeordnet sind.

Dieser Buntbarsch kann eine Gesamtlänge von über 25 Zentimetern erreichen. Da ein deutlicher Sexualdimorphismus fehlt, läßt sich das Geschlecht der Fische anhand von äußeren Merkmalen nur schwer bestimmen. Ausgewachsene Exemplare zeigen jedoch geschlechtsspezifische Unterschiede in ihrem Farbkleid. Während bei den Weibchen die untere Kopfhälfte ungemustert ist, tragen männliche Exemplare dort ein Muster zahlreicher kleiner rotbrauner Flecken.

Heros severus aus dem Einzug des Rio Caura

Arttypische Merkmale

Zu den spezifischen Merkmalen im Farbkleid dieses Buntbarsches, die eine Identifizierung und Abgrenzung von anderen *Heros*-Arten ermöglichen, gehört in erster Linie das Muster roter Tüpfel auf den Flanken. Es bildet sich jedoch erst heraus, wenn die Fische bereits eine Größe von ungefähr sieben Zentimetern erreicht haben.

Natürliche Lebensräume

Die Verbreitung von *Heros severus* erstreckt sich nach dem gegenwärtigen Wissensstand (vgl. KULLANDER, 1986) über die Einzugsgebiete des oberen Rio Negro sowie des oberen und mittleren Orinoko in Venezuela und Nordbrasilien. Wir konnten den abgebildeten Fisch im Jahre 1992 in einem Zufluß des unteren Rio Caura fangen, der in den mittleren Orinoko entwässert.

Den Fundort bildete eine als Badestelle genutzte teichartige Erweiterung eines größeren Baches. Dieses Gewässer, das den Fischen an seinem Rand durch dichte Bestände von Sumpfpflanzen viele Versteckmöglichkeiten bot, wies im April zur Zeit des Niedrigwassers eine erstaunlich reiche Cichlidenfauna auf. Neben *Heros severus* wiesen wir dort auch *Satanoperca daemon, Mesonauta insignis, Acaronia vultuosa* sowie eine *Aequidens*- und eine *Apistogramma*-Art nach. Das klare Wasser war sehr weich und wies eine deutlich saure Reaktion auf.

Haltung

Für die artgemäße Pflege dieses Großcichliden wird ein geräumiges Aquarium benötigt. Unverpaarte Fische zeigen eine ausgeprägte innerartliche Aggression und können daher nur bei ausreichend Raum und zahlreichen Versteckmöglichkeiten gehalten werden. Die Einrichtung des Aquariums sollte deshalb mit grobem Sand, Moorkienwurzeln und größeren Steinplatten in einer Weise erfolgen, die den Fischen die Abgrenzung von Revieren erleichtert. Pflanzen sind nur bedingt als Dekorationsmittel geeignet, da *Heros severus* zarte Triebe als zusätzliche Nahrungsquelle betrachtet. Erwachsene Fische benötigen gehaltvolles Futter, weshalb ihnen auch das entsprechend zerkleinerte Fleisch von Fischen und Garnelen angeboten werden sollte.

Zucht

Bis in allerjüngste Zeit war man allgemein der Meinung, daß es in der Gattungsgruppe der Cichlasominen nur in den beiden Gattungen *Bujurquina* und *Aequidens* maulbrütende Buntbarsche gäbe. Deshalb war es eine beinahe sensationelle Entdeckung, als sich herausstellte, daß es auch unter den in der Aquaristik recht gut bekannten *Heros*-Arten einen Maulbrüter gibt (STAWIKOWSKI, 1994). Aufgrund von Beobachtungen, die bei der Zucht im Aquarium gemacht wurden, konnte nachgewiesen werden, daß *Heros severus* ein larvophiler Maulbrüter ist. Die Fische heften den Laich ebenso wie Substratbrüter auf einer festen Unterlage ab und pflegen ihn dort in einer Elternfamilie bis zu dem Zeitpunkt, an dem die Larven aus den Eiern schlüpfen. Erst dann beginnt die Maulbrutpflege.

Bei Zuchtversuchen sollten die Wasserwerte im Aquarium nach Möglichkeit den Bedingungen angenähert werden, die in den natürlichen Lebensräumen dieser Art angetroffen werden, da bei stark abweichenden Werten die Gefahr besteht, daß sich die Eier und Larven nicht normal entwickeln.

Tabelle 26:

Ort:	Banjo von Aripao südöstlich der Stadt Maripa (Venezuela, Einzugsgebiet des Rio Caura)
Sichtweite:	> 1 m
Farbe:	farblos
pH-Wert:	5,3
Gesamthärte:	< 1 °dH
Karbonathärte:	< 1 °dH
Leitfähigkeit:	< 10 µS/cm
Wassertiefe:	bis 80 cm
Wasserbewegung:	leichte Strömung
Wassertemperatur:	30,0 °C
Lufttemperatur:	31,5 °C
Datum:	10. 4. 1992
Uhrzeit:	11.00 Uhr

Die Gattung Herotilapia
PELLEGRIN, 1904

Die Gattung besteht nur aus einer einzigen Art, deren Verbreitung auf Mittelamerika beschränkt ist. Nähere verwandtschaftliche Beziehungen bestehen offensichtlich zur Gattung *Archocentrus*, deren Mitglieder sich durch eine andere Form der Zähne unterscheiden.

Herotilapia multispinosa
(GÜNTHER, 1869)

In der Erstbeschreibung wurde dieser Buntbarsch in die Gattung *Heros* eingeordnet. Vorübergehend wurde er auch als *Cichlasoma*-Art in der Literatur geführt. Als Aquarienfisch ist er erstmals im Jahre 1971 nach Europa eingeführt worden. Seine maximale Länge im Aquarium dürfte bei gut 12 cm liegen.

Das Farbkleid dieses Cichliden ist so variabel, daß er den Populärnamen Regenbogenbuntbarsch erhalten hat. Die Grundfarbe zeigt alle Übergänge von einem schmutzigen Braun

Fundorte von *Herotilapia multispinosa*

zu einem leuchtenden Goldgelb, das fortpflanzungsaktive Tiere aufweisen. In den Flossen können bläuliche Töne erscheinen. Auch die Muster dunkler Zeichnungen, die sich ganz bestimmten Erregungszuständen und Verhaltensweisen zuordnen lassen, sind außerordentlich veränderlich. Neben etwa acht

Herotilapia multispinosa

Querstreifen kann auch ein Längsband auftreten, das in der hinteren Körperhälfte meist in eine Reihe von sechs oder sieben Flecken aufgelöst ist. Bei mehr oder weniger neutraler Grundstimmung sind ein großer Seitenfleck in der Mitte der Flanken und der kleine Schwanzwurzelfleck die einzigen schwarzen Muster. Während der Brutpflege färben sich dagegen die gesamte untere Körperhälfte und die Bauchflossen tiefschwarz. Ausgewachsene Exemplare zeigen einen gewissen Sexualdimorphismus, der im allgemeinen die Unterscheidung der Geschlechter ermöglicht. Die deutlich größeren Männchen bekommen meist die Andeutung eines Stirnbuckels. Ferner sind bei ihnen die After- und die Rückenflosse stärker verlängert und zugespitzt.

Arttypische Merkmale,

die *Herotilapia multispinosa* von allen anderen amerikanischen Buntbarschen unterscheiden und deshalb eine zweifelsfreie Identifizierung dieser Spezies ermöglichen, sind der Besitz von elf Hartstrahlen in der Anale und mehrere Reihen schneidezahnähnlicher, zusammengedrückter dreispitziger Zähne in beiden Kiefern. Im Habitus

ähnliche Arten

finden sich in der Gattung *Archocentrus*, beispielsweise *Archocentrus nigrofasciatus* und *Archocentrus spilurus*. Jedoch ist eine Verwechslung weitgehend auszuschließen, da jene Arten ganz andere Farbkleider besitzen. Die

natürlichen Lebensräume

liegen in Mittelamerika, und zwar erstreckt sich die Verbreitung auf den Nikaragua- und den Managuasee sowie den Rio San Juan in Nikaragua sowie Flüsse auf der atlantischen Seite von Costa Rica, insbesondere die Einzugsgebiete von Rio Bebedero, Rio Tempisque und Rio Frio. Detaillierte Informationen über die natürlichen Biotope in Costa Rica gibt Baylis (1974). Demnach lebt *H. multispinosa* zwar auch in Pflanzenzonen größerer Gewässer, sein bevorzugter Lebensraum scheinen jedoch Restwassertümpel in deren Umgebung zu sein, die zum Teil eine Temperatur von

Cichlidenbiotop mit üppigem Pflanzenwuchs in Mexiko (Rio Pablillo)

34 °C aufwiesen und nur 25 cm tief waren. Schutz fanden die Fische durch eine Schwimmpflanzendecke aus *Azolla mexicana* und eine submerse Wasserpflanze aus der Gattung *Heteranthera*. Sie teilten diesen Lebensraum mit *Archocentrus centrarchus*, *Parapetenia managuensis*, *Poecilia mexicana* und mehreren Salmlern. Obwohl *H. multispinosa* ein Allesfresser ist, ernährt er sich, wie Magenuntersuchungen ergaben, in der Natur vorwiegend von Algen, die er überwiegend als Aufwuchsfresser von festen Unterlagen abweidet. Die

Haltung

der sehr anpassungsfähigen Fische ist leicht. Ein Aquarium mit einer Länge von rund einem Meter bietet ausreichend Raum. Es wird mit Kies und Steinen so eingerichtet, daß eine Anzahl von Versteckplätzen entsteht. Auf empfindliche Pflanzen muß verzichtet werden, da die Fische sie zerstören würden. Für eine Vergesellschaftung sind die kleineren mittelamerikanischen *Archocentrus*-Arten am besten geeignet. Die

Zucht

gelingt ohne Schwierigkeiten unter den unterschiedlichsten Bedingungen. Ausgewachsene Tiere können über 1000 Eier legen, die ebenso wie später die Jungfische in einer Vater-Mutter-Familie betreut werden, d.h., zwischen den Geschlechtern gibt es eine deutliche Rollenverteilung während der Brutpflege.

Die Gattung *Hoplarchus*
KAUP, 1860

Diese Gattung, die bereits durch KAUP im Jahre 1860 begründet wurde, ist monotypisch, das heißt, sie enthält nur eine einzige Art, die im Norden Brasiliens, Süden Venezuelas und Osten Kolumbiens verbreitet ist. Sie wird der Gattungsgruppe der Cichlasominen zugeordnet und wurde zwischenzeitlich auch als *Cichlasoma*-Art geführt. Als Folge der Überarbeitung und Verkleinerung der Gattung *Cichlasoma* durch KULLANDER (1983) hat jedoch der ursprüngliche Gattungsname *Hoplarchus* erneut Gültigkeit erlangt.

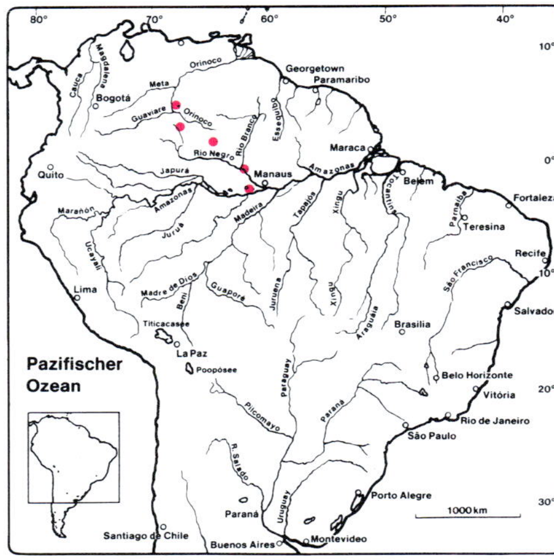

Fundorte von *Hoplarchus psittacus*

Hoplarchus psittacus
(HECKEL, 1840)

Ursprünglich in der Erstbeschreibung der Gattung *Heros* zugeordnet, wurde diese Spezies zeitweilig auch als *Acara*- (STEINDACHNER) und *Cichlasoma*-Art (REGAN) geführt. Synonyme sind *Promotis fasciatus* SCHOMBURGK, 1843, und *Hoplarchus penthacanthus* KAUP, 1860.

Mit einer maximalen Länge von über 30 cm gehört dieser Buntbarsch in seiner Heimat zu den beliebtesten Speisefischen und ist deshalb

Hoplarchus psittacus

regelmäßig auf Fischmärkten zu finden. Seine schwarzen Zeichnungen sind unter dem Einfluß unterschiedlicher Erregungszustände außerordentlich variabel. Neben sechs breiten Querbändern kann auf den Körperseiten auch ein relativ schmaler Längsstreifen auftreten, der jedoch meist in eine Längsreihe von einzelnen Flecken zerfällt. Ständig sichtbar ist der Schwanzwurzelfleck, der unmittelbar über der Seitenlinie liegt. Je ein weiterer dunkler Fleck liegt am hinteren unteren Rand des Auges und im oberen Winkel des Kiemendeckels. Die Iris ist auffallend rot gefärbt. Adulte Tiere können auch eine kräftig rote Kehlhaut besitzen. Die Art ist isomorph, d.h., ein Sexualdimorphismus, der die Unterscheidung der Geschlechter erleichtern würde, fehlt.

Arttypische Merkmale,

die eine Identifizierung dieses Cichliden ermöglichen, sind die einem Papageienschnabel ähnliche Form des Maules bzw. Kopfes, eine Einkerbung, die sich am hinteren Rand des Vorkiemendeckels, nicht weit entfernt von dessen Winkel, befindet, die beiden schwarzen Flecken am hinteren unteren Augenrand und im oberen Winkel des Kiemendeckels sowie der Besitz von fünf, seltener sechs Hartstrahlen in der Anale. Eine Verwechslung mit anderen Buntbarschen ist wenig wahrscheinlich, da es kaum ähnliche Arten gibt. Die

natürlichen Lebensräume

dieses Buntbarsches sind in den Einzugsgebieten des Rio Negro und des oberen Orinoko gelegen, insbesondere im Grenzgebiet der drei Staaten Brasilien, Venezuela und Kolumbien. Diese Verbreitung ist ein deutlicher Hinweis darauf, daß *H. psittacus* ein Bewohner typischer Schwarzgewässer ist, die sich durch extreme Mineralarmut und eine stark saure Reaktion auszeichnen. Dennoch ist die

Haltung

dieser Fische auch in mittelhartem Wasser, dessen pH-Wert über dem Wert 7 liegt, durchaus ohne Probleme möglich. Infolge ihrer Endgröße werden für sie langfristig sehr große Aquarien benötigt, deren Seitenlänge einein-

***Hoplarchus psittacus* gehört in seiner Heimat zu den Speisefischen.**

halb Meter betragen sollte. Zum Wohlbefinden der Tiere tragen Versteckplätze bei, die mit Hilfe großer Wurzeln oder Steinplatten geschaffen werden. *H. psittacus* ist ein ruhiger, friedlicher Pflegling, der im Vergleich zu seiner Größe nur wenig Raum beansprucht. Eine ausreichende Ernährung ist durch die regelmäßige Fütterung mit Garnelen- und Fischfleisch möglich, das, in passende Stücke zerschnitten, nach einer gewissen Gewöhnungszeit gern angenommen wird. Offenbar mögen die Tiere keine grelle Beleuchtung, sondern bevorzugen gedämpftes Licht. Die

Zucht

ist bisher, da entsprechende Berichte fehlen, offenbar nur ganz selten gelungen. Dafür gibt es mehrere Gründe. Einerseits werden die Fische nur selten importiert, und andererseits werden sie recht groß. Da die Geschlechter äußerlich nicht mit Sicherheit zu unterscheiden sind, ist es schwer, Zuchtpaare zusammenzustellen. Hinzu kommt, daß dieser Buntbarsch offenbar wie die Diskusfische aus der Gattung *Symphysodon*, mit denen er seinen Lebensraum teilt, relativ stark auf die Wasserverhältnisse in seinen natürlichen Biotopen angewiesen ist. Für Zuchtversuche empfiehlt es sich daher, möglichst weiches Wasser zu benutzen, dessen pH-Wert im sauren Bereich liegt und das möglichst keine Stickstoffverbindungen enthält. Da alle näher verwandten Cichliden typische Offenbrüter sind, die während der Brutpflege eine Elternfamilie bilden, ist zu erwarten, daß auch *Hoplarchus psittacus* diese Verhaltensweisen zeigt.

Die Gattung Hypselecara
KULLANDER, 1986

Hypselecara wird der Gattungsgruppe der Cichlasiminen zugeordnet. Es handelt sich um eine sehr kleine Gattung, die für zwei im Orinoko- und Amazonasgebiet verbreitete Buntbarsche aufgestellt wurde, die man bis zu jenem Zeitpunkt der Sammelgattung *Cichlasoma* zugerechnet hatte. Beide Arten sind in der Jugend recht spitzköpfig, bekommen im Alter jedoch einen sehr hohen Kopf mit einer steil ansteigenden Stirnlinie.

Viele Inseln im Rio Negro haben einen weißen Sandstrand.

Hypselecara temporalis
(GÜNTHER, 1862)

Dieser Buntbarsch gehört zu den wenigen Arten, die bereits in den 30er Jahren in Deutschland im Aquarium gehalten und gezüchtet wurden. In der Erstbeschreibung erhielt er den Namen *Heros temporalis.* Da er in der Folgezeit aber irrtümlich noch mehrfach als bis dahin unbekannt beschrieben wurde, gibt es als Synonyme die Namen *Heros goeldii* BOULENGER, 1897, *Acara crassa* STEINDACHNER, 1875, und *Cichlasoma hellabrunni* LADIGES, 1942. Bevor dieser Buntbarsch im Jahre 1986 durch KULLANDER in die neu geschaffene Gattung *Hypselecara* eingeordnet wurde, gehörte er zeitweilig der Gattung *Cichlasoma* an.

Die Fische können eine Länge von gut 20 cm erreichen. Ihre Körperseiten zeigen meist eine grüngelbe bis grünliche Grundfarbe. Im wirkungsvollen Kontrast dazu tragen die Flossen, der obere und untere Bereich des Kopfes sowie die Kehl- und Brustregion kräftig weinrote Töne. In Ausnahmefällen kann das Rot auch mehr oder weniger auf den gesamten Körper ausgedehnt sein. In der Mitte der Flanken kann ein schwarzer Seitenfleck auftreten, der zwischen den Seitenlinien liegt. Die obere Hälfte des Schwanzstiels trägt einen weiteren schwarzen Fleck, ein dritter kann gelegentlich zwischen dem Auge und dem Ansatz der Brustflossen in Erscheinung treten. Die Ausbildung der schwarzen Zeichnungen hängt jedoch von gewissen Stimmungen und Erregungszuständen ab. Ein Sexualdimorphismus ist nur andeutungsweise vorhanden: Männliche Tiere zeigen im Alter eine steiler ansteigende Stirn und eine länger ausgezogene Rücken- und Afterflosse.

Zu den wichtigsten
arttypischen Merkmalen,

die eine Identifizierung von *Hypselecara temporalis* ermöglichen, gehört nach KULLANDER (1983) die Zahl der Hartstrahlen in der Afterflosse. In der Regel weist diese Spezies 7–8 Analstacheln auf. Für die aquaristische Praxis ist jedoch die weinrote Färbung des Körpers und der Flossen als Unterscheidungsmerkmal von größerer Bedeutung.

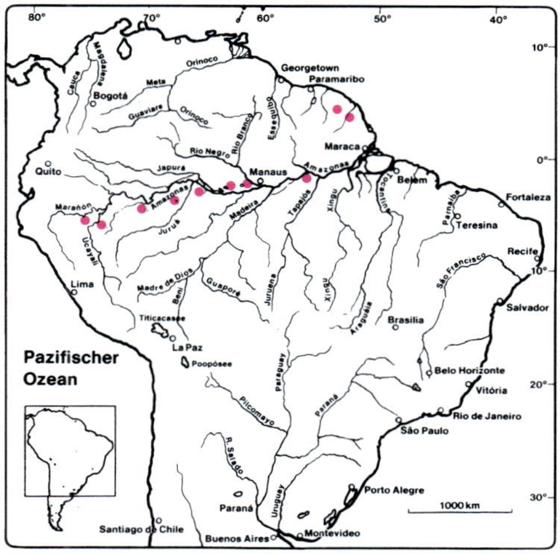

Fundorte von *Hypselecara temporalis*

Zu den
ähnlichen Arten,

die Anlaß zu Verwechslungen geben könnten, zählt insbesondere *Hypselecara coryphaenoides* (HECKEL, 1840). In der wissenschaftlichen Literatur wurden beide Namen wiederholt als Synonyme derselben Art angesehen. *Hypselecara coryphaenoides* besitzt jedoch nur sechs Hartstrahlen in der Anale. Ferner zeigt diese Art keine weinroten, sondern braune bis braunschwarze Farbtöne sowie einen Seitenfleck, der oberhalb der oberen Seitenlinie liegt (KULLANDER, 1986).

Natürliche Lebensräume

Hypselecara temporalis besiedelt ein sehr ausgedehntes Areal, das sich über die gesamte Länge des Amazonas erstreckt. Fundorte sind vom mittleren Ucayali in der Umgebung von Pucallpa bis zum Mündungsbereich (Rio Gurupá) bekannt. Ferner wurde die Art auch nördlich des Amazonas in Oyapock und Amapá nachgewiesen. Wir fingen die Fische auf mehreren Reisen im Einzugsgebiet des Rio Ucayali in Peru. Sie scheinen vorzugsweise in mehr oder weniger stehenden Gewässern mit typischem Weißwasser vorzukommen, das sich durch eine geringe Härte und eine neutrale bis leicht saure Reaktion auszeichnet.

Hypselecara temporalis

Für die

Haltung

eines harmonierenden halbwüchsigen Pärchens bietet ein Aquarium mit einer Seitenlänge von mindestens einem Meter ausreichend Raum. Bei seiner Einrichtung sollten mit Steinplatten oder Wurzeln mehrere Versteckplätze angelegt werden, da diese zum Wohlbefinden der Fische merklich beitragen. Empfehlenswert sind ferner einige Schwimmpflanzen, denn diese Art scheint gedämpftes Licht zu bevorzugen. Bei greller Beleuchtung wird sie scheu und farblos. Deshalb sollte der Bodengrund auch dunkel getönt sein. *Hypselecara temporalis* ist ein ruhiger, relativ friedlicher Pflegling, der sich ohne Schwierigkeiten mit anderen südamerikanischen Cichliden vergesellschaften läßt. Ab einer gewissen Größe benötigt er eine gehaltvolle Kost, so daß eine regelmäßige Fütterung mit Garnelenfleisch und zerschnittenem Fisch notwendig wird.

Die

Zucht

ist nicht ganz einfach. Obwohl sie verschiedentlich in alkalischem, mittelhartem Wasser gelungen ist, bietet saures, mineralarmes Wasser zweifellos günstigere Voraussetzungen, um die Fische zur Fortpflanzung zu bringen. Sie sind Offenbrüter, die während der Brutpflege eine Elternfamilie bilden. Sie laichen nicht am Boden auf waagerechten Unterlagen, sondern bevorzugen senkrechte Substrate. Die Larven, die in Gruben abgelegt werden, schlüpfen bei Temperaturen um 25 °Celsius nach rund drei Tagen. Die Aufzucht mit *Artemia salina* und feinem Flockenfutter ist nicht schwer.

Tabelle 27:

Ort:	**Nebenfluß des Rio Pacaya südlich des Ortes Bretana im Einzugsbereich des Canal de Puinahua (unterer Ucayali, Depto. Loreto, Peru)**
Sichtweite:	**relativ trüb**
Farbe:	**bräunlich**
pH-Wert:	**7,1**
Gesamthärte:	**4 °dH**
Karbonathärte:	**5 °dH**
Leitfähigkeit:	**127 µS bei 26 °C**
Wassertiefe:	**0,5 bis über 2 m**
Wasserbewegung:	**kaum wahrnehmbar**
Wassertemperatur:	**26 °C**
Lufttemperatur:	**26 °C**
Datum:	**3. 8. 1984**
Uhrzeit:	**17.00 Uhr**

Die Gattung Mesonauta
GÜNTHER, 1862

'laggenbuntbarsche gehören zu den in der Aquaristik am längsten bekannten Buntbarschen, denn Berichte über den Import lassen ich bis 1908 und über die erste Nachzucht bis n das Jahr 1911 zurückverfolgen. Zwar waren ırsprünglich einmal die drei Arten *Mesonauta nsignis* (HECKEL, 1840), *M. festivus* (HECKEL, 840) und *M. acora* (CASTELNAU, 1855) unterchieden worden, GÜNTHER (1862) ließ jedoch ıur noch *M. insignis* bestehen, ein Schritt, der on KULLANDER (1986) zum Teil wieder rückängig gemacht wurde.

KULLANDER & SILFVERGRIP veröffentlichten m Jahre 1991 eine erneute Überarbeitung der Gattung *Mesonauta.* Als Ergebnisse ihrer Revision lassen sie nicht nur die drei ursprünglchen Arten wieder aufleben, sondern eschreiben auch zwei neue Arten. Beide Autoren stellen das Farbkleid der Fische, insesondere das Muster dunkler Streifen auf den Körperseiten, als ein wichtiges diagnostisches Merkmal heraus, das die Unterscheidung und Abgrenzung der Arten ermöglicht. Das ist für Aquarianer insofern besonders erfreulich, als s aufgrund der artspezifischen Unterschiede n der Ausprägung dieses Streifenmusters in ielen Fällen möglich wird, auch bei lebenden Aquariumfischen die Artzugehörigkeit zu estimmen. Allerdings wird die Intensität, mit er die Querstreifen hervortreten, in starkem Maße von der Stimmung der Fische beeinußt. Grundsätzlich ist das Streifenmuster bei ungtieren deutlicher als bei adulten Fischen.

KULLANDER & SILFVERGRIP betonen ausrücklich, daß die in ihrer Arbeit berücksichgten Fundorte keineswegs das gesamte Vereitungsgebiet der Gattung abdecken, sonern daß wichtige Bereiche, unter anderem kuador, die Guyanaländer, der mittlere mazonas und untere Rio Negro, unberückchtigt bleiben. Ferner weisen sie darauf hin, aß es zwei oder drei weitere *Mesonauta*rten gibt, die sie jedoch nicht beschreiben, a das verfügbare Material dazu nicht auseicht.

Die *Mesonauta*-Arten werden der Gatıngsgruppe der Cichlasominen zugerechnet.

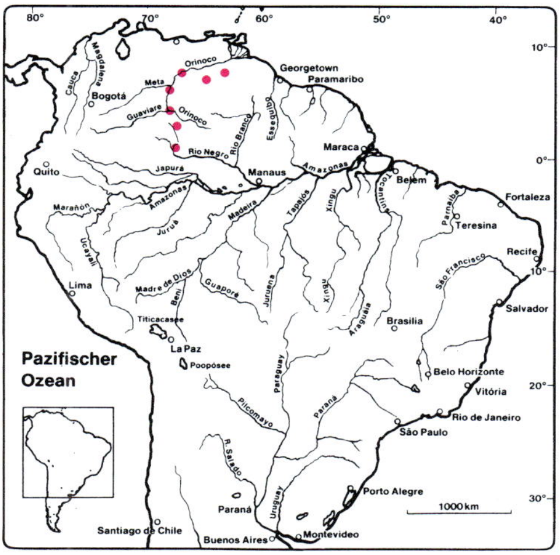

Fundorte von *Mesonauta insignis*

Besonders enge verwandtschaftliche Beziehungen bestehen zu den drei Gattungen *Pterophyllum, Symphysodon* und *Heros.*

Mesonauta insignis
(HECKEL, 1840)

Dieser Buntbarsch wurde ursprünglich als *Heros insignis* beschrieben, später jedoch jahrzehntelang als Synonym zu *Heros festivus* angesehen.

Die wichtigsten Merkmale im Farbkleid dieser Art bilden ein schwarzes Längsband, das sich von der Oberlippe oder vom hinteren Rand des Auges schräg nach oben in den hinteren Bereich der Afterflosse erstreckt, und ein golden gesäumter Augenfleck in der oberen Hälfte des Schwanzstiels. Oberhalb des schrägen Längsbandes entsteht bei adulten Fischen durch die dunkel gefärbten Schuppenränder eine Art Netzmuster. Bei ausgewachsenen Exemplaren von *Mesonauta insignis* zeigt der untere Bereich des Kopfes und der Flanken einen kräftig gelben bis orangegelben Farbton. Die Schwanzflosse und der hintere Teil der Rücken- und Afterflosse tragen ein Muster aus winzigen dunklen Tüpfeln.

Arttypische Merkmale

Kennzeichnend für das Streifenmuster dieser Art ist, daß der sechste und siebte Querstreifen weitgehend miteinander verschmelzen oder nur noch durch eine sehr schmale helle Linie getrennt sind. Darüber hinaus treten in der Bauchregion auch der fünfte und sechste Querstreifen miteinander in Verbindung. Die Ausbildung des Streifenmusters ist jedoch in starkem Maße stimmungsabhängig. Im allgemeinen wird es nur von Jungtieren oder verängstigten Fischen gezeigt. Weitere artspezifische Merkmale im Farbkleid bilden ferner eine Art Netzzeichnung oberhalb des schrägen Längsbandes, die durch die dunkel gefärbten Schuppenränder entsteht, sowie die Gelbfärbung der unteren Körperhälfte.

Natürliche Lebensräume

Kullander & Silfvergrip (1991) geben als Verbreitungsgebiet dieses Flaggenbuntbarsches nur den oberen Rio Negro und den Orinoko an. Möglicherweise erstreckt sich das Vorkommen dieser Art jedoch auch auf den unteren Rio Negro, beispielsweise den Bereich der Anavilhanas-Inseln.

Wir konnten diese Art im Jahre 1992 in einem Zufluß des unteren Rio Caura fangen, der in den mittleren Orinoko entwässert. Der Fundort bildete eine als Badestelle genutzte teichartige Erweiterung eines größeren Baches. Dieses Gewässer, das den Fischen an seinem Rand durch dichte Bestände von Sumpfpflanzen viele Versteckmöglichkeiten bot, wies im April zur Zeit des Niedrigwassers eine erstaunlich reiche Cichlidenfauna auf. Neben *Heros severus* wiesen wir dort auch *Satanoperca daemon, Acaronia vultuosa* sowie eine *Aequidens*- und eine *Apistogramma*-Art nach. Das sehr klare Wasser war sehr weich und wies eine deutlich saure Reaktion auf. Auch Hansen (briefl. Mitt.), der den abgebildeten Fisch im Rio Atababo, einem Nebenfluß des Orinoko im Grenzgebiet von Kolumbien und Venezuela, fing, fand dort dieselben Wasserwerte: 31–34 °Celsius, GH und KH <1 °dH, pH 5.

Die Lebensweise der Flaggenbuntbarsche ist im Vergleich zu anderen Cichliden besonders stark zur Wasseroberfläche hin orientiert, weshalb sie sich selbst in stark getrübtem Weißwasser noch gut beobachten lassen. Bei Gefahr flüchten sie nicht wie andere Buntbarsche zum Bodengrund, sondern nach oben

Mesonauta insignis aus dem Rio Atabapo

Rio Atabapo, Typuslokalität von *Pterophyllum altum* und *Uaru fernandezyepezi*

und springen dabei häufig sogar aus dem Wasser heraus, oder sie suchen horizontal im Pflanzendickicht Schutz. Einer von uns hatte im März 1986 die Gelegenheit, an *Mesonauta* conf. *insignis* im klaren Schwarzwasser des Rio Cuieiras (unterer Rio-Negro-Einzug) ausgiebig Unterwasserbeobachtungen durchzuführen. In einer etwa 30 m breiten Bucht mit feinem weißen Sand lebten die Flaggenbuntbarsche dort zusammen mit *Acarichthys heckelii, Aequidens pallidus, Apistogramma pertensis, Biotodoma wavrini, Cichla temensis, Heros severus* und *Satanoperca lilith.*

Da zur Beobachtungszeit Hochwasser herrschte, stand die Ufervegetation, die sich aus einzelnen Büschen und hohem Gras zusammensetzte, zum Teil meterhoch unter Wasser. Die Flaggenbuntbarsche schwammen meist in kleinen Gruppen von drei bis sechs Fischen dicht unter der Oberfläche in unmittelbarer Nähe von Büschen oder totem Astwerk umher. Bei Gefahr flüchteten sie zwischen die Äste und Zweige. Wenn sich die Flaggenbuntbarsche in der untergetauchten Ufervegetation zwischen Wurzeln oder Wasserpflanzen verbergen, dann zeigen sie in der Regel eine intensive Querbänderung, die sich fast auflöst, wenn sich die Fische in Ufernähe direkt unter der Wasseroberfläche aufhalten. Meist stehen sie mit dem Kopf in einem solchen Winkel zur Wasseroberfläche gerichtet, daß das vom Maul zum Ende der Rückenflossenbasis reichende schräge Längsband waagerecht erscheint.

Haltung

Die Pflege von Flaggenbuntbarschen ist unproblematisch, da sie recht anpassungsfähig sind. Aquarien ab einer Seitenlänge von einem

Tabelle 28:

Ort:	Banjo von Aripao südöstlich der Stadt Maripa (Venezuela, Einzugsgebiet des unteren Rio Caura)
Sichtweite:	> 1 m
Farbe:	farblos
pH-Wert:	5,3
Gesamthärte:	< 1 °dH
Karbonathärte:	< 1 °dH
Leitfähigkeit:	< 10 µS/cm
Wassertiefe:	bis 80 cm
Wasserbewegung:	leichte Strömung
Wassertemperatur:	30,0 °C
Lufttemperatur:	31,5 °C
Datum:	10. 4. 1992
Uhrzeit:	11.00 Uhr

Meter bieten dieser ruhigen und friedlichen Art ausreichend Raum. Bei der Einrichtung des Behälters sind unbedingt Versteckplätze zu berücksichtigen, die durch entsprechend angeordnete Moorkienwurzeln geschaffen werden. Wichtig sind auch einige größere Pflanzen, da sie von den Fischen als Laichsubstrat bevorzugt werden. Bewährt haben sich unter anderem *Echinodorus*-Arten. Zum Wohlbefinden tragen auch einige Schwimmpflanzen bei. Eine Vergesellschaftung ist nur mit Cichliden möglich, die ein ähnliches Temperament und vergleichbare Verhaltensweisen zeigen. Besonders empfehlenswert dafür sind *Pterophyllum*-Arten, die auch in denselben Lebensräumen auftreten, und *Symphysodon*-Arten, d. h. Diskusfische.

Die

Zucht

gelingt bei Importen von *Mesonauta insignis,* die aus Schwarzwasserflüssen in den Einzugsgebieten von Rio Negro und Orinoko stammen, keineswegs problemlos. Das Fortpflanzungsverhalten von Flaggenbuntbarschen zeigt manche Unterschiede gegenüber den Verhaltensweisen anderer Cichliden. Im Gegensatz zu der Mehrzahl anderer Offenbrüter laichen die Flaggenbuntbarsche nicht auf Steinen, die auf dem Untergrund liegen, sondern bevorzugt auf den Blättern von Wasserpflanzen. Auch werden die Larven nicht in Gruben abgelegt, sondern nahe der Wasseroberfläche an Pflanzen angeheftet. Dieser Befund scheint im Gegensatz zu der Beobachtung zu stehen, daß es in den meisten natürlichen Biotopen der Fische gar keine höheren Wasserpflanzen gibt. Während der Regenzeit treten aber die Heimatgewässer von *M. insignis* weit über ihre Ufer, und der Urwald wird meterhoch überschwemmt. Der Wasserspiegel erreicht dann eine derartige Höhe, daß Büsche und die unteren Äste von Bäumen tief in das Wasser eintauchen. An Blättern, die den Cichliden als Laichsubstrat dienen können, besteht infolgedessen zu dieser Jahreszeit kein Mangel. Allerdings handelt es sich um die untergetauchten Teile der emersen Vegetation und nicht um Wasserpflanzen. Die Fische ziehen ihre Nachkommen in einer Elternfamilie auf.

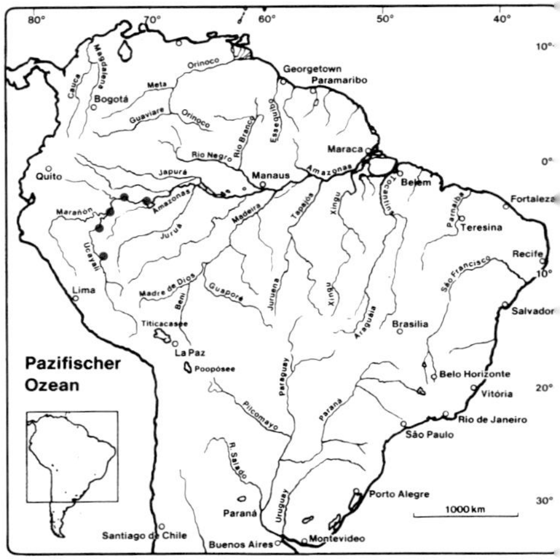

Fundorte von *Mesonauta mirificus*

Mesonauta mirificus

KULLANDER & SILFVERGRIP, 1991

Das für alle Flaggenbuntbarsche ganz typisch schräg nach oben verlaufende Längsband und der große hell gesäumte Augenfleck auf dem Schwanzstiel sind bei *Mesonauta mirificus* gut ausgebildet. Oberhalb des Längsbandes ist dieser Buntbarsch meist recht dunkel gefärbt. Unterhalb des Bandes gibt es ein arttypische Muster von ungefähr neun sehr schmalen dunklen Längsstreifen, die durch dunkle Flekken auf den Schuppen gebildet werden. Alle unpaaren Flossen sowie die Bauchflossen deren Verlängerung weißlich getönt ist, sind im allgemeinen rußig dunkelgrau gefärbt. Di Kiemenhäute und ein kleiner Bereich um di Unterlippe herum sind kräftig gelb getön Diese Art kann eine Gesamtlänge von unge fähr zwölf Zentimetern erreichen.

Arttypische Merkmale

Ebenso wie bei den anderen Mitgliedern de Gattung bilden auch bei diesem Buntbarsc die artspezifische Form und Anordnung de dunklen Streifen auf den Körperseiten di wichtigsten Merkmale, um bei lebende Fischen die Artzugehörigkeit zu bestimmen Kennzeichnend für *Mesonauta mirificus* ist de im unteren Bereich besonders breite, in zw

Mesonauta mirificus kurz nach dem Fang in der Yarina Cocha (Ucayali-Einzug)

Äste gegabelte sechste Querstreifen. Hinzu kommt ein Muster aus schmalen Längsstreifen auf den Körperseiten, das durch dunkle Punkte gebildet wird, die in der Mitte der Schuppen liegen. Der vordere Unterkiefer und die Kiemenhäute sind bei *M. mirificus* kräftig gelb gefärbt.

Natürliche Lebensräume

Die bisher bekannten Fundorte liegen im mittleren und unteren Rio Ucayali sowie im oberen Amazonaseinzug bis in die Umgebung der Stadt Letitia, das heißt in Peru und im angrenzenden Kolumbien. Wir fingen die Fische wiederholt in der Umgebung der Stadt Pucallpa in Gewässern, die zum Einzug des Ucayali gehörten und stark getrübtes, mittelhartes Weißwasser mit pH-Werten zwischen 7 und 8 führten.

Mesonauta mirificus ist im Unterschied zu anderen Cichliden ein ausgesprochener Oberflächenbewohner, der sich gern an Stellen aufhält, wo er zwischen Baumstämmen und Ästen oder unter dem Schwimmpflanzenteppich aus Wasserhyazinthen Schutz findet. Derartige Zufluchtsstätten sind offenbar für diesen langsamen und wenig wehrhaften Fisch sehr wichtig. Charakteristisch für ihn ist ferner, daß er außerhalb der Fortpflanzungszeit gesellig in Schulen von fünf bis zehn Exemplaren zusammenlebt.

Im Unterschied zu anderen Mitgliedern dieser Gattung gelingt die Zucht von *Mesonauta mirificus* relativ leicht, da diese Art selbst während der Fortpflanzung – wie der Tabelle zu entnehmen ist – keine besonderen Ansprüche an die Wasserwerte stellt.

Tabelle 29:

Ort:	**Restgewässer im Einzugsgebiet der Paca Cocha bzw. Yarina Cocha bei Pucallpa (Peru)**
Sichtweite:	**stark getrübt**
Farbe:	**gelbbraun**
pH-Wert:	**8,0**
Gesamthärte:	**13 °dH**
Karbonathärte:	**15 °dH**
Leitfähigkeit:	**450 µS bei 24 °C**
Wassertiefe:	**über 2 m**
Wasserbewegung:	**keine**
Wassertemperatur:	**24 °C**
Lufttemperatur:	**27 °C**
Datum:	**18. 7. 1981**
Uhrzeit:	**9.00 Uhr**

Die Gattung Neetroplus
GÜNTHER, 1866

Rogers ordnete in seiner im Jahre 1981 veröffentlichten Überarbeitung von *Neetroplus* dieser Gattung nur eine einzige Art zu, nämlich *Neetroplus nematopus*. Nach der Auflösung der Sammelgattung *Cichlasoma* muß aber auch *Neetroplus panamensis* diesem Verwandtschaftskreis zugerechnet werden.

Neetroplus nematopus
GÜNTHER, 1866

Jüngere Synonyme für diesen Cichliden sind *Neetroplus nicaraguensis* Gill & Bransford, 1877, und *N. fluviatilis* Meek, 1912. Ältere Männchen können im Aquarium eine Länge von über 12 cm erreichen, weibliche Exemplare bleiben jedoch deutlich kleiner.

Fundorte von *Neetroplus nematopus*

Bei neutraler Grundstimmung sehen die Fische graubraun bis hellgrau aus. In der Mitte des Körpers tragen sie eine breite schwarze Querbinde. Sobald die Tiere in Brutpflege-

Neetroplus nematopus in neutraler Färbung

stimmung kommen, findet jedoch ein dramatischer Farbwechsel statt. Der gesamte Körper verfärbt sich dann dunkel, beinahe schwärzlich. Nur an der Stelle, an der sich im normalen Farbkleid der dunkle Querstreifen befindet, liegt nun eine weiße Bauchbinde, die in wirkungsvollem Kontrast zum Farbton des restlichen Körpers steht. Ein Sexualdimorphismus bildet sich erst im Alter heraus. Männliche Tiere werden nicht nur erheblich größer, sondern besitzen auch eine wesentlich kräftiger entwickelte Beflossung. Ein

arttypisches Merkmal,

das *Neetroplus nematopus* deutlich von anderen amerikanischen Buntbarschen unterscheidet und deshalb eine eindeutige Identifizierung ermöglicht, ist die Art der Bezahnung. Im Unterschied zu anderen Cichliden sind die Zähne dieser Art nicht rund oder zugespitzt, sondern abgeflacht und mit einer geraden Krone versehen, das heißt schneidezahnähnlich. Für die aquaristische Praxis dürften im allgemeinen aber auch das typisch runde, kurzköpfige Profil und das Farbkleid für eine Bestimmung ausreichen, denn es gibt im Grunde keine ähnlichen Arten.

Die
natürlichen Lebensräume

von *N. nematopus* bilden die großen mittelamerikanischen Grabenseen (Nikaragua-, Managua-, Kiloa- und Masayasee) sowie Flüsse auf der atlantischen Seite von Nikaragua und Costa Rica (Costa Rica River). Dieser Buntbarsch ist ein Nahrungsspezialist, der sich in der Natur vor allem als Aufwuchsfresser ernährt, d.h., er weidet Algen von irgendwelchen festen Unterlagen ab. Magenuntersuchungen, die an Exemplaren aus dem Nikaraguasee durchgeführt wurden, ergaben, daß bei der Ernährung dieser Art neben pflanzlichem Material insbesondere Kleinkrebse (Copepoden) und Zuckmückenlarven (Chironomiden) eine wichtige Rolle spielen. Gelegentlich werden auch Jungfische anderer Cichliden erbeutet.

Neetroplus nematopus im Brutpflegekleid

Die
Haltung

der ausgesprochen unempfindlichen und anpassungsfähigen Fische kann auch einem Anfänger empfohlen werden. Die chemische Beschaffenheit des Wassers spielt keine besondere Rolle, da auch höhere Härtegrade und ein pH-Wert im alkalischen Bereich den Lebensbedürfnissen der Tiere in optimaler Weise entgegenkommen. Ihre Ernährung ist ebenfalls unproblematisch, denn alle gängigen Futtermittel werden gut angenommen. Einem harmonierenden Paar bietet ein Aquarium mit einer Länge von einem guten Meter ausreichend Raum. Bei seiner Einrichtung dürfen höhlenartige Versteckplätze nicht vergessen werden, denn sie tragen wesentlich zum Wohlbefinden der Fische bei. Eine Vergesellschaftung mit anderen Buntbarschen ist nur bedingt und unter der Voraussetzung zu empfehlen, daß viel Raum zur Verfügung steht, denn während der Brutpflege wird *N. nematopus* sehr aggressiv und beansprucht ein ungewöhnlich großes Revier, das heftig verteidigt wird. Die

Zucht

ist nicht schwierig. Wenn sich die Möglichkeit dafür bietet, laichen die Fische in Höhlen ab. Die Brutpflege erfolgt in einer Vater-Mutter-Familie, d.h., das Weibchen übernimmt die direkte Pflege des Geleges und der Larven, während das Männchen die Grenzen des Brutreviers verteidigt. Sobald die Jungfische aufschwimmen, fressen sie zerriebenes Flockenfutter und die Larven des Salinenkrebses.

Neetroplus panamensis
MEEK & HILDEBRAND, 1913

Dieser mittelamerikanische Buntbarsch wurde zwar ursprünglich aufgrund von Besonderheiten seiner Bezahnung als *Neetroplus panamensis* beschrieben, ROGERS (1981) überführte ihn jedoch in die Sammelgattung *Cichlasoma*, weil er der Ansicht war, daß die besondere Zahnform dieser Fische nicht im Erbgut fixiert, sondern nur durch die Lebensweise und Umwelt bedingt war. Nach der Auflösung der Gattung *Cichlasoma* muß diese Art aber erneut in *Neetroplus* geführt werden.

Anfang der 80er Jahre wurden die Fische sowohl nach England als auch nach Deutschland erstmals lebend eingeführt. Vorher waren sie schon in den USA im Aquarium vermehrt worden. Die maximale Größe dieses Cichliden liegt bei knapp 15 Zentimetern.

Die Fische sind graugrün, in der Rückenregion eher grünlich gefärbt. Zwischen dem Ansatz der Brustflossen und der Schwanzwurzel liegt in Höhe des unteren Astes der Seitenlinie eine Reihe unregelmäßiger schwarzer Flecken. Eine weitere Reihe derartiger schwarzer Zeichnungen kann sich auch im

Fundorte von *Neetroplus panamensis*

oberen Bereich des Körpers befinden. Bisweilen sind beide durch Querstreifen miteinander verbunden. Vor allem bei männlichen Fischen sind die Rückenregion, der Nacken, gelegentlich aber auch der vordere Teil der Rückenflosse mit winzigen silbrigen bis bläulichen Glanzpunkten übersät. In dem Bereich unmittelbar hinter und über dem Brustflossenansatz liegt eine rote Farbzone, die sich auch über die

Weibchen von *Neetroplus panamensis*

gesamte Brust- und Bauchregion sowie bis in die Rückenflosse ausdehnen kann. Ausmaß und Intensität der Rotfärbung hängen wesentlich vom Alter und von der jeweiligen Stimmung der Fische ab.

Während der Brutpflege wird das Farbkleid kontrastreicher. Das gilt insbesondere für die schwarzen Zeichnungen, die sich dann ausdehnen. Vor allem bei den Weibchen verfärbt sich nun die untere Hälfte des Kopfes tiefschwarz. Männliche und weibliche Tiere sind aufgrund äußerer Merkmale erst im Alter gut zu unterscheiden. Bei den Männchen entwikkeln sich dann eine steiler ansteigende Stirn, länger ausgezogene Flossen sowie eine kräftigere Rotfärbung.

Männchen von *Neetroplus panamensis*

Arttypische Merkmale

dieser Spezies bilden das Farbkleid mit den charakteristischen roten und schwarzen Zeichnungen, das auffällig kleine Maul sowie der Besitz von nur 9 (seltener 8 oder 10) Weichstrahlen in der Rücken- und 6 bis 8 Weichstrahlen in der Afterflosse. Eine Verwechslung mit anderen mittelamerikanischen Cichliden ist wenig wahrscheinlich.

Zu den

ähnlichen Arten

könnte man jedoch einige Vertreter Der Gattung *Theraps* zählen, da sie ebenfalls eine kräftige Rotfärbung und vergleichbare schwarze Muster zeigen. Jene Arten besitzen jedoch ausnahmslos mehr als zehn Weichstrahlen in der Dorsale.

Neetroplus panamensis ist in Panama endemisch.

Die

natürlichen Lebensräume

liegen sowohl auf der atlantischen als auch auf der pazifischen Seite. Der Typusfundort ist der Rio Mandingo in der Kanalzone. Die Verbreitung der Fische scheint dort auf die Einzugsgebiete des Rio Chagres und des Rio Tuira sowie in Ostpanama (Darién) auf den Rio Sambú und den Rio Chucunaque beschränkt zu sein. Sellick (briefl. Mitt.) fing diese Art im Rio Frijoles in leicht saurem (pH-Wert: 6,8) und relativ weichem Wasser (Leitfähigkeit: 124 Mikro-Siemens). Da die Fische jedoch recht anpassungsfähig sind, müssen diese Bedingungen weder bei der

Haltung

noch bei Zuchtversuchen nachgeahmt werden. Auf Dauer sollten sie nur in Aquarien gepflegt werden, die über einen Meter lang sind. Bei der Einrichtung ist es empfehlenswert, mit Wurzeln oder größeren Steinen mehrere höhlenartige Unterstände anzulegen, da diese Art offenbar derartige Örtlichkeiten als Laichplätze bevorzugt. Größere, robuste Pflanzen werden von den Fischen nicht beschädigt. Ihre Vergesellschaftung mit mittelgroßen Cichlasominen, beispielsweise aus den Gattungen *Archocentrus* oder *Thorichthys*, ist gut möglich.

Die

Zucht

von *Neetroplus panamensis* ist bei einer artgemäßen Pflege nicht schwierig. Als Laichsubstrat bevorzugen die Tiere glatte Steine. Das Gelege, die Larven und später auch die Jungfische werden sowohl vom Weibchen als auch vom Männchen betreut und verteidigt. Als erstes Futter für die Fischbrut haben sich die Larven des Salinenkrebses und zerriebenes Flockenfutter bewährt.

Die Gattung Paraneetroplus
REGAN, 1905

Die Mitglieder der Gattung *Paraneetroplus* unterscheiden sich von den anderen mittelamerikanischen Cichlasominen durch ihre abweichende Form der Bezahnung: Alle *Paraneetroplus*-Arten besitzen nämlich abgeflachte Zähne, denen eine zweite Spitze fehlt.

Anläßlich der Erstbeschreibung einer neuen *Paraneetroplus*-Art hat ALLGAYER diese Gattung, die jahrzehntelang als monotypisch galt und zeitweilig nur als Synonym zur Sammelgattung *Cichlasoma* angesehen wurde, im Jahre 1988 überarbeitet. Er ordnet diesem Verwandtschaftskreis nur zwei Arten zu, was im Gegensatz zu den von WERNER & STAWIKOWSKI (1987; 1990) vertretenen Auffassungen steht, die auch *Paraneetroplus gibbiceps* (STEINDACHNER, 1864) und *Paraneetroplus nebulifer* (GÜNTHER, 1860) in dieser Gattung führen.

Alle Buntbarsche der Gattung *Paraneetroplus* besitzen einen recht schlanken Körper, eine konvexe Stirnlinie und ein deutlich unterständiges Maul mit abgeflachten, einspitzigen Zähnen. Sie sind ebenso wie die Mitglieder der Gattung *Theraps*, denen sie sehr ähnlich sind, Bewohner strömungsreicher Gewässer.

Paraneetroplus-Arten leben in Gewässern mit starker Strömung.

Paraneetroplus bulleri
REGAN, 1905

Da dieser Buntbarsch keine zylindrischen oder konischen Zähne wie die Mehrzahl der übrigen Cichlasominen, sondern etwas zusammengedrückte, abgeflachte Zähne besitzt, wurde er in die für ihn extra geschaffene Gattung *Paraneetroplus* gestellt. Spätere Autoren maßen diesem Merkmal weniger Bedeutung zu und reihten diese Spezies zeitweilig in die Gattung *Cichlasoma* ein. Nach Europa gelangten lebende Fische erstmals im Jahre 1983 durch die Bemühungen von STAWIKOWSKI und WERNER. Die maximale Länge der Tiere liegt bei knapp 25 Zentimetern.

Sie sind in der Rückenregion olivgrün bis bräunlich, in der Bauchregion weißlich grau gefärbt. Zwischen dem Schwanzwurzelfleck und dem Kiemendeckel liegt auf den Körperseiten eine Reihe von fünf schwarzen Flecken. Die beiden letzten, die unter dem weichstrahligen Bereich der Dorsale liegen, können sich nach oben bis an den Flossengrund ausdehnen. Die Unterseite des Kopfes und die Brustregion sind bei erwachsenen Tieren schön rot gefärbt. Die Brust- und Bauchflossen sind gelb, die Schwanzflosse sowie die hinteren Teile von Rücken- und Afterflosse dagegen rötlich getönt. Männchen und Weibchen lassen sich mit Hilfe äußerer Kennzeichen nicht mit Sicherheit unterscheiden.

Fundorte von *Paraneetroplus bulleri*

Paraneetroplus bulleri

Arttypische Merkmale,

die eine Identifizierung dieser Spezies ermöglichen, bilden die schlanke, gestreckte Gestalt, das auffallend kleine Maul, der Besitz von seitlich zusammengedrückten, abgeflachten Zähnen sowie das Farbkleid, in dem die fünf Flekken auf den Körperseiten besonders charakteristisch sind. Als

ähnliche Arten

könnten mit einiger Berechtigung *Paraneetroplus nebulifer* (Günther, 1860) aus dem Rio Papaloapan, *Paraneetroplus gibbiceps* (Steindachner, 1864) aus dem Einzugsbereich des Rio Teapa im Bundesstaat Tabasco und *Paraneetroplus omonti* Allgayer, 1988, aus dem Rio Tulija im Bundesstaat Chiapas gelten, da alle diese Cichliden ebenfalls einen sehr langgetreckten, schlanken Körper und eine ähnliche Fleckenzeichnung besitzen. Obwohl durchaus Ähnlichkeiten bestehen, ist aber eine Verwechslung jener Fische mit *Paraneetroplus bulleri* wegen deutlicher Unterschiede in der Körperfärbung wenig wahrscheinlich. Die

natürlichen Lebensräume

dieses Buntbarsches liegen im Osten des mexikanischen Bundesstaates Oaxaca. Er scheint in einigen wenigen linksseitigen Nebenflüssen des oberen Rio Coatzacoalcos endemisch zu sein. Der Typusfundort ist der Rio Sarabia. Wir fingen diese Spezies in der Umgebung der Ortschaft Mixtequita im Rio Junapan, der ebenfalls zum Einzugsgebiet des Coatzacoalcos gehört, aber nördlich vom Rio Sarabia gelegen ist. Dieser Fundort ist zur Zeit des Niedrigwassers ein nur rund zehn Meter breites, klares Gewässer, das eine erhebliche Strömung besitzt. Der Wasserstand lag durchgängig unter einem Meter. Der Untergrund bestand teils aus Sand, teils aus Kies und großen Steinen und Felsen. Die Fische hielten sich vorzugsweise im Schutze von Baumwurzeln, Ästen und Steinen auf. Sie traten in diesem Biotop zusammen mit *Parapetenia salvini*, einer nicht identifizierten Art aus der Gattung *Vieja* sowie *Poecilia sphenops*, einem lebendgebährenden Zahnkarpfen, auf. Eine Wasseranalyse ergab recht hohe Härtegrade und einen pH-Wert im deutlich alkalischen Bereich. Dies sind Anzeichen dafür, daß die

Haltung

von *Paraneetroplus bulleri* nicht besonders schwierig ist. Allerdings sind diese Fische langfristig nur in großen Behältern zu pflegen, deren Länge erheblich über einem Meter liegt. Das Aquarium wird mit gewaschenem Kies, großen Steinen und Wurzeln so eingerichtet, daß Versteckplätze entstehen und die Abgrenzung von Revieren erleichtert wird. Für eine Bepflanzung sind nur widerstandsfähige, robuste Gewächse empfehlenswert. Die Fische sind nicht schnellwüchsig und benötigen eine möglichst abwechslungsreiche Ernährung, die auch aus zerschnittenem Meeres- oder Süßwasserfisch sowie Krabben und Garnelen bestehen sollte. Bis zum Abschluß des Manuskriptes war die

Zucht

im Aquarium nur selten gelungen. Es besteht jedoch kein Anlaß, daran zu zweifeln, daß *P. bulleri* nach Art von Offenbrütern auf Steinen oder Wurzeln ablaicht und daß sich beide Elternfische an der Brutpflege beteiligen. Es empfiehlt sich, die Fischbrut anfangs mit den Larven von *Artemia salina* und zerkleinertem Flockenfutter zu ernähren.

Tabelle 30:

Ort:	Rio Junapan, 9 km vor dem Ort Mixtequita (Einzugsgebiet des Coatzacoalcos, Oaxaca, Mexiko)
Sichtweite:	80 cm
Farbe:	bräunlich
pH-Wert:	7,75
Gesamthärte:	15,0 °dH
Karbonathärte:	11,5 °dH
Leitfähigkeit:	1150 µ bei 30 °C
Wassertiefe:	bis knapp 1 m
Wasserbewegung:	starke Strömung
Wassertemperatur:	30 °C
Lufttemperatur:	32 °C
Datum:	6. 4. 1983
Uhrzeit:	16.00 Uhr

Die Gattung Parapetenia
REGAN, 1905

Der Name *Parapetenia* ist von REGAN ursprünglich als Bezeichnung für eine Untergattung in der Gattung *Cichlasoma* eingeführt worden. Die Auflösung und neue Definition der ehemaligen Sammelgattung *Cichlasoma* durch den schwedischen Ichthyologen KULLANDER im Jahre 1983 führte zu dem Ergebnis, daß sie seitdem nur noch südamerikanische Cichliden enthält. Die Ausgrenzung aller mittelamerikanischen Buntbarsche hatte zur Folge, daß alle zentralamerikanischen Arten auf andere Gattungen neu verteilt werden mußten. In der Mehrzahl der Fälle konnte man dabei auf Gattungsbezeichnungen zurückgreifen, die zwar zwischenzeitlich als Synonyme gegolten hatten, die jedoch durch die Revision von *Cichlasoma* wieder zur Verfügung standen. Bei der Mehrzahl der Buntbarsche, die der Sektion *Parapetenia* zugerechnet wurden, war das aber nicht der Fall. Einige Autoren verwenden daher *Parapetenia* neuerdings als Gattungsnamen (u. a. ALLGAYER, 1989). KULLANDER (1983) hatte statt dessen vorgeschlagen, den von GILL bereits im Jahre 1862 für einen Buntbarsch aus diesem Verwandtschaftskreis eingeführten Gattungsnamen *Nandopsis* zurückzugreifen.

Leider sind jedoch die ursprünglich in der Untergattung *Parapetenia* zusammengefaßten Cichliden keineswegs monophyletischen Ursprungs. Sie bilden vielmehr eine sehr heterogene Gruppe, die dringend einer Überarbeitung bedarf. Die Typusart von *Nandopsis* bildet *Centrarchus tetracanthus* VALENCIENNES, 1831, eine Art, die zusammen mit den anderen auf Kuba und Haiti vorkommenden Buntbarschen innerhalb der *Parapetenia*-Arten einen besonderen Verwandtschaftskreis bildet, der sicherlich zukünftig als eigene Gattung den Namen *Nandopsis* tragen wird. Aus diesem Grund kommt dieser Gattungsname aber folglich für die übrigen Arten dieser Gruppe nicht in Frage, weshalb hier der Vorschlag von ALLGAYER aufgegriffen wird und der Name *Parapetenia* vorläufig, das heißt bis zu einer Überarbeitung dieser Gruppe, als Gattungsname verwendet wird.

Am Rio Guaporé, Fundort von *Mesonauta festivus*, *Satanoperca pappaterra* und *Heros* sp.

Parapetenia bartoni
(BEAN, 1892)

Dieser Buntbarsch wurde ursprünglich in der Erstbeschreibung der Gattung *Acara* zugeordnet. In der Literatur finden sich Größenangaben zwischen 20 und 25 cm. Unsere Untersuchungen in den natürlichen Lebensräumen ergaben, daß die Weibchen dort bereits mit einer Länge von siebeneinhalb und die Männchen mit neun Zentimetern voll geschlechtsreif sind und sich fortpflanzen.

Im Brutpflegekleid gehört dieser Buntbarsch zu den auffälligsten Cichliden. Die Stirn und der Bereich oberhalb der oberen Seitenlinie sowie die unpaaren Flossen sind dann silbrigweiß getönt. Der restliche Körper ist bis auf einige wenige grün glänzende Schuppen tiefschwarz gefärbt. Die Iris sieht mit Ausnahme ihres oberen vorderen Viertels, das golden glänzt, ebenfalls schwarz aus. Bei neutraler Grundstimmung zeigen die Fische jedoch ein unscheinbares Farbkleid: Auf grüngrauem bis beigefarbenem Untergrund können sie dann ein unregelmäßiges Muster kleiner schwarzer Flecken und Tüpfel tragen, so daß die Flanken schwarz meliert wirken. Meist ist

Fundorte von *Parapetenia bartoni*

jedoch das schwarze Farbmuster auf eine Längsreihe verschieden großer, sehr unregelmäßiger Flecken begrenzt, die hinter dem Auge beginnt und sich bis zum Schwanzwurzelfleck erstreckt, bisweilen aber auch nur in der hinteren Körperhälfte ausgebildet ist. Da dieser Buntbarsch isomorph ist, gibt es keine äußeren Merkmale, aufgrund derer die Geschlechter zu unterscheiden wären.

Pärchen von *Parapetenia bartoni* im Brutpflegekleid

Arttypische Merkmale,

lie eine Identifizierung dieser Spezies ermög-ichen, sind das unverwechselbare Brutpflege-kleid und der Besitz von vier Hartstrahlen in ler Afterflosse. Zu den

ähnlichen Arten

zählt vor allem *Parapetenia labridens* (PELLE-GRIN, 1903), eine Spezies, die dieselben Lebensräume bewohnt. Sie hat jedoch im all-gemeinen fünf bis sechs Hartstrahlen in der Anale und eine gänzlich andere Brutpflegefär-bung. *Parapetenia bartoni* wurde von REGAN 1908) der *Cichlasoma*-Sektion *Parapetenia* zugeordnet. Der

natürliche Lebensraum

lieses Buntbarsches liegt im nordöstlichen Mexiko, und zwar im Bundesstaat San Luis Potosi. Seine Verbreitung ist ungewöhnlich begrenzt und auf das Gebiet des oberen Rio Verde beschränkt, das zum Einzugsbereich les Rio Panuco gehört. Die Fundortangaben ind etwas widersprüchlich, da als Typusfund-ort Huasteca Potosina aufgeführt wird, jün-gere Autoren jedoch die Auffassung vertreten, laß diese Art heutzutage in Gewässern, die in ler Umgebung der Stadt Rio Verde liegen, endemisch ist. Wir konnten sie dort sowohl in ler Laguna Media Luna als auch in der Laguna Los Anteojitos und in Bewässerungskanälen

Tabelle 31:

Ort:	Laguna Media Luna bei der Stadt Rio Verde (San Luis Potosi, Mexiko)
Sichtweite:	etwa 20 m
Farbe:	bläulich
pH-Wert:	7,9
Gesamthärte:	53 °dH
Karbonathärte:	11 °dH
Leitfähigkeit:	1680 µS bei 30,5 °C
Wassertiefe:	30 m
Wasserbewegung:	keine
Wassertemperatur:	30,5 °C
Lufttemperatur:	26,0 °C
Datum:	24. 3. 1983
Uhrzeit:	16.00 Uhr

Parapetenia bartoni **bei der Brutpflege im natürlichen Lebensraum**

beobachten. Die Fische leben in sehr klarem Wasser, das äußerst hart war und eine deutlich alkalische Reaktion zeigte. Bemerkenswert ist, daß dieser Cichlide in der Laguna Media Luna seine Brutreviere in relativ großer Tiefe hatte, nämlich in dem Bereich zwischen vier und zehn Metern. In den ufernahen Zonen des Gewässers hielten sie sich häufig im Schutze von Seerosen auf. Durch das Aussetzen von ostafrikanischen Buntbarschen in den natürlichen Lebensräumen von *P. bartoni* ist diese Spezies zu den akut bedrohten Arten zu zählen (vgl. STAECK & SEEGERS, 1984). Die

Haltung

von *Parapetenia bartoni* ist nicht schwierig, da dieser Buntbarsch robust und widerstandsfähig ist. Allerdings sollte man ihn nicht in extrem weichem oder saurem Wasser pflegen. Für ein harmonierendes Paar bietet ein Aquarium mit einer Seitenlänge von gut einem Meter ausreichend Raum, das mit größeren Steinen, Wurzeln und Pflanzengruppen eingerichtet ist. Die Fische sind gierige Fresser, die alle gängigen Futterarten annehmen. Größere Tiere sollten regelmäßig mit zerschnittenem See- oder Süßwasserfisch gefüttert werden. Die

Zucht

gelingt leicht. Nach Art der Offenbrüter laichen die Fische auf Steinen ab. Sie betreuen das Gelege, die Larven und Jungtiere in einer Elternfamilie.

Parapetenia dovii
(GÜNTHER, 1864)

In der Erstbeschreibung wurde dieser mittelamerikanische Cichlide aus der Gattungsgruppe Cichlasomini der Gattung *Heros* zugeordnet. In der Aquaristik spielt er infolge seiner Größe keine besondere Rolle. In Deutschland scheint er Anfang der 80er Jahre erstmals gepflegt worden zu sein. In den USA wurde er jedoch schon früher im Aquarium gehalten. Die Fische erreichen in der Natur eine Länge zwischen 40 und 50 Zentimetern. RIEDEL (1965) gibt als maximale Größe sogar 70 Zentimeter an.

Die Fische besitzen eine beige bis grauweiße Grundfärbung. Zwischen dem länglichen Schwanzwurzelfleck, der sich im allgemeinen über die gesamte Höhe des Schwanzstieles erstreckt, und dem hinteren Rand des Auges verläuft ein unscharf begrenztes dunkles Längsband, das aber häufig in einzelne Flecken aufgelöst erscheint. Vom unteren Augenrand zieht ein schwarzer Strich schräg nach unten zum Winkel des Kiemendeckels. Ein dunkler Fleck befindet sich auf dem Grund der Brustflossen, ein zweiter über

Fundorte von *Parapetenia dovii*

ihrem Ansatz. Stimmungsbedingt können etwa acht dunkle Querstreifen auf den Körperseiten erscheinen. Die Flossen tragen einen schönen grünen Glanz.

Im Alter ist dieser Buntbarsch sowohl dichromatisch als auch dimorph, denn bei männlichen Exemplaren entwickelt sich auf dem Hinterhaupt ein Buckel, und ihre Flossen sind zu langen Spitzen ausgezogen. Auf den

Parapetenia dovii ♀

Flanken tragen sie einen violetten bis bläulichen Glanz. Die unpaaren Flossen und der Körper sind mit zahlreichen kleinen schwarzen Flecken übersät, die auf den Flanken zu Längsreihen angeordnet sind, die den Schuppenreihen folgen und auf den Wangen zu einem Netzmuster wurmförmiger schwarzer Linien verschmelzen.

Weiblichen Fischen fehlt dieses Fleckenmuster. Dafür sind bei ihnen die Querstreifen deutlicher ausgebildet. *Parapetenia dovii* zählt zu den polychromatischen Cichliden. In Costa Rica wurde neben der vorstehend beschriebenen Normalmorphe eine goldfarbene Variante gefunden.

Arttypische Merkmale

dieses Buntbarsches sind die relativ gestreckte Körperform, die lange Schnauze, das tiefgespaltene Maul sowie der ausgeprägte Sexualdichromatismus. Hinzu kommen der Besitz von zwölf Weichstrahlen in der Dorsale und nur sechs Hartstrahlen in der Anale.

Ähnliche Arten

treten in der Gattung *Parapetenia* auf. Eine Verwechslung scheint jedoch nur mit *Parapetenia managuensis* (GÜNTHER, 1869) möglich, da diese Art ebenfalls einen relativ schlanken Körper und ein großes, tiefgespaltenes Maul besitzt. Jene Spezies zeigt jedoch keinen Sexualdichromatismus. Ferner besitzt sie nur knapp 10 Weichstrahlen in der Dorsale, aber 7 Hartstrahlen in der Anale. Die

natürlichen Lebensräume

von *Parapetenia dovii* liegen im östlichen Honduras, in Nikaragua und in Costa Rica. Im Nikaraguasee hält sich dieser Buntbarsch vorzugsweise über felsigem Untergrund auf. Häufig ist er dort in Höhlen zu finden. Nicht selten wurde er in diesem Gewässer auch in größerer Tiefe nachgewiesen. Erwachsene Tiere sind Räuber, die sich ausschließlich von anderen Fischen ernähren. Die von diesem Buntbarsch besiedelten Biotope führen sowohl weiches als auch mittelhartes Wasser, dessen pH-Wert zwischen dem leicht sauren und dem deutlich alkalischen Bereich liegen kann.

Dieser Tag hat sich gelohnt.

Bei der

Haltung

dieses Cichliden ist zu beachten, daß er infolge seiner Größe im Grunde kein Aquarienfisch ist, da er langfristig nur in übergroßen Spezialbehältern zu pflegen ist, die eine Mindestlänge von zwei Metern besitzen. Allerdings sind diese Fische sehr ruhige Pfleglinge, die kein großes Bewegungsbedürfnis zeigen. Wenn das Aquarium einige Unterstände enthält, trägt das wesentlich zum Wohlbefinden der Tiere bei. Bereits halbwüchsige Exemplare sind infolge ihres dehnbaren Maules ausgesprochene Großbrockenfresser mit einem erheblichen Nahrungsbedarf und sollten deshalb regelmäßig mit Fischstückchen gefüttert werden. Über eine erfolgreiche

Zucht

im Aquarium gibt es bisher keine Berichte. Sie erscheint aber nicht ausgeschlossen, da die Fische bereits mit einer relativ geringen Körpergröße geschlechtsreif werden. Sie zählen zu den Offenbrütern, die den Laich bevorzugt auf einem Stein ablegen und die Nachkommen in einer Elternfamilie aufziehen.

Parapetenia festae
(BOULENGER, 1899)

Dieser südamerikanische Buntbarsch ist ein typischer Vertreter der Gattung *Parapetenia.* In der Erstbeschreibung erhielt er den Namen *Heros festae.* Nach Europa wurde er Ende der 70er Jahre erstmals lebend eingeführt. Männliche Exemplare können deutlich über 30 Zentimeter lang werden.

Wichtige Zeichnungen im Farbkleid der Fische sind ein blaugrün gesäumter Augenfleck in der oberen Hälfte der Schwanzwurzel sowie sieben schwarze Querstreifen auf den Flanken. Zwei weitere derartige Streifen verlaufen über Nacken und Hinterhaupt.

Erwachsene Fische zeigen einen sehr deutlichen Sexualdimorphismus, so daß die Geschlechter leicht zu unterscheiden sind. Die bedeutend größeren Männchen zeigen eine eher grüngelbe Grundfärbung. Das Streifenmuster kann bei ihnen völlig verschwinden. Im Unterschied zu den Weibchen tragen sie vor allem in der hinteren Körperhälfte zahlreiche blaugrüne Glanzflecken, die auch auf die Flossen übergreifen. Weibliche Fische besitzen dagegen eine intensiv orangerote bis rote Färbung, von der sich das Streifenmuster, das ins

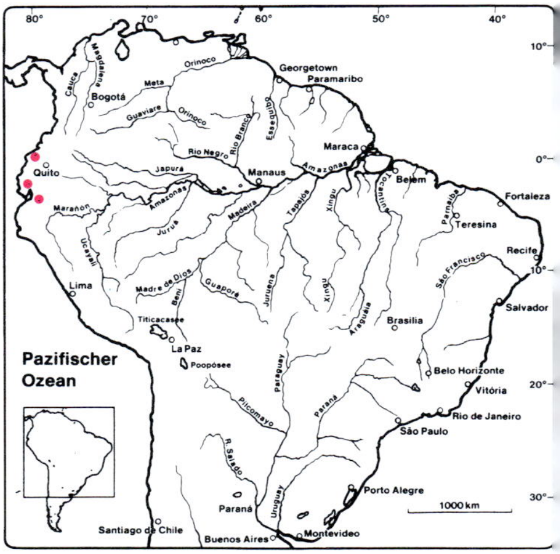

Fundorte von *Parapetenia festae*

Parapetenia festae ♀

besondere während der Brutpflege sehr kräftig ausgebildet ist, kontrastreich abhebt. Auch der hartstrahlige Teil der Rückenflosse sowie die Bauchflossen sehen dann tiefschwarz aus. Für die Aquaristik bildet die kräftig orangerote Färbung des Körpers und der Flossen das wichtigste

arttypische Merkmal,

das eine Identifizierung dieser Spezies ermöglicht. Charakteristisch für sie ist ferner, daß der Augenfleck auf der Schwanzwurzel in deren oberer Hälfte gelegen ist. Zu den

ähnlichen Arten,

die sich innerhalb der Gattung *Parapetenia* finden, zählt insbesondere *Parapetenia urophthalma* (Günther, 1862), da jene Spezies auch kräftige Rottöne zeigen kann. Bei ihr ist jedoch der Augenfleck auf der Schwanzwurzel besonders großflächig und erstreckt sich beinahe über deren gesamte Höhe. Ferner besitzt dieser Cichlide nur sechs Querstreifen auf den Flanken.

Die Verbreitung von *Parapetenia festae* scheint ausschließlich auf Ekuador beschränkt zu sein.

Natürliche Lebensräume

Die Fundorte dieser Art liegen insbesondere im Einzugsgebiet des Rio Guayas, des Rio Chanchan, Rio Durango, Rio Clementina, Rio Boba sowie im Rio Macul. Der Fundort der Typusexemplare lag im unteren Rio Guayas nahe der Stadt Guayaquil.

Haltung

Die Pflege dieses anpassungsfähigen und robusten Buntbarsches ist grundsätzlich nicht besonders schwierig, da der Chemismus des Wassers bei seiner Pflege keine besondere Rolle spielt. Probleme können sich jedoch aus seiner Aggressivität ergeben, die er bei einem zu gering bemessenen Raum sowohl gegenüber Artgenossen als auch artfremden Cichliden zeigt. Ein harmonierendes Paar läßt sich jedoch in einem eineinhalb Meter langen Aquarium gut pflegen, wenn es mit Steinen

Parapetenia festae ♂

und Wurzeln so eingerichtet wurde, daß Sichtblenden und einige Höhlen vorhanden sind, die im Falle von Beißereien dem unterlegenen Fisch eine sichere Rückzugsmöglichkeit bieten. Sehr gefährlich ist es, einem pflegenden Paar die Brut wegzunehmen, da es dadurch zwischen den Elterntieren häufig zu Kämpfen kommt. Eine Bepflanzung des Aquariums ist möglich, doch sollten nur wenige robuste Einzelpflanzen verwendet werden.

Parapetenia festae besitzt ein sehr dehnungsfähiges Maul und zählt zu den Großbrockenfressern mit einer zumindest teilweise räuberischen Lebensweise. Sobald die Tiere halbwüchsig sind, benötigen sie daher ein gehaltvolles Futter. Aus diesen Gründen empfiehlt es sich, ihnen regelmäßig Fisch und Krebsfleisch (Shrimps) anzubieten.

Zucht

Unter der Voraussetzung, daß ein harmonierendes Paar zur Verfügung steht, ist die Vermehrung keineswegs schwierig. Sie sollte jedoch wegen der Aggressivität dieser Art in einem besonderen Aquarium erfolgen, in dem das Paar allein gepflegt wird. Die Fische sind Offenbrüter, die während der Brutpflege eine Vater-Mutter-Familie bilden. Während sich das Weibchen vor allem um die Betreuung der Eier und Larven kümmert, verteidigt das Männchen in erster Linie das Brutrevier. Ein größeres Weibchen kann mehrere hundert Eier legen. Bei der Aufzucht der zahlreichen Jungfische ist deshalb besonders auf einen regelmäßigen, häufigen Wasserwechsel zu achten, damit die schädlichen Stoffwechselendprodukte aus dem Aquarium entfernt werden.

Parapetenia grammodes
(TAYLOR & MILLER, 1980)

Dieser Buntbarsch aus der Gattung *Parapetenia* gehört zu der kleinen Gruppe von mittelamerikanischen Arten, die erst in jüngster Zeit entdeckt und beschrieben wurden. Lebend nach Deutschland wurde er erstmals durch STAWIKOWSKI & WERNER im Jahre 1983 eingeführt. Das größte aus der Literatur bekannte Exemplar ist knapp zwanzig Zentimeter lang.

Die Fische besitzen eine bräunliche bis braungelbe Grundfarbe, die in der unteren Körperhälfte von einem bläulichen Metallglanz überlagert ist. Auf den Flanken können etwa acht dunkle Quer- und ein Längsstreifen, der vom Auge zum Schwanzwurzelfleck zieht, ausgebildet sein. Gelegentlich tritt in der Rükkenregion ein zweiter Längsstreifen auf. Im Kreuzungspunkt des unteren Längs- und des vierten Querstreifens liegt gewöhnlich ein rundlicher Flankenfleck. Auf den Wangen und quer über den Nacken sowie die Schnauze verläuft eine Anzahl sehr schmaler rotbrauner Linien. Unterhalb der oberen Seitenlinie tragen die Schuppen je einen kleinen rotbraunen Fleck. Ein ähnliches Fleckenmuster findet sich auch in den unpaaren Flossen, die zum größten Teil einen intensiv blaugrünen Metallglanz aufweisen. Äußere Geschlechtsunterschiede, die eine sichere Bestimmung von Männchen

Fundorte von *Parapetenia grammodes*

Parapetenia grammodes

und Weibchen ermöglichen, scheinen nicht zu bestehen.

Arttypische Merkmale

bilden der im Unterschied zu den meisten *Parapetenia*-Arten recht schlanke Körper sowie das Muster feiner rotbrauner Linien, das sich auf Schnauze, Stirn und Nacken sowie auf den Wangen befindet. Eine Verwechslung mit ähnlichen Arten ist deshalb ausgeschlossen.

Die

natürlichen Lebensräume

von *Parapetenia grammodes* liegen nur im oberen Einzugsbereich des Rio Grijalva im mexikanischen Bundesstaat Chiapas und an der Westgrenze Guatemalas. Die Fundorte liegen unter anderem in der Umgebung der Städte Villa Flores, Tuxtla Gutierrez und Comitan (Rio Grande de Chiapa, Rio Sabinal, Rio Salado, Rio Lagartero). In den natürlichen Biotopen dieses Cichliden wurden eine mittlere, bisweilen aber auch eine extrem hohe Härte sowie pH-Werte um 7,5 gemessen (STAWIKOSWKI, 1983). Interessante Angaben zu den Lebensräumen finden sich auch bei TAYLOR & MILLER (1980): Die Fische wurden über steinigem, sandigem und schlammigem Untergrund angetroffen. Wasserpflanzen waren bis auf *Potamogeton*-Arten nicht vorhanden. Häufig hielten sich die Buntbarsche im Schutz von Ästen auf. Weitere Fische dieser Biotope waren der Cichlide *Vieja hartwegi,* der Salmler *Astyanax fasciatus,* Antennenwelse, Killifische (*Profundulus*-Arten) und lebendgebärende Zahnkarpfen *(Poecilia sphenops).*

Bei der

Haltung

von *Parapetenia grammodes* ergeben sich kaum Schwierigkeiten, da dieser Buntbarsch recht robust und anpassungsfähig ist. Ein Aquarium mit einer Länge von einem guten Meter bietet ihm ausreichend Raum. Versteckplätze aus großen Steinen und Wurzeln können zum Wohlbefinden der Fische wesentlich beitragen. Auch Pflanzen können bei der Einrichtung des Aquariums berücksichtigt werden, da sie

Cichlidenbiotop im nördlichen Mexiko (Rio Aguabuena, San Luis Potosi)

von dieser räuberischen Art nicht beschädigt werden. Bei der Fütterung von *Parapetenia grammodes* sollte berücksichtigt werden, daß sich adulte Exemplare ebenso wie andere *Parapetenia*-Arten überwiegend von Fischen ernähren. Zerschnittener Süßwasser- oder Meeresfisch sowie Krabben oder Garnelen müssen deshalb zum regelmäßigen Nahrungsangebot gehören. Für die

Zucht

sind im Grunde keine besonderen Vorkehrungen notwendig, wenn die Fische in einem artgemäßen Aquarium gepflegt werden. *Parapetenia grammodes* ist ein Offenbrüter, der Steine oder Wurzeln als Laichsubstrat verwendet. Sowohl das Weibchen als auch das Männchen beteiligen sich an der Brutpflege und der Aufzucht der Nachkommen. Als erstes Futter für die Jungfische sind die *Nauplius*-Larven des Salinenkrebses oder auch fein ausgesiebte Wasserflöhe zu empfehlen.

Parapetenia loisellei
(BUSSING, 1989)

Fundorte von *Parapetenia loisellei*

Dieser Buntbarsch aus Mittelamerika wird bereits seit dem Ende der 70er Jahre in Deutschland im Aquarium gepflegt und erfreute sich zeitweilig trotz seiner Länge großer Popularität. Bis zu seiner wissenschaftlichen Erstbeschreibung im Jahre 1989 wurde er jedoch irrtümlich als *Cichlasoma managuense* oder *Cichlasoma friedrichsthalii* identifiziert (vgl. STAWIKOWSKI & WERNER, 1985).

Parapetenia loisellei ist die kleinste Art aus der Gruppe der räuberischen Großcichliden, die in Mittelamerika allgemein als *Guapotes* bezeichnet werden, denn sie erreicht nur eine Gesamtlänge von wenig über zwanzig Zentimetern. Die wichtigsten schwarzen Zeichnungen im Farbkleid dieses Buntbarsches bilden ein in der oberen Hälfte des Schwanzstiels befindlicher hell gesäumter Augenfleck, ein meist in eine Reihe von Flecken zerfallendes Längsband, das sich zwischen dem Auge und dem Schwanzwurzelfleck erstreckt, sowie der stets in zwei Flecken aufgelöste Unteraugenstreifen, der vom Hinterrand des Auges zum unteren Rand des Kiemendeckels zieht. Ober-

Ausgewachsenes Männchen von *Parapetenia loisellei*

Junges Weibchen von *Parapetenia loisellei*

halb des Ansatzes der Brustflossen befindet sich schließlich noch ein weiterer kleiner schwarzer Fleck.

Da ausgewachsene Fische einen deutlichen farblichen Sexualdimorphismus besitzen, ist die Unterscheidung der Geschlechter einfach. Die deutlich kleineren weiblichen Fische tragen eine kräftig gelbliche Grundfärbung. Im Unterschied dazu sind die unteren Körperseiten der Männchen eher grünlich bis grüngolden getönt. Ihre Rückenregion zeigt einen zarten violetten Glanz. Das wichtigste Unterscheidungsmerkmal bildet jedoch ein schwarzes Tüpfelmuster, das nur adulte männliche Fische in der unteren Kopfregion sowie auf den Flanken und unpaaren Flossen tragen.

Ähnliche Arten

Die Gefahr einer Verwechslung erscheint nur bei *Parapetenia friedrichsthalii* (HECKEL, 1840) und *Parapetenia motaguesis* (GÜNTHER, 1866) gegeben. Diese beiden Arten besitzen jedoch auf den Körperseiten ein deutlich ausgebildetes Muster von schwarzen Querstreifen, das *Parapetenia loisellei* fehlt.

Natürliche Lebensräume

Die natürliche Verbreitung dieses Buntbarsches erstreckt sich über die in den Atlantik mündenden Flüsse zwischen dem östlichen Honduras und dem westlichen Panama. Vereinzelte Fundorte sind auch aus Gewässern auf der pazifischen Seite von Nikaragua, Costa Rica und Panama bekannt, jedoch scheint es sich dort um vom Menschen verursachte Faunenverfälschungen zu handeln.

Haltung

Erwachsene Exemplare sind auf Dauer nur in sehr geräumigen Aquarien zu pflegen, die mindestens anderthalb Meter lang sind. Aus Steinplatten errichtete Höhlen können zum Wohlbefinden der Fische beitragen. Sie benötigen ein gehaltvolles Futter, das auch aus Fischfleisch bestehen sollte.

Zucht

Parapetenia loisellei ist ein robuster Offenbrüter, der sich bei verschiedensten Wasserverhältnissen im Aquarium fortgepflanzt hat.

Parapetenia managuensis
(GÜNTHER, 1869)

Fundorte von *Parapetenia managuensis*

Ebenso wie viele andere Vertreter der Gattung *Parapetenia* wurde auch diese Art ursprünglich der Gattung *Heros* zugeordnet. Im Aquarium wurde sie in Europa erstmals Ende der 70er Jahre gepflegt. Da die Fische eine Größe von über 50 Zentimetern erreichen können (BARLOWE), zählen sie in ihrem natürlichen Verbreitungsgebiet zu den beliebtesten Speisefischen.

Die Grundfarbe von *Parapetenia managuensis* ist ein silbriges Weißgrau, das manchmal einen grünlichen Anflug zeigt. Körper und Flossen sind mit zahlreichen kleinen schwarzen Flecken übersät, die zum Teil in unregelmäßigen Reihen angeordnet sind oder zu Strichen zusammentreten. In der oberen Hälfte des Schwanzstiels liegt ein Schwanzwurzelfleck. Ein dunkles Längsband, das in der Regel in sechs große unregelmäßige Flecken zerfällt, verbindet den Rand des Kiemendeckels mit der Schwanzwurzel. Diese Flecken können Ausgangspunkt für verwaschene Querbänder sein, deren Ausbildung jedoch stimmungsbedingt ist. Der Ansatz der Brustflossen ist meist durch einen schwarzen Fleck markiert. Bei erwachsenen Exemplaren ist die Iris braunrot bis rötlich getönt. Wie das Foto zeigt, gibt es auch Fische, denen sowohl das erwähnte Längsband bzw. die Längsreihe von Flecken als auch die Querbänder völlig fehlen. Darüber hinaus ist *Parapetenia managuensis* eine polychromatische Art. Neben der vorstehend beschriebenen Normalmorphe treten gele-

Parapetenia managuensis

gentlich in den natürlichen Biotopen auch Tiere auf, die gelb bis goldfarben aussehen, aber sehr selten sind. Da die Geschlechter isomorph sind, lassen sich Männchen und Weibchen aufgrund äußerer Merkmale kaum mit Sicherheit unterscheiden. Obwohl bei männlichen Fischen das Fleckenmuster häufig kräftiger ausgebildet ist, bildet es kein verläßliches Merkmal, um das Geschlecht zu bestimmen.

Arttypische Merkmale,

die für die Aquaristik von Bedeutung sind, da sie die Bestimmung von *Parapetenia managuensis* ermöglichen, bilden das tiefgespaltene Maul, das bis unter das Auge reicht, das Muster kleiner schwarzer Flecken auf den Körperseiten sowie das Fehlen eines deutlich ausgebildeten farblichen Sexualdimorphismus. In der Gattung *Parapetenia* gibt es mehrere recht

ähnliche Arten.

Zu ihnen zählen *Parapetenia friedrichsthalii* (HECKEL, 1840) und *Parapetenia motaguensis* (GÜNTHER, 1869), die beide ein deutlich kleineres, weniger tiefgespaltenes Maul besitzen, sowie *Parapetenia dovii* (GÜNTHER, 1864). Bei jener Art sind die kleinen schwarzen Flecken auf den Flanken in regelmäßigen Reihen angeordnet. Sie treten auch nicht zu Linien zusammen. Ferner zeigt jener Buntbarsch einen deutlichen farblichen Sexualdimorphismus.

Die

natürlichen Lebensräume

von *Parapetenia managuensis* liegen in Mittelamerika. Die Verbreitung erstreckt sich vom östlichen Honduras über Nikaragua bis zur atlantischen Seite von Costa Rica. Als Fundorte sind unter anderem der Nikaragua- und Managuasee belegt. Neuerdings wurde die Art auch in mexikanischen Gewässern nachgewiesen, wo sie aber vermutlich durch den Menschen eingeführt wurde. Die Fische bewohnen sehr unterschiedliche Gewässertypen, die in ihrem Wasserchemismus erheblich voneinander abweichen können. Erwartungsgemäß ist die

Typische Klarwasserflüsse besitzen eine grünliche Färbung.

Haltung

dieses robusten und anpassungsfähigen Cichliden in dieser Hinsicht auch völlig unproblematisch. Andererseits ist er jedoch infolge seiner Endgröße im Grunde kein Aquarienfisch. Langfristig werden für seine Pflege sehr geräumige Spezialbehälter benötigt, die über eineinhalb Meter lang sind. Allerdings sind erwachsene Exemplare recht ruhige Pfleglinge, die offenbar kein sehr ausgeprägtes Bewegungsbedürfnis besitzen. Versteckplätze aus großen Steinplatten können zum Wohlbefinden der Fische beitragen. Um den Schwimmraum nicht unnötig zu vermindern, sollte die Bepflanzung des Behälters sparsam sein und nur aus wenigen robusten Einzelexemplaren bestehen. Die

Zucht

dieses Großcichliden ist im Aquarium durchaus möglich, da er bereits mit einer Körperlänge von rund zwölf Zentimetern geschlechtsreif wird. Er ist ein Offenbrüter, der vorzugsweise auf flachen Steinen ablaicht. Beide Eltern betreuen und verteidigen die Brut. Da sie während der Brutpflege große Reviere beanspruchen, sollte man sie für Zuchtversuche in einem gesonderten Aquarium isolieren. Die Jungfische können mit zerkleinertem Flockenfutter und fein ausgesiebten Wasserflöhen gefüttert werden.

Parapetenia sp. aff. *labridens*

(Tamasopo)

Der Status des im folgenden vorgestellten mexikanischen Cichliden erscheint zur Zeit aus mehreren Gründen noch ungesichert. Als Typusfundort findet sich für *Parapetenia labridens* (PELLEGRIN, 1903) die Angabe Huasteca Potosina, Guanajuato, eine Örtlichkeit, deren genaue Lage sich heute leider nicht mehr mit Sicherheit ermitteln läßt. TAYLOR & MILLER (1983) führen unter dem Namen *Parapetenia labridens* sowohl den hier behandelten Buntbarsch, der im Rio Aquabuena bei Tamasopo vorkommt, als auch einen Cichliden, der in der Laguna Media Luna bei Rioverde verbreitet ist. Wie unsere Beobachtungen in Mexiko ergaben, bestehen jedoch zwischen diesen beiden Fischen deutliche Unterschiede. Daraus folgt entweder, daß innerhalb der Art *Parapetenia labridens* eine erhebliche Variationsbreite besteht, oder, und zu dieser Meinung neigen wir, daß unter diesem Namen zur Zeit zwei verschiedene Cichliden geführt werden. Der im folgenden vorgestellte Buntbarsch wurde von uns im Frühjahr 1983 erstmals lebend

Fundorte von *Parapetenia* sp. aff. *labridens*

nach Deutschland eingeführt. Die Fische, die wir im natürlichen Lebensraum beobachteten, hatten eine maximale Länge von rund zwölf Zentimetern.

Bei neutraler Stimmung zeigen sie auf weißgrauem Untergrund einen sehr unregelmäßigen schwarzen Längsstreifen, der von der Oberlippe in Höhe der unteren Augenhälfte zu einem dunklen Fleck auf dem Schwanzstiel

Parapetenia sp. aff. *labridens*

zieht. Dieser Streifen zerfällt meist in eine Längsreihe einzelner Flecken, die in der hinteren Körperhälfte gelegentlich zu ungefähr sieben senkrechten Querstreifen erweitert sind. Während der Brutpflege färben sich der Kopf, die Kehle und die Brust unterhalb des Längsstreifens tiefschwarz. Diese recht scharf begrenzte Farbzone endet in Höhe des Bauchflossenansatzes. Schachbrettartig versetzt zu dieser Zeichnung ist auch der hintere Körper ungefähr vom siebenten Dorsalstachel an oberhalb des Längsbandes schwarz gefärbt. Im wirkungsvollen Kontrast dazu zeigen die obere vordere und die untere hintere Körperregion einen hellen Beigeton. Die Geschlechter sind aufgrund äußerer Merkmale nicht zu unterscheiden, jedoch werden männliche Fische erheblich größer als die Weibchen. Die größten Männchen, die wir im natürlichen Lebensraum beobachteten, waren etwa 12 cm lang. Zu den

arttypischen Merkmalen,

die eine Identifizierung dieses Buntbarsches ermöglichen, zählt insbesondere das schachbrettartig versetzte, schwarzweiße Farbmuster während der Brutpflege. Hinzu kommt, daß dieser Cichlide in der Regel 16 Hartstrahlen in der Rückenflosse besitzt. Eine geringere Zahl tritt nur ausnahmsweise einmal auf. Eine in bezug auf die morphometrischen Merkmale sehr

Tabelle 32:

Ort:	**Rio Aguabuena bei Tamasopo (San Luis Potosi, Mexiko)**
Sichtweite:	**5 m**
Farbe:	**grün**
pH-Wert:	**9,15**
Gesamthärte:	**56 °dH**
Karbonathärte:	**9 °dH**
Leitfähigkeit:	**1550 µS bei 28,5 °C**
Wassertiefe:	**bis 3 m**
Wasserbewegung:	**z. T. starke Strömung**
Wassertemperatur:	**28 °C**
Lufttemperatur:	**30 °C**
Datum:	**23. 3. 1983**
Uhrzeit:	**17.00 Uhr**

ähnliche Art,

die zur Zeit ebenfalls als *Parapetenia labridens* (PELLEGRIN, 1903) angesprochen wird, stammt aus der Laguna Media Luna bei Rioverde. Dieser Cichlide trägt aber eine grüngelbe Grundfärbung, die insbesondere während der Brutpflege kräftig zitronengelb wird. Diese Fische besitzen 15 oder 16 Hartstrahlen in der Dorsale, im Ausnahmefall sogar 17. *Parapetenia labridens* wurde von REGAN (1908) der *Cichlasoma*-Sektion *Theraps* zugeordnet, wird aber heute der Gattung *Parapetenia* angegliedert.

Der

natürliche Lebensraum

dieses Buntbarsches ist der Rio Aguabuena im Einzugsgebiet des Rio Panuco. Wir fingen ihn bei den Wasserfällen von Tamasopo im mexikanischen Bundesstaat San Luis Potosi. Der Fundort ist ein typischer Klarwasserfluß, der teilweise mit erheblicher Strömung über einen zumeist steinigen und felsigen Untergrund fließt. Das Wasser war extrem hart und alkalisch. Zur Fortpflanzung suchten die Fische ruhigere Zonen des Gewässers auf, wo der Grund sandig und schlammig war. In ihrem natürlichen Lebensraum waren sie vergesellschaftet mit *Parapetenia steindachneri*, JORDAN & SNYDER, 1899, einem weiteren Buntbarsch aus der Gattung *Herichthys*, einem Schwertträger *(Xiphophorus montezumae)*, einem lebendgebärenden Zahnkarpfen *(Poecilia mexicana)* und dem Salmler *Astyanax fasciatus*. Für die artgemäße

Haltung

dieses Buntbarsches wird ein Aquarium benötigt, das eine Mindestlänge von einem guten Meter haben soll. Seine Einrichtung erfolgt mit feinem, gewaschenem Kies, größeren Steinen, die so angeordnet werden, daß einige Höhlen entstehen, und Moorkienholz. Auch Pflanzen sind als Dekorationsmittel geeignet, da sie von den Fischen nicht beschädigt werden. Als Mitbewohner desselben Aquariums erscheinen vor allem kleinere Cichlasominen aus Mexiko empfehlenswert. Die Ernährung dieses Cichliden ist völlig unproblematisch, da er alle gängigen Futtermittel, das heißt auch Flockenfutter, willig annimmt.

Die
Zucht

ist bis zum Abschluß des Manuskriptes nur selten gelungen, dürfte aber aufgrund der Lebensbedingungen in den natürlichen Biotopen nicht schwierig sein. Unsere Unterwasserbeobachtungen in Mexiko ergaben, daß dieser Buntbarsch in Höhlen ablaicht, die er offenbar selbst unter flachen Steinen anlegt. Die Brut wird von beiden Elternfischen betreut und verteidigt.

Parapetenia sp. aff. *labridens* und *Herichthys tamasopoensis* im natürlichen Biotop

Parapetenia trimaculata
(GÜNTHER, 1869)

Dieser Cichlide wurde ursprünglich vom Erstbeschreiber in die Gattung *Heros* gestellt. Jüngere Synonyme sind *Cichlasoma mojarra* MEEK, 1904, *C. centrale* MEEK, 1906, *C. gordonsmithi* FOWLER und *C. cajali* ALVAREZ & GUITIERREZ. Die maximale Größe wird in der Literatur mit 35 cm angegeben.

Ausgefärbte Exemplare zeigen eine intensiv rosa bis rötliche Farbzone, die sich über die Kehl- und Brustregion erstreckt und gelegentlich nach oben bis nahe an die Seitenlinie heranreichen kann. Die Iris ist blutrot gefärbt. Der Körper sieht gelbgrün, der Kopf gelblich aus. Im oberen Grund der Schwanzflosse befindet sich ein schwarzer Augenfleck, der einen grünglänzenden Hof besitzt. Besonders auffällig ist ein ebenso gesäumter Schulterfleck, der oberhalb des vorderen Ansatzes der oberen Seitenlinie gelegen ist. Zwei oder drei bedeutend kleinere derartige Flecken können auch unmittelbar neben dem hinteren Augenrand auftreten. Stimmungsbedingt erscheinen auf den Flanken bisweilen sieben dunkle Querbänder. Die fünf hinteren tragen in der Körpermitte je einen tiefschwarzen Fleck.

Fundorte von *Parapetenia trimaculata*

Diese Flecken bilden in der hinteren Körperhälfte eine Längsreihe. Da dieser Art ein deutlich ausgebildeter Sexualdimorphismus fehlt, lassen sich die Geschlechter aufgrund äußerer Merkmale nicht mit Sicherheit unterscheiden.

Arttypische Merkmale

dieser Spezies sind die rote Farbzone im Bereich von Kehle und Brust, vor allem aber

Parapetenia trimaculata

In stark strömenden Gewässern halten sich Cichliden gern in ruhigeren Regionen auf.

der schwarze Schulterfleck sowie die kleinen Flecken hinter dem Auge. Sie ermöglichen eine leichte Identifizierung dieses Buntbarsches, so daß eine Verwechslung mit ähnlichen Arten so gut wie ausgeschlossen erscheint. REGAN (1905) führte *Parapetenia trimaculata* noch in der Gattung *Cichlasoma.*

Die
natürlichen Lebensräume

dieses Buntbarsches liegen auf der pazifischen Seite Mittelamerikas in den mexikanischen Bundesstaaten Oaxaca und Chiapas, in Guatemala und El Salvador. Als Nordgrenze der Verbreitung wird die Laguna de Coyuca bei Acapulco, als Südgrenze der Rio Lempa angegeben. Wir konnten die Fische 1984 in der Landenge von Tehuantepec östlich der Stadt Juchitan nachweisen. Sie lebten dort in einem kleinen, gut einen halben Meter tiefen Flüßchen, das eine beträchtliche Strömung besaß. Sie hielten sich vorwiegend im Schutz der überhängenden Ufervegetation oder zwischen Binsen auf. Das Wasser war relativ trüb, mittelhart und zeigt eine alkalische Reaktion. Es traten dort noch weitere Buntbarsche auf, die aber nicht bestimmt wurden.

Bei der
Haltung

dieser recht anpassungsfähigen Art braucht den chemischen Wasserwerten keine besondere Aufmerksamkeit geschenkt zu werden. Probleme könnten sich jedoch aus dem Raumbedarf dieses Cichliden ergeben. Er kann sich nämlich sowohl Artgenossen als auch artfremden Buntbarschen gegenüber recht aggressiv und unverträglich verhalten und sollte deshalb auf Dauer nur in einem Aquarium gehalten werden, das etwa eineinhalb Meter lang ist. Um den Fischen die Abgrenzung von Revieren zu erleichtern, empfiehlt es sich, die Bodenfläche so mit Wurzeln und Steinen zu gliedern, daß Sichtblenden und Versteckplätze entstehen.

Eine Vergesellschaftung ist nur mit Arten möglich, die ein ähnliches Durchsetzungsvermögen besitzen und ebenso wehrhaft sind. Größere Exemplare benötigen kräftiges Futter, weshalb sie regelmäßig mit zerschnittenem Fisch gefüttert werden sollten. Unter der Voraussetzung, daß ein harmonierendes Paar vorhanden ist, gelingt die

Zucht

relativ leicht. *Parapetenia trimaculata* ist ein typischer Offenbrüter, der den Laich meist auf einem flachen Stein deponiert. Sobald die Larven schlüpfen, werden sie in einer Grube abgelegt.

An der Brutpflege beteiligen sich die Männchen und das Weibchen mehr oder weniger gleichermaßen. Die Aufzucht der Brut mit zerriebenem Flockenfutter und den Larven des Salinenkrebses bietet keine Schwierigkeiten.

Tabelle 33:

Ort:	**Kleiner Fluß zwischen Juchitan und La Ventosa (Oaxaca, Mexiko)**
Sichtweite:	**relativ trüb**
Farbe:	**bräunlich**
pH-Wert:	**7,75**
Gesamthärte:	**15,0 °dH**
Karbonathärte:	**11,5 °dH**
Leitfähigkeit:	**1150 µS bei 31 °C**
Wassertiefe:	**bis 1,50 m**
Wasserbewegung:	**rasch fließend**
Wassertemperatur:	**31 °C**
Lufttemperatur:	**34 °C**
Datum:	**6. 4. 1983**
Uhrzeit:	**11.00 Uhr**

Parapetenia urophthalma

(GÜNTHER, 1862)

In der Erstbeschreibung wurde diese mittelamerikanische Art aus der Gattungsgruppe *Cichlasomini* ursprünglich der Gattung *Heros* zugeordnet. Ein Synonym ist *Heros troscheli* STEINDACHNER, 1867. Diese Spezies wurde in Deutschland bereits vor dem Ersten Weltkrieg im Aquarium gepflegt, starb dann aber rasch wieder aus und geriet bis zu einer erneuten Einfuhr im Jahre 1980 in Vergessenheit. Die maximale Körperlänge der Fische kann über 20 Zentimeter betragen.

Sie besitzen eine gelbbraune bis graubraune Grundfärbung und tragen auf den Körperseiten zwischen dem Ansatz der Brustflossen und dem Grund der Schwanzflosse sechs dunkle Querstreifen, deren Farbintensität sehr variabel ist. Auf der Schwanzwurzel liegt ein großer blaugrün gesäumter Augenfleck, der fast deren gesamte Höhe einnimmt. Die untere

Fundorte von *Parapetenia urophthalma*

Kopfregion und die Kehle können insbesondere bei jüngeren Fischen rötlich gefärbt sein. Auch die Schwanzflosse und die weichstrahligen Bereiche von Rücken- und Afterflosse

Parapetenia urophthalma

zeigen meist zarte Rottöne. Da die Geschlechter isomorph sind, lassen sie sich mit Hilfe äußerer Merkmale kaum unterscheiden. Gewisse Anhaltspunkte ergeben sich jedoch daraus, daß ältere Männchen eine kräftiger ausgebildete Beflossung besitzen. Da *Parapetenia urophthalma* in mehreren geographischen Unterarten auftritt, sind Abweichungen von dem vorstehend beschriebenen Farbkleid durchaus möglich.

Zu den

arttypischen Merkmalen

im Farbkleid dieses Cichliden gehören der große Augenfleck auf der Schwanzwurzel, der beinahe deren gesamte Höhe bedeckt, sowie der Besitz von sechs dunklen Querstreifen. Charakteristisch für diese Art sind ferner 16 (als seltene Ausnahme auch 15 oder 17) Hartstrahlen in der Dorsale und sechs (ganz selten 5 oder 7) Hartstrahlen in der Anale.

Natürliche Lebensräume

Parapetenia urophthalma hat eine ausgedehnte Verbreitung. Die Fundorte liegen in recht unterschiedlichen Gewässern auf der atlantischen Seite von Mittelamerika. Das Vorkommen der Fische reicht vom Einzugsgebiet des Rio Coatzacoalcos im mexikanischen Bundesstaat Veracruz über die Halbinsel Yukatan, Guatemala, Belize und Honduras bis nach Nikaragua. Der Typusfundort ist die Laguna de Peten in Guatemala. Hubbs (1936) unterscheidet insgesamt neun geographische Unterarten, von denen sieben aus Mexiko stammen: *Cichlasoma urophthalmus alborum* aus dem Rio Usumacinta (Bundesstaat Tabasco), *C. u. aguadae* aus der Umgebung von Tuxpena (Campeche), *C. u. cienagae* aus der Umgebung von Progreso (Yukatan), *C. u. amarum* von der Isla Mujeres, *C. u. conchitae* und *C. u. zebra* aus Gebieten nördlich der Stadt Meridan (Yukatan), *C. u. maxorus* aus der Umgebung von Chichen Itzá (Yukatan), *C. u. trispilus* aus dem Rio San Pedro (Guatemala) sowie *C. u. stenozonus* von einem nicht genauer bekannten Fundort. Verschiedentlich wurde dieser Buntbarsch nicht nur im reinen Süß-, sondern auch im Brackwasser nachgewiesen.

Haltung

Bei der Pflege spielt der Wasserchemismus keine besonders wichtige Rolle. Das Aquarium, in dem die Fische gepflegt werden, sollte über einen Meter lang sein. Es wird mit Steinplatten und größeren Moorkienwurzeln in der Weise eingerichtet, daß Versteckplätze entstehen und die Bodenfläche gegliedert wird, damit die Abgrenzung von Revieren erleichtert ist. Zwar ist dieser Cichlide kein Pflanzenfresser, eine Bepflanzung des Aquariums sollte aber dennoch nur sparsam und mit großen Einzelexemplaren vorgenommen werden. Das dehnungsfähige, tiefgespaltene Maul dieses Buntbarsches ist ein Anzeichen für seine räuberische Lebensweise. Erwachsene Tiere sind unter anderem Fischfresser. Darauf ist bei der Pflege im Aquarium insofern Rücksicht zu nehmen, als man an sie regelmäßig Fischstückchen und Krabbenfleisch verfüttert. Unter der Voraussetzung, daß ein harmonierendes Paar zur Verfügung steht, ist die

Zucht

nicht besonders schwierig. *Parapetenia urophthalma* ist ein typischer Offenbrüter, der glatte Steine und Wurzeln als Laichsubstrat benutzt. Die Betreuung und Verteidigung der Eier, Larven und Jungfische übernehmen das Weibchen und das Männchen gemeinsam. Die Aufzucht der Fischbrut mit den Larven des Salinenkrebses, zerkleinertem Flockenfutter und nach ein paar Tagen auch fein ausgesiebten Wasserflöhen ist einfach.

Die Gattung *Petenia*
Günther, 1862

wurde von Günther im Jahre 1862 aufgestellt. Sie enthält nur eine einzige Spezies, die in näherer verwandtschaftlicher Beziehung zu Buntbarschen steht, die der Gattung *Parapetenia* zugerechnet werden. Der Gattungsname bezieht sich auf den Lake Peten in Guatemala, einem der Fundorte dieses Buntbarsches.

Petenia splendida
GÜNTHER, 1862

Mit einer maximalen Körperlänge von ungefähr einem halben Meter und einem Gewicht von zweieinhalb Kilogramm gehört dieser Buntbarsch zu den größten Vertretern seiner Fischfamilie. In Mittelamerika zählt er infolgedessen zu den beliebtesten Speisefischen und ist auch regelmäßig auf Fischmärkten zu finden.

Die Grundfarbe der Fische ist grauweiß bis leicht gelblich. Kopf, Körper und die unpaaren Flossen sind mit zahlreichen kleinen schwarzen Flecken und Strichen übersät. Zu den auffallendsten Zeichnungen zählt ein von einem goldenen Hof umgebener Augenfleck, der in der oberen Hälfte des Schwanzstiels gelegen ist. Im oberen Winkel des Kiemendeckels befindet sich ebenfalls ein schwarzer Fleck. Beide sind durch eine Längsreihe von fünf weiteren schwarzen Fleckzeichnungen miteinander verbunden. Die Kehlhaut, aber auch die Stirn und der Nacken können schön rosarot

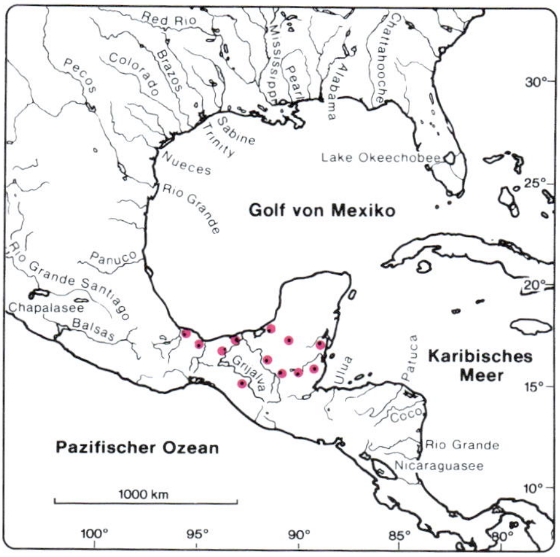

Fundorte von *Petenia splendida*

gefärbt sein. Denselben Farbton können auch die Schwanzflosse sowie ein schmaler Saum der Rückenflosse zeigen. *Petenia splendida* zählt zu jener kleinen Gruppe amerikanischer Cichliden, die einen farblichen Polymorphismus zeigen. Neben der vorstehend beschrie-

Petenia splendida

benen Normalmorphe tritt vereinzelt eine orangegelbe Farbmorphe auf, die in der unteren Hälfte des Körpers weißlich, in der Rükken-, Stirn- und Kopfregion intensiv orange gefärbt ist. Der Kopf ist mit kleinen roten Flecken übersät. Die Fische sind isomorph, das heißt, die Geschlechter lassen sich aufgrund äußerer Merkmale nicht unterscheiden.

Die

natürlichen Lebensräume

dieses Buntbarsches liegen in den mexikanischen Bundesstaaten Vera Cruz, Tabasco, Chiapas und Campeche sowie im nördlichen Guatemala (Laguna de Peten) und Belize. Wir konnten ihn im Jahre 1984 unter anderem in

Beim Schnorcheln im Rio Nututun (Chiapas, Mexiko) konnten wir *P. splendida* beobachten.

einem Nebenfluß des Rio Papaloapan nachweisen, der wahrscheinlich die Westgrenze seiner Verbreitung bildet. Dieser Cichlide scheint recht anpassungsfähig zu sein, denn er kommt sowohl in den stark getrübten Unterläufen größerer Flüsse als auch in klaren Gebirgsflüssen vor, die eine erhebliche Strömung besitzen. Beispielsweise konnten wir als Taucher bei Palenque in einer teichartigen Erweiterung des Rio Nututun ein ausgewachsenes Paar bei der Brutpflege beobachten, das mehrere hundert Jungfische führte.

Dieses Flüßchen, das man in etwa mit einem Gewässer der mitteleuropäischen Forellenregion vergleichen kann, wurde noch von mindestens fünf weiteren Cichliden, beispielsweise Vertretern der mittelamerikanischen Gattungen *Thorichthys, Theraps* und *Parapetenia,* dem Salmler *Astyanax fasciatus,* dem lebendgebärenden Zahnkarpfen *Poecilia sphenops* sowie einer Ährenfisch-, einer Wels- und einer Grundelart bewohnt. An den von uns untersuchten Fundorten von *P. splendida* war das Wasser immer mittelhart und besaß eine alkalische Reaktion.

Aufgrund seiner Größe ist dieser Cichlide eigentlich kein Aquarienfisch,

und seine

Haltung

sollte den großen Schauaquarien der zoologischen Gärten und Museen vorbehalten bleiben. Dort ist er jedoch ein eindrucksvoller und interessanter Pflegling, der infolge seiner Anpassungsfähigkeit und Robustheit leicht zu halten ist.

Da erwachsene Exemplare ausgesprochen räuberisch sind und sich vorzugsweise von Fischen ernähren, müssen sie regelmäßig mit zerschnittenem See- oder Süßwasserfisch gefüttert werden. Im Aquarium sollten sich einige Unterstände in Form von großen Wurzeln befinden, denn sie tragen offensichtlich zum Wohlbefinden der Fische bei.

Die

Zucht

ist im Aquarium nur ganz selten gelungen, was sicherlich mit der Größe dieses Buntbarsches zusammenhängt. Auch Beobachtungen in den natürlichen Lebensräumen haben ergeben, daß *Petenia splendida* ein Offenbrüter ist, der die Brut in einer Elternfamilie aufzieht. Sowohl das Weibchen als auch das Männchen führen und verteidigen den Jungfischschwarm relativ lange.

Petenia splendida ist ein begehrter Speisefisch.

Tabelle 34:

Ort:	Rio Nututun bei Palenque (Chiapas, Mexiko)
Sichtweite:	ca. 3 m
Farbe:	grünlich
pH-Wert:	8,85
Gesamthärte:	12,5 °dH
Karbonathärte:	12,0 °dH
Leitfähigkeit:	1200 µS bei 27 °C
Wassertiefe:	1,50 – 3,50 m
Wasserbewegung:	starke Strömung
Wassertemperatur:	27 °C
Lufttemperatur:	30 °C
Datum:	2. 4. 1983
Uhrzeit:	14.00 Uhr

Die Gattung Pterophyllum

wurde von HECKEL im Jahre 1840 aufgestellt. Ein jüngeres Synonym ist *Plataxoides* CASTELNAU, 1855. Sie gehört zu den kleineren Cichlidengattungen, denn zur Zeit werden ihr nur drei Arten zugeordnet. Typische Merkmale für diese Buntbarsche sind der seitlich stark abgeflachte, beinahe scheibenförmige Körper, die fadenförmig verlängerten Bauchflossen und die sehr kleinen Schuppen. Nähere verwandtschaftliche Beziehungen bestehen einerseits zur Gattung *Symphysodon* HECKEL, 1840, und andererseits zur Gattung *Mesonauta* GÜNTHER, 1862.

Fundorte von *Pterophyllum altum*

➧ *Pterophyllum altum*
PELLEGRIN, 1903

Im Unterschied zum Gewöhnlichen Segelflosser, *Pterophyllum scalare* (LICHTENSTEIN, 1823), der bereits im ersten Jahrzehnt dieses Jahrhunderts in Deutschland als Aquarienfisch gepflegt wurde, ist der Hohe Segelflosser erst am Anfang der 50er Jahre importiert worden.

Pterophyllum altum

Seine Standardlänge, d.h. die Körperlänge ohne die Schwanzflosse, kann 10 cm erreichen.

Bei *Pterophyllum altum* weist die Profillinie von Stirn und Nacken in Augenhöhe einen scharfen Knick auf. Typisch ist ferner, daß sich der zweite Querstreifen, der den stacheligen Teil der Rückenflosse mit der Afterregion verbindet, nach unten merklich verjüngt. Im Unterschied zu den anderen Vertretern der Gattung, die in den Zwischenräumen zwischen den vier kräftig ausgebildeten vertikalen Binden nur angedeutete kurze Streifen zeigen, besitzt der Hohe Segelflosser in diesen Regionen vollständige Querbänder, die sich, wenn auch weniger intensiv dunkel gefärbt als die übrigen Binden, bis an den unteren Rand des Körpers erstrecken. Das Streifenmuster in den Flossen und die Tüpfel in der Rückenregion sind bei dieser Spezies häufig braunrot oder sogar rötlich gefärbt. Sie ist isomorph, d.h., die Geschlechter lassen sich mit Hilfe äußerer Merkmale nicht mit Sicherheit unterscheiden.

Arttypische Merkmale

Entgegen der weitverbreiteten Meinung ist die Einbuchtung oberhalb der Augen kein verläßliches Kennzeichen, um diesen Buntbarsch zu

Pterophyllum altum ist ein typischer Bewohner von Schwarzwasserbiotopen, die klar, aber teefarben getönt sind.

identifizieren, denn dieses Merkmal zeigt auch eine Form von *Pterophyllum scalare,* die im mittleren Ucayali (Peru) vorkommt. Die Bestimmung ist jedoch durch ein Auszählen der Schuppen, die unterhalb der Seitenlinie in einer Längsreihe liegen, und der Weichstrahlen in der Rücken- und Afterflosse möglich. *Pt. altum* besitzt auf den Körperseiten 46–48 Schuppen in einer Längsreihe und hat in der Dorsale 28–29 und in der Anale 28–32 Weichstrahlen.

Ähnliche Arten

Da die drei *Pterophyllum*-Arten mehr oder weniger dieselbe Körperform und dieselben Zeichnungen besitzen, sind sie aufgrund von Unterschieden im Farbkleid nur schwer zu identifizieren. Entscheidend für die Bestimmung der Arten ist die Zahl der Schuppen, die in einer Längsreihe gezählt werden, und die Zahl der Weichstrahlen in der After- und Rükkenflosse. *Pterophyllum scalare* (Lichtenstein, 1823) besitzt 30–40 Schuppen in einer Längsreihe sowie in der Dorsale 23–29 und in der Anale 24–28 Weichstrahlen. *Pt. leopoldi* (Gosse, 1963) hat 26–30 Schuppen, in der Dorsale 29–22 und in der Anale 19–22 Weichstrahlen sowie keine Einbuchtung im Stirnprofil. Der

natürliche Lebensraum

dieses Cichliden ist relativ begrenzt. Alle bekannt gewordenen Fundorte liegen im Einzugsgebiet des oberen Rio Negro und Orinoko. Das Typusexemplar wurde im Rio Atabapo gefangen. *Pt. altum* lebt in Gewässern, die durch eine ungewöhnliche Armut an gelösten Mineralien und äußerst niedrige pH-Werte gekennzeichnet sind. Offenbar sind sie ähnlich wie die Diskusfische aus der Gattung *Symphysodon* zumindest während der Fortpflanzung auf derartige Umweltbedingungen relativ stark angewiesen. Ihre bevorzugten Aufenthaltsorte bilden ruhige, strömungsarme Gewässerteile, wo sie zwischen den Ästen von ins Wasser gestürzten Bäumen stehen.

Bei der Wahl des Aquariums muß Rücksicht auf die besondere Körperform der Fische genommen werden. Für die erfolgreiche

Haltung

wird ein recht hohes Aquarium benötigt, dessen Mindesthöhe 50 cm betragen sollte. Seine Einrichtung erfolgt mit Moorkienholz und langstieligen Pflanzen in der Weise, daß die Fische zwischen Ästen oder zwischen den Pflanzenstengeln Schutzzonen finden, in denen sie sich aufhalten können. Die Segelflosser sind sehr ruhige Pfleglinge, die weder mit sehr lebhaften noch mit aggressiven Fischen vergesellschaftet werden sollten. Man kann sie jedoch gut mit Diskusfischen zusammen halten, die ähnliche Verhaltensweisen zeigen. Obwohl die Pflege dieser Buntbarsche auch in härterem Wasser, das eine alkalische Reaktion besitzt, möglich ist, scheint für die

Zucht

weiches und saures Wasser eine wichtige Voraussetzung zu bilden. Bisher ist es nur ausnahmsweise gelungen, diese Art im Aquarium zur erfolgreichen Fortpflanzung zu bringen. Aufgrund der Erfahrungen, die bei den ersten Zuchterfolgen gesammelt wurden (u. a. Linke, 1994), steht fest, daß die Fische wie die anderen Vertreter der Gattung auf Blättern oder Wurzeln, das heißt fern vom Gewässergrund, ablaichen und die Brut in einer Elternfamilie aufziehen.

Die Gattung Satanoperca
GÜNTHER, 1862

Satanoperca gehört zu den Cichlidengattungen, die bereits im vorigen Jahrhundert beschrieben wurden, dann aber zwischenzeitlich nur als Synonyme galten. Kullander führte diesen Gattungsnamen jedoch im Jahre 1986 erneut ein, indem er ihn für eine Gruppe von sogenannten Erdfressern verwendete, die er aus der bis zu diesem Zeitpunkt polyphyletischen Gattung *Geophagus* ausgrenzte.

Die Gattung enthält zur Zeit ein halbes Dutzend Arten, zu denen aber weitere, bisher noch unbeschriebene hinzukommen werden (Kullander & Nijssen, 1989; Kullander, 1994). Ihr Verbreitungsgebiet erstreckt sich über den Einzug des Amazonasstromes, den

Orinoko und die Guyanaländer. Eine einzige Art *(Satanoperca pappaterra)* kommt auch im Rio Paraguay vor. Wahrscheinlich wird die Gattung in der Zukunft noch weiter unterteilt, da sie gegenwärtig nicht monophyletisch ist (KULLANDER, 1994).

Ein farbliches Merkmal, das die Unterscheidung aller *Satanoperca*-Arten von anderen Erdfressern aus der Gattungsgruppe der Geophaginen ermöglicht, bildet ein meist hell gesäumter schwarzer Fleck, den diese Buntbarsche auf dem Grund der oberen Hälfte der Schwanzflosse tragen. In der Gattung gibt es sowohl Substratbrüter als auch larvophile Maulbrüter.

Satanoperca acuticeps

(HECKEL, 1840)

Dieser Buntbarsch, der in seiner Erstbeschreibung der Gattung *Geophagus* zugeordnet wurde, ist aufgrund seines Aussehens und seines Verhaltens ein typischer Erdfresser. Er besitzt eine graugrüne bis grüngoldene Grundfärbung. Die meisten Schuppen auf den Flanken tragen einen grünen Glanzfleck. Die Iris ist überwiegend rot gefärbt. Vom unteren Augenrand erstreckt sich bis zum Mundwinkel ein schwarzes, grüngolden gesäumtes Band. Auf den Körperseiten befinden sich drei schwarze Flecken, die ein wichtiges Bestimmungsmerkmal bilden. Der erste liegt in etwa unter dem dritten bis sechsten Rückenflossenstrahl, die beiden folgenden im Bereich der letzten Hart- bzw. der letzten Weichstrahlen der Rückenflosse. Ein vierter Fleck befindet sich im oberen Grund der Schwanzflosse. Die Afterflosse, die untere Hälfte der Schwanzflosse und die auffällig verlängerten Bauchflossen sind zart gelblich oder orange getönt.

Tabelle 35:

Ort:	Lago Janauacá südwestlich der Stadt Manaus (Einzug des mittleren Amazonas)
Sichtweite:	trübes Weißwasser
Farbe:	lehmig
pH-Wert:	7,2
Gesamthärte:	< 1 °dH
Karbonathärte:	< 1 °dH
Leitfähigkeit:	52 µS/cm
Wassertiefe:	> 2 m
Wasserbewegung:	keine
Wassertemperatur:	27 °C
Lufttemperatur:	30 °C
Datum:	20. 3. 1986
Uhrzeit:	14.00 Uhr

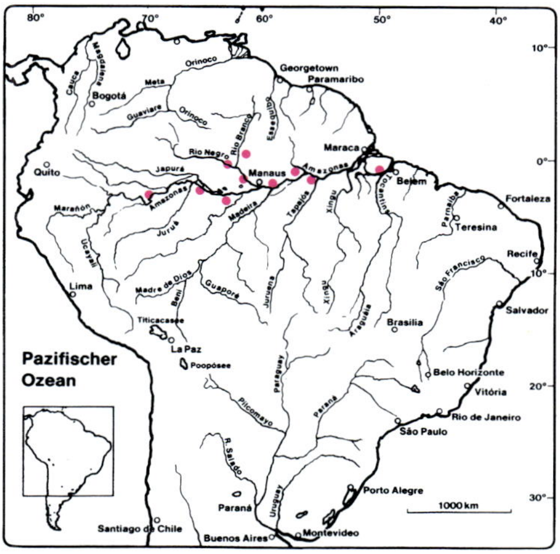

Fundorte von *Satanoperca acuticeps*

Typisch für ausgewachsene Exemplare von *Satanoperca acuticeps* ist die hohe Rückenflosse, deren zweiter bis fünfter Weichstrahl in extremer Weise fädig verlängert ist. Auch die Flossenhäute zwischen den ersten Hartstrahlen sind auffällig ausgezogen. Die Bestimmung der Geschlechter ist schwierig, da ein deutlicher Sexualdimorphismus fehlt. Die maximale Gesamtlänge dieser Art liegt bei 20 cm.

Arttypische Merkmale

Das wichtigste farbliche Bestimmungsmerkmal für diese Art bilden die drei Seitenflecken auf den Flanken, die von keinem anderen Erdfresser gezeigt werden. Artspezifisch ist ferner die hohe Rückenflosse mit den im vorderen Bereich besonders verlängerten Flossenhäuten.

Ähnliche Arten

Satanoperca daemon besitzt nur zwei, *Satanoperca lilith* sogar nur einen Seitenfleck. Anderen ähnlich aussehenden Mitgliedern der Gattung fehlt der Seitenfleck völlig.

Natürliche Lebensräume

Die Verbreitung von *Satanoperca acuticeps* erstreckt sich im nördlichen Brasilien über den mittleren und unteren Amazonas sowie den unteren Rio Branco und Rio Negro. Wir konnten diese Art verschiedentlich in der weiteren Umgebung der Stadt Manaus im Einzugsbereich von Rio Solimões und Rio Negro in typischen Weiß- und Schwarzgewässern fangen, die sehr weich waren und eine äußerst saure, gelegentlich aber auch leicht alkalische Reaktion zeigten. Die Fische hielten sich dort im Schutz der zur Hochwasserzeit überschwemmten Ufervegetation oder zwischen im Wasser liegenden Zweigen und Ästen auf. Weitere Buntbarsche an diesen Fundorten waren *Acarichthys heckelii* sowie Vertreter der Gattungen *Apistogramma, Cichla, Heros, Aequidens* und *Mesonauta.*

Haltung

Langfristig ist die Pflege dieses Buntbarsches nur in einem geräumigen Behälter möglich, der eine Mindestlänge von knapp eineinhalb Metern haben sollte. Der Boden des Aquariums muß mit feinem Sand abgedeckt werden, da diese Art ebenso wie alle anderen Erdfresser das angeborene Bedürfnis hat, im Bodengrund nach Nahrung zu suchen. Wichtig sind ferner einige große Moorkienwurzeln, die eine Revierabgrenzung erleichtern und den Fischen als Zufluchtsstätten dienen. Auch größere Pflanzen können als Dekorationsmaterial dienen, da sie von *Satanoperca acuticeps* nicht beschädigt werden. Man sollte jedoch ihre Wurzeln durch Steine in der Weise schützen, daß es den Fischen unmöglich ist, sie auf der Nahrungssuche auszugraben.

Dieser Buntbarsch ist als ausgesprochen friedfertig zu bezeichnen und zeigt anderen Fischen gegenüber ausgesprochen wenig Durchsetzungsvermögen. Als Mitbewohner eines Gesellschaftsaquariums kommen daher nur Buntbarsche mit ähnlichen Verhaltensweisen in Betracht. Für eine Vergesellschaftung erscheinen daher vor allem Arten aus den Gattungen *Geophagus,* aber auch Mitglieder der Gattungen *Biotodoma, Pterophyllum* und *Symphysodon* besonders geeignet.

Zucht

Obwohl *Satanoperca acuticeps* regelmäßig – allerdings meist nur in wenigen Einzelexemplaren – importiert wird, sind über eine erfolgreiche Vermehrung im Aquarium bisher noch keine Berichte veröffentlicht worden. Aus diesem Grund liegen auch noch keine Informationen über das Fortpflanzungsverhalten dieser Art vor. Die günstigsten Voraussetzungen für eine erfolgreiche Zucht bilden aufgrund der Beobachtungen an den natürlichen Lebensräumen sehr weiches Wasser mit pH-Werten im sauren Bereich.

Satanoperca acuticeps

Satanoperca daemon
(HECKEL, 1840)

zählt zu den selten gepflegten Großcichliden, da diese Art nur gelegentlich importiert wird und im Aquarium nur ganz vereinzelt zur Fortpflanzung gebracht werden konnte. Die Art kann bis zu 30 cm lang werden.

Wichtige Kennzeichen ihres Farbkleides sind schwarze Flankenflecken, von denen einer ungefähr in der Körpermitte und der andere in der hinteren Körperhälfte, in dem Bereich zwischen dem weichen Teil der Dorsale und der Anale liegt, sowie ein golden gesäumter Schwanzwurzelfleck, der sich in der oberen Hälfte des Grundes der Caudale befindet. Über die Flanken erstrecken sich etwa acht Längsreihen grüngoldener Glanzflecken. Die untere Hälfte der Schwanz- sowie Teile der Afterflosse und der Bauchflossen sind braunrot bis orangerot gefärbt. Typisch für diese Art sind die extrem verlängerten Bauchflossen und die fädig ausgezogenen ersten drei oder vier Weichstrahlen der Rükkenflosse. *Satanoperca daemon* ist isomorph, d.h., ein deutlicher Sexualdimorphismus, der die Unterscheidung der Geschlechter erleichtern würde, fehlt. Zu den

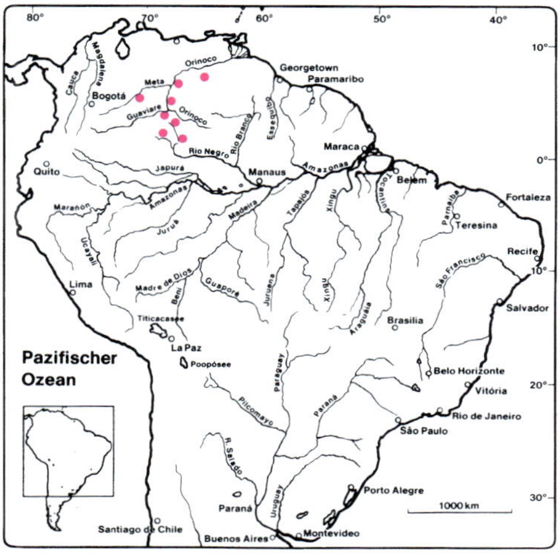

Fundorte von *Satanoperca daemon*

arttypischen Merkmalen

zählen der langgestreckte Körper, die fädige Verlängerung der Bauchflossen und der ersten Weichstrahlen der Dorsale sowie die drei schwarzen Flecken auf den Körperseiten. Ein Bestimmungsmerkmal bildet auch die relativ hohe Zahl von 18–22 Kiemenrechen. Eine Verwechslung mit anderen Cichliden ist wenig wahrscheinlich, da es kaum

Satanoperca daemon

ähnliche Arten

gibt. *Acarichthys heckelii* besitzt dieselbe Verlängerung der ersten Weichstrahlen in der Dorsale, ist jedoch deutlich hochrückiger und besitzt keinen Schwanzwurzelfleck.

Satanoperca acuticeps (Heckel, 1840) trägt neben dem Schwanzwurzelfleck noch drei weitere Flankenflecken auf den Körperseiten. *Satanoperca lilith* Kullander & Ferreira, 1988, ist der einzige Cichlide, der *Satanoperca daemon* in jeder Hinsicht sehr ähnelt, dem aber der Flankenfleck in der hinteren Körperhälfte fehlt. Die

natürlichen Lebensräume

von *Satanoperca daemon* umfassen Schwarz- und Weißwasserflüsse, die sich durch eine extreme Armut an gelösten Mineralien und eine zumeist stark saure Reaktion auszeichnen. Die Verbreitung erstreckt sich über die Einzugsgebiete des Orinoko und des oberen Rio Negro. Hieraus ergibt sich für die

Haltung

dieses Cichliden, daß er nach Möglichkeit in weichem Wasser, dessen pH-Wert erheblich unter dem Wert 7 liegt, gepflegt werden sollte. Wegen seiner Endgröße kommt langfristig nur ein Aquarium in Frage, dessen Seitenlänge deutlich über einem Meter liegt. Einige Versteckmöglichkeiten in Form von Moorkienwurzeln, Steinaufbauten oder Pflanzengruppen tragen ebenso wie eine eher gedämpfte Beleuchtung zum Wohlbefinden dieser ruhigen, gelegentlich auch etwas scheuen Fische bei. Als Mitbewohner des Aquariums erscheinen andere Geophaginen am besten geeignet. Wichtig ist, daß nicht Kies, sondern Sand als Bodengrund verwendet wird, denn zu den angeborenen Verhaltensweisen von *Satanoperca daemon* gehört bei der Nahrungssuche das Durchkauen des Bodens. Bedauerlicherweise scheinen die Tiere sehr anfällig für die Lochkrankheit zu sein. Die

Zucht

dieses Buntbarsches ist bisher nur ganz selten im Aquarium gelungen. Informationen über sein Brutpflegeverhalten sind daher noch lückenhaft. Die günstigsten Voraussetzungen, um die Fische erfolgreich zur Fortpflanzung zu bewegen, dürften in nitratfreiem, mineralarmem, saurem Wasser bestehen. Möglicherweise sind sie ebenso wie der Diskusfisch, der dieselben Gewässer bewohnt, derartigen Umweltbedingungen in extremer Weise angepaßt und kommen bei anderen Wasserverhältnissen nur schwer oder überhaupt nicht in Fortpflanzungsbereitschaft. Die Fische sind Substratbrüter, die während der Brutpflege eine Elternfamilie bilden (Eckinger, 1987).

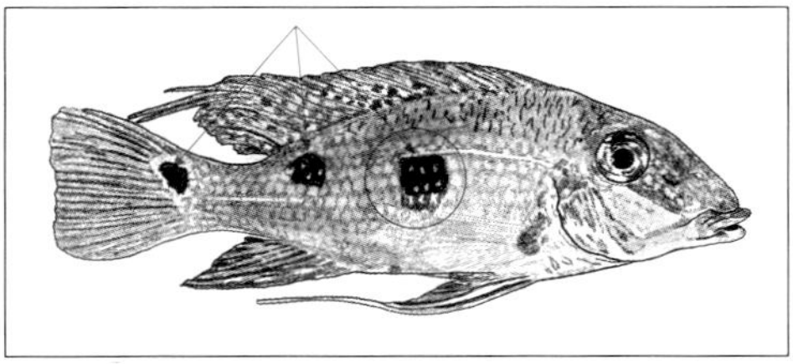

Satanoperca daemon

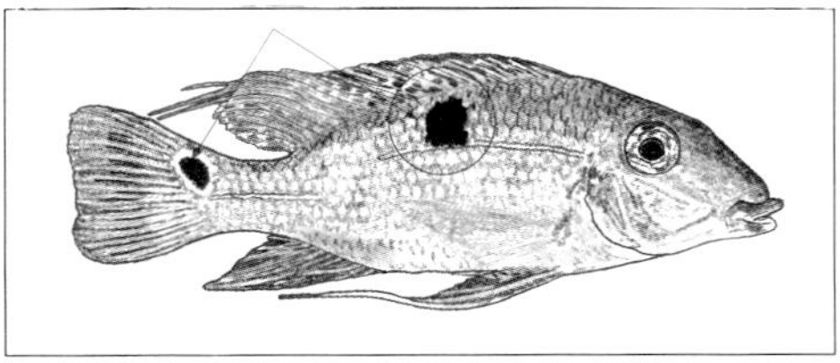

Satanoperca lilith

Tabelle 36:

Ort:	Banjo von Aripao, wenige Kilometer südöstlich der Stadt Maripa (Venezuela, Einzugsgebiet des Rio Caura)
Sichtweite:	> 1 m
Farbe:	farblos
pH-Wert:	5,3
Gesamthärte:	< 1 °dH
Karbonathärte:	< 1 °dH
Leitfähigkeit:	< 10 µS/cm
Wassertiefe:	bis 80 cm
Wasserbewegung:	leichte Strömung
Wassertemperatur:	30,0 °C
Lufttemperatur:	31,5 °C
Datum:	10. 4. 1992
Uhrzeit:	11.00 Uhr

Die Gattung Symphysodon
HECKEL, 1840

ist von HECKEL im Jahre 1840 aufgestellt worden. Über die Systematik innerhalb dieser recht kleinen Gattung gibt es zur Zeit unterschiedliche Ansichten. Grundsätzlich werden zwei Hauptformen unterschieden, die einige Autoren als zwei verschiedene Arten ansehen – eine Meinung, der hier gefolgt wird –, andere aber nur als Unterarten derselben Spezies betrachten. Außerordentlich umstritten ist die Unterscheidung von vier weiteren Unterarten, die von SCHULTZ (1960) und BURGESS (1981) vorgenommen wurde, da es zwischen ihnen offenbar Übergangsformen gibt und eine klare Abgrenzung auf Schwierigkeiten stößt.

Kennzeichnend für die Gattung ist der seitlich stark zusammengedrückte, hohe, beinahe scheibenförmige Körper. Weitere typische Merkmale sind die ungewöhnlich zahlreichen Flossenstrahlen in der Dorsale und Anale sowie die hohe Zahl relativ kleiner Schuppen. Die Rückenflosse enthält 8–10 Hart- und 28–33 Weichstrahlen, die Afterflosse 6–9 Hart- und 27–31 Weichstrahlen. In einer Längsreihe werden 48–62 Schuppen gezählt (vgl. KULLANDER, 1986). Nähere verwandtschaftliche Beziehungen bestehen einerseits zur Gattung *Pterophyllum* HECKEL, 1840, und andererseits *Heros* HECKEL, 1840.

Während *Symphysodon discus* eine nur begrenzte Verbreitung im Trombetas, Abacaxis und unteren Rio Negro hat, besiedelt *Symphysodon aequifasciata* im Amazonasgebiet ein ausgedehntes Areal. KULLANDER (1986) nennt die Umgebung der Stadt Belém als östliche und Gewässer im nordöstlichen Peru als westliche Verbreitungsgrenzen. Wir konnten diese Art 1990 im Rio Nanay südwestlich der Stadt Iquitos fangen.

Diskusfische gehören zu den kommerziell am intensivsten genutzten Cichliden, denn in vielen Ländern haben sich Berufszüchter ausschließlich der Diskuszucht verschrieben. Durch die Kreuzung von Arten und Farbrassen sowie gezielte Auslese sind unzählige Zuchtformen entstanden, deren Färbung zum Teil kaum noch an die Wildformen erinnert.

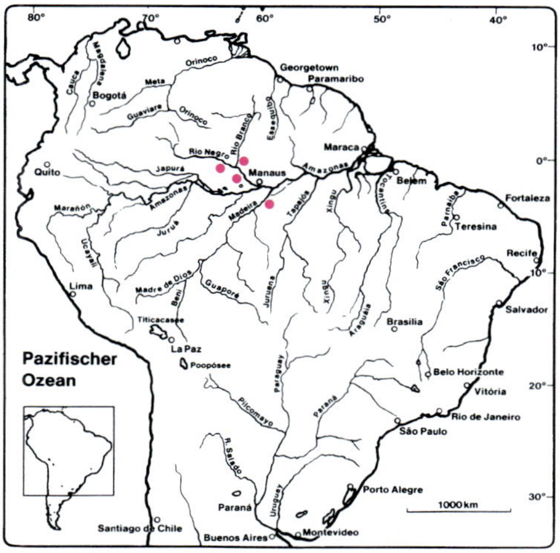

Fundorte von *Symphysodon discus*

Symphysodon discus
HECKEL, 1840

Dieser Buntbarsch, der in der Aquaristik „Heckel-Diskus" oder „Echter Diskusfisch" genannt wird, wurde in den 20er Jahren erstmals lebend nach Europa importiert. Er kann eine Gesamtlänge von knapp 20 cm erreichen. Kennzeichnend für ihn ist, daß von den neun dunklen Querstreifen, die zwischen dem Auge und dem Grund der Schwanzflosse über die Körperseiten verlaufen, der fünfte, der etwa in der Mitte des Körpers liegt, besonders breit und kräftig gefärbt ist. Über die Flanken verläuft ein Muster rötlicher bis braunroter und blau glänzender, welliger Längsstreifen. Eine Unterscheidung der Geschlechter aufgrund äußerer Merkmale ist unmöglich, da die Fische isomorph sind.

Arttypische Merkmale,

die diese Spezies von den anderen Vertretern der Gattung unterscheiden, sind das besonders kräftig ausgebildete fünfte Querband und das Muster rötlicher und blauer Wellenlinien, das in Längsrichtung über die Flanken zieht. Ein weiteres Kennzeichen von *Symphysodon discus* besteht darin, daß diese Art nur 48–56 Schuppen in einer Längsreihe aufweist.

Türkis-Diskus, Zuchtform von *Symphysodon aequifasciata*

Ähnliche Arten

Hierzu könnte man mit einer gewissen Berechtigung *Heros severus* rechnen, denn zumindest Jungfische beider Cichliden zeigen eine Reihe von Gemeinsamkeiten. Erwachsene Exemplare jener Spezies besitzen jedoch im Gegensatz zu den Diskusfischen eine spitz ausgezogene Rücken- und Afterflosse und einen weniger runden Körper.

Symphysodon aequifasciatus PELLEGRIN, 1903, der zweite Vertreter der Gattung *Symphysodon,* unterscheidet sich vom Heckel-Diskus dadurch, daß die dunklen Querstreifen auf den Flanken alle dieselbe Farbintensität zeigen. Ferner besitzen jene Fische 54–62 Schuppen in einer Längsreihe.

Die
natürlichen Lebensräume

des Heckel-Diskus liegen im Einzugsgebiet des Rio Trombetas und unteren Rio Negro Neuerdings (BURGESS, 1981) wurde dieser Cichlide auch im Rio Abacaxis, einem Nebenfluß des unteren Rio Madeira, nachgewiesen. Die Fische leben überwiegend in typischem Schwarzwasser, dessen pH-Wert im allgemeinen zwischen den Werten 5,0 und 6,5 liegt und das so arm an gelösten Mineralien ist, daß sowohl die Gesamt- als auch die Karbonathärte niemals 1 °dH erreichen und die Leitfähigkeit unter 20 Mikro-Siemens liegt. Die bevorzugten Aufenthaltsorte dieses Buntbarsches sind die strömungsarmen Abschnitte der Gewässer: tote Flußarme und stille Buchten in denen es viel Holz im Wasser gibt. Besonders gern stehen die Fische zwischen Astwerk und Wurzeln oder im Schutze von schwimmenden Inseln oder schwimmenden Wiesen, die von verschiedenen Gräsern gebildet werden. Außerhalb der Fortpflanzungsaktivitäten lebt der Diskusfisch nicht paarweise, sondern in Verbänden, die bis zu 50 Exemplare enthalten können.

Unter Beachtung einiger Grundregeln ist die erfolgreiche

Haltung

von Diskusfischen weniger schwierig als im allgemeinen angenommen wird. Weiches und saures Wasser ist nicht unbedingt eine Voraussetzung für die langjährige Pflege dieser Fische. Viel wichtiger als die Wasserhärte und die Konzentration der Wasserstoffionen ist die Wasserqualität in bezug auf Nitrit und Nitrat. Um einer schädlichen Erhöhung der Konzentration von Stickstoffverbindungen im Wasser entgegenzuwirken, ist ein regelmäßiger Teilaustausch des Aquariumwassers gegen Frischwasser notwendig, durch den die ständig zunehmende Ansammlung von Stoffwechselendprodukten wieder rückgängig gemacht wird. Diskusfische können auch in gut bepflanzten Aquarien gepflegt werden, denn selbst zarte Gewächse werden von ihnen nicht beschädigt. Wichtig für ihr Wohlbefinden ist, daß sie in dem Behälter auch Schutzzonen in

Von *Symphysodon aequifasciata* gibt es viele prächtige Farbformen.

Symphysodon discus

Form von Wurzeln oder langstieligen Pflanzen vorfinden, zwischen die sie sich zurückziehen können. Sie sind sehr ruhige Pfleglinge, die weder mit aggressiven noch mit sehr lebhaften Fischen zusammen gepflegt werden dürfen. Aus diesem Grund sollte man sie entgegen der Empfehlung mancher Autoren nur dann mit den unruhigen kleinen südamerikanischen Salmlern vergesellschaften, wenn ein extrem geräumiges Aquarium zur Verfügung steht, in dem sich die Fische ausweichen können. Besser geeignet sind Buntbarsche aus den Gattungen *Pterophyllum, Mesonauta* und *Uaru,* mit denen sie ihre natürlichen Lebensräume teilen und die ein ähnliches Temperament haben. Problematisch ist jedoch, daß Diskusfische sehr empfindlich auf einen Befall mit parasitären Geißeltierchen aus der Gattung *Hexamita* reagieren, andere Buntbarsche aber erheblich widerstandsfähiger sein können und trotz eines Befalls nicht unbedingt Krankheitssymptome zeigen müssen. Dadurch besteht die Gefahr, daß man sich bei einer Vergesellschaftung diese Krankheit einschleppen kann.

Ein gutes Futter für adulte Diskusfische ist das entsprechend zerschnittene Fleisch von Krabben und Garnelen (Shrimps), denn in den natürlichen Biotopen spielen Süßwassergarnelen offenbar eine wichtige Rolle bei der Ernährung dieser Cichliden. Rote Mückenlarven und *Tubifex* sollten überhaupt nicht an Diskusfische verfüttert werden, da sie oftmals aus stark verschmutzten Gewässern stammen und dann Krankheitserreger übertragen können. Die Wassertemperatur im Diskusaquarium sollte nicht unter 27 °Celsius absinken.

Zucht

Für Zuchtversuche sollte die Wassertemperatur auf 29–30 °Celsius erhöht werden. *Symphysodon discus* ist ein Offenbrüter, der nicht am Boden, sondern in einigem Abstand vom Untergrund auf senkrechten Substraten ablaicht. Die Brut wird in einer Elternfamilie aufgezogen.

Einmalig unter Buntbarschen ist, daß die Jungtiere sich während der ersten Tage ausschließlich von einem Hautsekret der Eltern ernähren und eingehen, wenn diese Nahrung nicht zur Verfügung steht. Leider ist die Zucht von Diskusfischen alles andere als einfach. Die günstigsten Voraussetzungen für ihr Gelingen bestehen in einem extrem weichen Wasser, dessen pH-Wert unter dem Wert 5 liegt und das mehr oder weniger frei von Stickstoffverbindungen ist. Um diese Bedingungen besser kontrollieren und aufrechterhalten zu können, pflegen Berufszüchter die Fische in völlig sterilen, leeren Behältern, in denen sich nur ein sauberes Tongefäß als Laichsubstrat befindet.

Eine derartige Hälterung der Diskusfische muß jedoch mit allem Nachdruck abgelehnt werden, da sie nicht artgemäß ist und darüber hinaus auch keineswegs eine unbedingte Voraussetzung für die erfolgreiche Zucht dieser Cichliden bildet.

Bedauerlicherweise ist selbst die Ablage von Eiern noch keine Garantie für die erfolgreiche Zucht, da Diskusfische häufig immer wieder das Gelege auffressen. Auch nach dem Schlüpfen der Larven und dem Aufschwimmen der Jungtiere mißlingt die Aufzucht gar nicht selten, da die Elternfische kein Nährsekret für die Brut produzieren.

Falls sich die Jungfische vom Hautsekret der Eltern ernähren, werden nach einigen Tagen die Larven des Salinenkrebses als Zusatzfutter angeboten.

Während der ersten Tage ernähren sich die Jungfische von *Symphysodon*-Arten vom Hautsekret der Eltern.

Die Gattung *Theraps*
GÜNTHER, 1862

Die Gattung *Theraps* wurde von GÜNTHER anläßlich der Beschreibung von *Theraps irregularis* aufgestellt. In der Folgezeit wurde sie dann aber jahrzehntelang nur als Synonym der Sammelgattung *Cichlasoma* angesehen. REGAN (1905; 1906–1908) verwendete diesen Namen dann erneut, um innerhalb der Gattung *Cichlasoma* eine Sektion abzugrenzen, die aus einer sehr heterogenen Gruppe von rund zwanzig mittelamerikanischen Buntbarschen bestand. Die Auflösung und neue Definition der ehemaligen Sammelgattung *Cichlasoma* durch den schwedischen Ichthyologen KULLANDER im Jahre 1983 hatte schließlich zur Folge, daß alle zentralamerikanischen Arten auf andere Gattungen neu verteilt werden mußten. Die Gattung *Theraps* war einer der Fälle, in denen man dabei auf Bezeichnungen zurückgreifen konnte, die zwar zwischenzeitlich als Synonyme gegolten hatten, die aber durch die Revision von *Cichlasoma* wieder zur Verfügung standen.

Auf die Verfügbarkeit des Gattungsnamens *Theraps* für mittelamerikanische Buntbarsche hat KULLANDER schon im Jahre 1983 hingewiesen. Anläßlich der Neubeschreibung von zwei mexikanischen Buntbarschen wurde von SEEGERS & STAECK (1985) und STAWIKOWSKI & WERNER (1987) entsprechend verfahren. ALLGAYER (1989) unterzog die Gattung, die bis zu diesem Zeitpunkt eine sehr heterogene Gruppe polyphyletischen Ursprungs bildete, schließlich einer umfassenden Revision. Er ordnet *Theraps* nur noch acht Arten zu. Mehrere Merkmale, die von ALLGAYER für die neue Definition der Gattung *Theraps* verwendet wurden, und die Zuordnung einzelner Arten stießen auf den Widerspruch von WERNER & STAWIKOWSKI (1990).

Alle *Theraps*-Arten sind rheophile Fische, die ausschließlich in Fließgewässern mit starker Strömung leben. Gemeinsame Merkmale sind unter anderem ein schlanker Körper und ein kleines, meist etwas unterständiges Maul. Die *Theraps*-Arten zeigen eine sehr große Ähnlichkeit zu den gleichfalls rheophilen Vertretern der Gattung *Neetroplus*. Das wichtigste Unterscheidungsmerkmal ist die Form der mittleren Zähne des Oberkiefers, die bei *Theraps*-Arten eine zweite Spitze haben, die jedoch in der Gattung *Neetroplus* fehlt.

Fundorte von *Theraps coeruleus*

Theraps coeruleus
STAWIKOWSKI & WERNER, 1987

Dieser kleine Buntbarsch gehört zu einer Gruppe von strömungsliebenden Cichliden, die in den letzten Jahren von französischen und deutschen Aquarianern in strömungsreichen Fließgewässern des mexikanischen Bundesstaates Chiapas neu entdeckt wurden. Seine maximale Gesamtlänge liegt bei knapp zwölf Zentimetern.

Theraps coeruleus zeigt auf dem Körper einen überwiegend beigefarbenen Grundton, der vor allem bei den Weibchen in der Bauchregion in einen grünlichen Schimmer übergeht. Die Rücken- und die Afterflosse sowie die Bauchflossen sind zart weinrot getönt, glänzen jedoch bei auffallendem Licht hellblau. Zwischen dem Rand des Kiemendeckels und dem großen ovalen Schwanzfleck erstreckt sich in Augenhöhe eine Reihe von sieben, seltener acht unregelmäßig geformten schwarzen Flecken, die sich stimmungsbedingt nach oben bis zum Grund der Dorsale ausdehnen kön-

Männchen von *Theraps coeruleus*

nen und dann in der oberen Körperhälfte ein Streifenmuster bilden.

Das Geschlecht adulter Fische läßt sich leicht bestimmen, da *Theraps coeruleus* einen deutlich ausgebildeten Sexualdichromatismus besitzt. Nur die Weibchen tragen einen dunklen Fleck in der Rückenflosse. Männliche Fische besitzen im Unterschied zu ihnen ein Muster winziger schwarzer Tüpfel auf den Flanken und dem hinteren Kiemendeckel.

Während der Brutpflege tragen beide Geschlechter eine sehr helle, leicht bläuliche bis weißliche Grundfärbung, auf der sich das Muster von schwarzen Flecken und Streifen kontrastreich abhebt. Die Weibchen besitzen eine ganz typische Balzfärbung: Ihre untere Kopf- und Körperregion ist dann blaugrün getönt, und statt der schwarzen tragen sie helle, grüngoldene Flecken.

Natürliche Lebensräume

Die bisher bekannten Fundorte von *Theraps coeruleus* liegen ausschließlich im mexikanischen Bundesstaat Chiapas in relativ klaren, strömungsreichen Gebirgsgewässern im Einzugsbereich des Rio Mizol Há. Dieser Fluß entwässert in den Rio Tulija, der zum Stromsystem des Rio Grijalva gehört. Die natürlichen Lebensräume von *Theraps coeruleus* zeichnen sich durch hartes, alkalisches Wasser aus.

Haltung

Theraps coeruleus hat sich als ein robuster anpassungsfähiger Pflegling erwiesen, der sich in mittelhartem bis hartem Wasser und bei pH-Werten im alkalischen Bereich besonders wohl fühlt. Bei der Einrichtung des Aquariums sollte unbedingt darauf geachtet werden, daß man den Fischen zu ihrem Wohlbefinden zwischen großen Steinen und Steinplatten einige höhlenartige Versteckplätze anbietet.

Zucht

Theraps coeruleus ist ein Substratbrüter, der vorzugsweise in Höhlen ablaicht. Die Brutpflege erfolgt in einer Vater-Mutter-Familie unter einer ausgeprägten geschlechtsspezifischen Arbeitsteilung. Die Versorgung und Betreuung des Geleges und der Larven ist in erster Linie Aufgabe des weiblichen Fisches, während das Männchen vor allem potentielle Freßfeinde aus dem Brutrevier fernhält. Der Schwarm der Jungfische wird dann von beiden Eltern gemeinsam geführt. Als Aufzuchtfutter haben sich frisch geschlüpfte Larven des Salinenkrebses bewährt.

Theraps nourissati
ALLGAYER, 1989

Dieser erst in jüngster Zeit entdeckte und beschriebene Buntbarsch ist der hochrückigste Vertreter der Gattung *Theraps*. Ein Teil der in den natürlichen Lebensräumen – insbesondere der in größeren Flüssen – gefangenen Exemplare wies eine auffällige Vergrößerung der Lippen auf, wie sie beispielsweise auch bei *Amphilophus citrinellus* auftritt. Diese Hypertrophie ist jedoch kein erbstabiles Merkmal, sondern wird durch bestimmte Umweltfaktoren ausgelöst. Wenn diese beispielsweise durch die Haltung im Aquarium nicht mehr gegeben sind, kann nämlich auch wieder eine Rückbildung der Vergrößerung beobachtet werden.

Nach Angaben des Entdeckers sind Fische aus kleinen Gebirgsflüssen am schönsten gefärbt. Der Kopf, insbesondere seine untere Hälfte, trägt einen kräftig lehmgelben Ton. Die Kiemendeckel zeigen dagegen einen blaugrünen Metallglanz. Vom Nacken erstreckt sich bis zum Ansatz der Brustflossen eine sich nach unten verjüngende, keilförmige zart weinrote Farbzone. Der restliche Körper ist braungelb bis grüngelb, bei brutpflegenden Fischen auch kräftig gelb gefärbt. Alle unpaaren Flossen sind zumindest teilweise mit kleinen grünglänzenden Tüpfeln übersät.

Fundorte von *Theraps nourissati*

Theraps nourissati

Weibchen von *Theraps nourissati*

Die Ausbildung der auf den Körperseiten auftretenden schwarzen Zeichnungen ist stark von der jeweiligen Stimmung der Fische beeinflußt. Meist befindet sich zwischen dem Rand des Kiemendeckels und dem kleinen rundlichen Schwanzfleck ein Muster von sieben dunklen Querstreifen.Die ersten beiden sind besonders breit und erwecken häufig den Eindruck von Doppelstreifen. In einer anderen Farbphase können die Querstreifen aber weitgehend verschwinden. Die Fische weisen dann oftmals in der unteren Körperhälfte eine großflächige, unregelmäßig gestaltete schwärzliche Farbzone auf, die ungefähr bis zur Körpermitte reicht und dann in eine Art Längsband übergeht. *Theraps nourissati* kann eine maximale Gesamtlänge von knapp zwanzig Zentimetern erreichen.

Natürliche Lebensräume

Die Verbreitung von *Theraps nourissati* erstreckt sich auf den Bundesstaat Chiapas im südöstlichen Mexiko und das nordwestliche Guatemala, wo die Art im Stromsystem des Rio Usumacinta endemisch ist. Fundorte sind aus dem Rio Salinas, dem Rio de la Pasión und seinen Nebenflüssen (Rio Puente, Rio Subin) sowie aus dem Rio Lacantum und dem Rio Lacanpo bekannt. Die Art kommt sowohl in kleinen klaren Gebirgsflüssen mit starker Strömung als auch in großen Flüssen vor. Typisch für die natürlichen Lebensräume von *Theraps nourissati* ist mittelhartes bis hartes Wasser mit pH-Werten im alkalischen Bereich.

Haltung

Ein artgemäß eingerichtetes Aquarium sollte mittelhartes, alkalisches Wasser, einen Bodengrund aus Sand oder feinem Kies, zahlreiche Versteckplätze zwischen Steinplatten oder entsprechenden Steinaufbauten und eine Seitenlänge von mindestens einem guten Meter aufweisen.

Zucht

Theraps nourissati ist ein Substratbrüter, der die Eier, Larven und Jungfische in einer Elternfamilie betreut und aufzieht. Sobald die Jungtiere ihr Larvenstadium durchlaufen haben, fressen sie bereits frisch geschlüpfte Salinenkrebse.

Theraps rheophilus

SEEGERS & STAECK, 1985

Dieser Buntbarsch wurde im Jahre 1983 gleich mehrfach, unter anderem auch von uns, in wenigen Exemplaren lebend nach Europa eingeführt. Die erste Nachzucht gelang ein Jahr später. Die maximale Länge der Fische beträgt etwa zwölf Zentimeter.

Ihre Grundfärbung besteht aus einem weißlichen Grau, das bei adulten Tieren in der Bauchregion einen zart rosa bis rötlichen und in der Rückenregion einen gelbgrünen Anflug zeigt. Zwischen dem Rand des Kiemendeckels und dem Schwanzwurzelfleck können sieben schwarze Querstreifen über die Flanken ziehen. Zusätzlich können unmittelbar unter dem Ansatz der Rückenflosse und in Augenhöhe je ein schwarzes Längsband in Erscheinung treten. Dort, wo sich Längs- und Querstreifen kreuzen, ist die Pigmentierung besonders intensiv, so daß, wenn die Querstreifen verblassen, häufig der Eindruck von zwei Längsreihen unregelmäßiger schwarzer Flecken entsteht. Insbesondere der dritte Flankenfleck ist in der Regel besonders groß und kräftig ausgebildet. Der gesamte Körper ist mit winzigen schwarzen Pünktchen übersät. Die Rückenflosse besitzt einen kräftig roten Saum. Mit Ausnahme der Brustflossen weisen alle Flossenhäute rote Strich- oder Punktmuster auf. Während der Brutpflege treten die schwarzen Zeichnungen auf sehr hellem, blaugrauem Grund besonders kontrastreich hervor. Bemerkenswert ist, daß dagegen vor allem bei balzenden Weibchen die schwarzen Muster bis

Fundorte von *Theraps rheophilus*

Halbwüchsiges Exemplar von *Theraps rheophilus*

Theraps rheophilus **bei der Brutpflege im natürlichen Lebensraum**

auf den dritten Flankenfleck, der dann intensiv hellblau glänzt, völlig verschwinden. Männliche und weibliche Tiere sind an Hand äußerer Merkmale schwer zu unterscheiden.

Ähnliche Arten

Theraps rheophilus wurde von Stawikowski & Werner (1987) ohne Begründung oder Bezug auf die in der Erstbeschreibung genannten diagnostischen Merkmale dieser Art als Synonym von *Theraps lentiginosus* (Steindachner, 1864) eingestuft. Allgayer (1989) führt diesen Cichliden unter Verweis auf die artspezifischen Merkmale dagegen als gute Art. *Theraps lentiginosus* ist hochrückiger, weit größer (über 20 cm) und hat einen spitzeren Kopf, eine steiler ansteigende Stirn, kleinere Augen und kürzere Bauchflossen. Ferner hat diese Art einen zusätzlichen Querstreifen, es fehlt ihr aber die Y-förmige Gabelung des zweiten Streifens, und das Muster winziger dunkler Pünktchen liegt nicht nur auf den Kiemendekkeln, sondern auf dem gesamten unteren Kopfbereich bis zu den Lippen.

Natürliche Lebensräume

Die einzigen gesicherten Fundorte liegen im Rio Nututun im mexikanischen Bundesstaat Chiapas. Dieses Gewässer ist ein Gebirgsflüßchen, dessen Flußbett felsig und mit Geröll gefüllt ist. Er enthält sehr klares, mittelhartes Wasser, das eine deutlich alkalische Reaktion zeigt. Nach unseren Beobachtungen ist dieser Cichlide ausgesprochen rheophil, d.h. strömungsliebend, denn er hielt sich mit Vorliebe in den Gewässerabschnitten auf, die starke Strömung besaßen. Fortpflanzungsaktive und brutpflegende Fische fanden sich allerdings nur in Bereichen mit geringer Wasserbewegung, wo der Untergrund sandig oder schlammig war. Weitere Cichliden in diesem Biotop waren *Petenia splendia, Vieja bifasciata, Chuco intermedius, Parapetenia salvini* und *Thorichthys helleri.*

Haltung

Da dieser Cichlide recht lebhaft und schwimmfreudig ist, benötigt er relativ viel Raum. Langfristig ist die artgemäße Pflege nur in größeren Aquarien möglich, die in etwa eineinhalb Meter lang sind. Bei der Einrichtung ist zu beachten, daß mit größeren Steinen eine Anzahl Höhlen geschaffen wird. Den chemischen Eigenheiten des Wassers braucht im allgemeinen keine besondere Aufmerksamkeit geschenkt zu werden. Um eine möglichst abwechslungsreiche Ernährung zu gewährleisten, sollten neben Wasserflöhen und Insektenlarven auch zerschnittener Fisch und Krebsfleisch (Shrimps) angeboten werden.

Zucht

Diese Art ist ein Höhlenbrüter. Wir konnten im natürlichen Lebensraum beobachten, daß die Fische den Sand unter flachen Steinen entfernt und dann in den entstandenen Hohlräumen abgelaicht hatten. Beide Geschlechter sind an der Betreuung und der Verteidigung der Jungfische beteiligt.

Tabelle 37:

Ort:	**Rio Nututun bei Palenque (Chiapas, Mexiko)**
Sichtweite:	**ca. 3 m**
Farbe:	**grünlich**
pH-Wert:	**8,85**
Gesamthärte:	**12,5 °dH**
Karbonathärte:	**12,0 °dH**
Leitfähigkeit:	**1200 µS bei 27 °C**
Wassertiefe:	**1,50 – 3,50 m**
Wasserbewegung:	**starke Strömung**
Wassertemperatur:	**27 °C**
Lufttemperatur:	**30 °C**
Datum:	**2. 4. 1983**
Uhrzeit:	**14.00 Uhr**

Die Gattung Thorichthys
MEEK, 1904

wurde im Jahre 1904 von MEEK aufgestellt. REGAN (1908) ordnete diese Buntbarsche aber wieder in die Gattung *Cichlasoma* ein und führte *Thorichthys* nur als Sektion. Spätere Autoren benutzten den Namen auch als Untergattung. Seit der Überarbeitung und Verkleinerung der Gattung *Cichlasoma* durch KULLANDER (1983) hat der Name *Thorichthys* als Gattungsbezeichnung jedoch erneut Gültigkeit erlangt.

Zur Zeit sind die *Thorichthys*-Arten, die untereinander sehr nahe verwandt und sich auch sehr ähnlich sind, dringend einer Überarbeitung bedürftig. MILLER & NELSON (1961) unterscheiden acht Arten. Aus Mexiko sind aber weitere, noch unbeschriebene Vertreter dieser Gattung bekannt. Die Verbreitung der *Thorichthys*-Arten erstreckt sich nur auf die atlantische Seite von Mittelamerika zwischen dem Einzugsgebiet des Rio Antigua im Süden des mexikanischen Bundesstaates Veracruz bis in das Gebiet des Rio Montagua im Südosten Guatemalas und Nordwesten von Honduras.

Charakteristische Merkmale der Gattung sind nach MEEK & NELSON (1961) unter anderem das Fehlen von Schuppen am Grund des weichstrahligen Teils von Rücken- und Afterflosse, eine gestutzte bis eingebuchtete Schwanzflosse, deren äußere Strahlen bei adulten Fischen fädig verlängert sind, lange Brustflossen, ein spitzer Kopf mit einer verlängerten Schnauze, ein Flankenfleck auf dem dritten Querstreifen, rötlich gefärbte Kiemenhäute, blaue Flecken auf Kopf und Körper sowie ein schwarzer Fleck im unteren Winkel des Kiemendeckels.

Da es sich bei den *Thorichthys*-Arten, die in ihrem Habitus etwas an die südamerikanischen Erdfresser aus der Gattung *Geophagus* erinnern, um vergleichsweise kleine Buntbarsche handelt, die nur eine maximale Länge von zwölf bis fünfzehn Zentimetern erreichen, spielen sie in der Aquaristik eine recht wichtige Rolle. Daß die meisten Arten sehr prächtig gefärbt sind — vor allem Rottöne und blaugrüne Glanzflecken sind sehr verbreitet —, ist ein weiterer Grund für ihre Beliebtheit.

Einige Arten, beispielsweise *Thorichthys meeki*, sind robust und anpassungsfähig, andere haben sich jedoch im Aquarium als vergleichsweise schwierige Pfleglinge erwiesen, die häufig sehr scheu sind und unter nicht optimalen Bedingungen schnell Krankheitssymptome zeigen.

Weißwasserbiotop am Rio Solimoes mit der Riesenseerose *Victoria amazonica*

Thorichthys ellioti
MEEK, 1904

Der abgebildete Fisch wurde von SEEGERS auf einer gemeinsamen Sammelreise nach Mexiko im Jahre 1983 gefangen und von MILLER identifiziert. Diese Art kann eine Länge von ungefähr 14 Zentimetern erreichen.

Der Körper der Fische ist grau bis beigefarben getönt. Zwischen Kiemendeckel und Schwanzstiel verlaufen sechs dunkle Querstreifen über die Flanken. Der dritte Streifen trägt einen deutlich hervortretenden Flankenfleck. Ein zweiter schwarzer Fleck liegt im unteren Winkel des Kiemendeckels. Auf den Wangen und dem Kiemendeckel gibt es relativ großflächige blaue Glanzflecken. Auch die meisten Schuppen in der unteren Körperhälfte tragen ebenso wie die unpaaren Flossen hellblau glänzende Punkte. Sowohl die Rücken- als auch die Afterflosse tragen unter dem Rand einen hellblauen Streifen. Die Brust- und die Bauchregion der Fische sind rötlich gefärbt. Die Geschlechter sind äußerlich kaum mit Sicherheit zu unterscheiden.

Fundorte von *Thorichthys ellioti*

Thorichthys ellioti

Arttypische Merkmale

für *Thorichthys ellioti* sind die relativ großen blauen Flecken in der unteren Hälfte des Kopfes und eine vergleichsweise niedrige Rückenflosse. Sehr

ähnliche Arten

treten mehrfach in der Gattung *Thorichthys* auf, so daß die Identifizierung dieser Cichliden nicht einfach ist. Nützliche Hinweise bei der Bestimmung dieser Buntbarsche ergeben sich aus den Fundorten: *Th. helleri* (STEINDACHNER, 1864), beschrieben aus dem Rio Teapa (Tabasco), besitzt eine recht hohe Rükkenflosse und kleinere blaue Flecken auf dem Kopf. Weitere ähnliche Arten aus Mexiko sind *Th. callolepis* (REGAN, 1904) aus dem oberen Einzugsgebiet des Coatzacoalcos (Oaxaca) und *Th. champotonis* (HUBBS, 1936) aus dem Rio Champoton (Campeche). Die

natürlichen Lebensräume

von *Th. ellioti* liegen im Bundesstaat Veracruz. Die Fundorte befinden sich vor allem im oberen Einzugsgebiet des Rio Tonto, der einen Zufluß des Rio Papaloapan bildet. Das Typusexemplar wurde bei Motzorongo gefangen. Der im Foto abgebildete Fisch stammt aus einem Restwassertümpel südlich von Ciudad Aleman, d.h. etwas unterhalb der Mündung des Rio Tonto in den Rio Papaloapan. Das Wasser war sehr stark getrübt und der Untergrund schlammig. Der Rand des Gewässers war zum Teil mit Schilf bestanden, seine Oberfläche teilweise mit einem Teppich aus Schwimmpflanzen, vor allem *Eichhornia*, bedeckt. Weitere Fische des Fundortes waren Salmler *(Astyanax)* und Schwertträger *(Xiphophorus)*. Die

Haltung

von *Thorichthys*-Arten ist im allgemeinen unproblematisch, weil sie recht anspruchslos und anpassungsfähig sind. Dem Chemismus des Wassers braucht deshalb keine besondere Aufmerksamkeit geschenkt zu werden. Infolge ihrer relativ geringen Größe bietet ihnen ein Aquarium von rund einem Meter Länge ausreichend Raum. Wichtig sind Versteckplätze,

Die Vertreter der Gattung *Thorichthys* leben oft zwischen Pflanzen.

die bei der Einrichtung unbedingt einzuplanen sind. Pflanzen werden von diesen Buntbarschen nicht beschädigt. Auch die

Zucht

ist nicht schwierig. Alle *Thorichthys*-Arten sind Offenbrüter, die meistens flache Steine als Laichsubstrat verwenden. An der Pflege und Verteidigung des Geleges und der Jungen beteiligen sich beide Elterntiere sehr intensiv, so daß selbst in einem Gesellschaftsaquarium einige Jungfische heranwachsen.

Tabelle 38:

Ort:	**Restwassertümpel südlich von Ciudad Aleman unterhalb der Mündung des Rio Tonto in den Rio Papaloapan (Vera Cruz, Mexiko)**
Sichtweite:	**äußerst trüb**
Farbe:	**lehmig**
pH-Wert:	**6,75**
Gesamthärte:	**5 °dH**
Karbonathärte:	**5 °dH**
Leitfähigkeit:	**850 µS/cm**
Wassertiefe:	**< 1 m**
Wasserbewegung:	**keine**
Wassertemperatur:	**31 °C**
Lufttemperatur:	**30 °C**
Datum:	**29. 3. 1983, 16.00 Uhr**

Thorichthys meeki
(BRIND, 1918)

Thorichthys meeki zählt zweifellos zu den in der Aquaristik bekanntesten Buntbarschen. Die Art gehört seit Jahrzehnten im Zoofachhandel zum Standardangebot, da sie in Zierfischzüchtereien regelmäßig vermehrt wird. Gründe für die Popularität dieser Fische bilden ihr auffallendes Farbkleid sowie ihre Anpassungsfähigkeit und Robustheit. Die maximale Gesamtlänge der Männchen, die deutlich größer als die Weibchen werden, kann bei knapp fünfzehn Zentimetern liegen, die Fische sind jedoch bereits mit ungefähr zehn Zentimetern geschlechtsreif. Ihr Geschlecht ist schwer zu bestimmen, da die stärker verlängerten unpaaren Flossen ausgewachsener Männchen die einzigen brauchbaren Unterscheidungskriterien bilden. Ein jüngeres Synonym für diese Art ist *Cichlasoma hyorhynchum* HUBBS, 1935 (vgl. HASSE, 1981).

Thorichthys meeki besitzt den für die Gattung typischen hochrückigen, seitlich kräftig zusammengedrückten Körper. Die Grundfärbung der Fische besteht aus einem hellen

Fundorte von *Thorichthys meeki*

Blaugrau. Erkennungsmerkmal dieser Art ist eine signalrot gefärbte Zone, die sich in der unteren Körperregion von der Unterlippe bis zum Ende der Afterflosse erstrecken kann und häufig auch auf die Bauchflossen und die Afterflosse übergreift. Die schwarzen Zeichnungen, deren Ausbildung stimmungsabhängig ist, bestehen aus sechs breiten Querbin-

Thorichthys meeki

den, die zwischen dem Rand des Kiemendeckels und dem kleinen Schwanzwurzelfleck liegen und von denen die dritte durch einen Flankenfleck in der oberen Körperhälfte besonders betont ist. Hinzu kommen ein Längsstreifen zwischen dem Auge und dem Flankenfleck sowie ein sehr auffälliger silbrig gesäumter Augenfleck im unteren Winkel des Kiemendeckels. Mit Ausnahme der farblosen Brustflossen tragen die Flossen blaugrün glänzende Punkt- und Strichzeichnungen. In der Kopfregion und auf den Körperseiten können derartige Glanzpunkte auftreten. Die Rückenflosse hat einen schmalen signalroten Saum.

Natürliche Lebensräume

Die Verbreitung von *Thorichthys meeki* erstreckt sich über das nordöstliche Mexiko, Belize und das nördliche Guatemala. Fundorte sind unter anderem aus dem Flußsystem des Rio Usumacinta, aus dem Rio Candelaria, dem Belize River sowie aus Gewässern in der Umgebung der Stadt Progreso im Norden der Yukatan-Halbinsel bekannt. Wir konnten *Thorichthys meeki* im April 1983 in den mexikanischen Bundesstaaten Tabasco und Chiapas in Gewässern an der Straße zwischen Macuspana und Catazaja – unter anderem bei Agua Blanca – fangen, die zum Einzugsbereich des Rio Grijalva und Rio Usumacinta gehören. Die Fische lebten dort zusammen mit *Amphilophus robertsoni* und *Parapetenia octofasciata* in mittelharten Fließgewässern bei pH-Werten zwischen 7 und 8,5.

Haltung

Für die Pflege eines harmonierenden Pärchens genügt ein Behälter, der gut einen Meter lang ist. Ein Gesellschaftsaquarium, in dem diese Art mit anderen mittelgroßen zentralamerikanischen Buntbarschen aus den Gattungen *Archocentrus* und *Thorichthys* oder mit südamerikanischen *Aequidens*-Arten zusammen gehalten wird, sollte dagegen mindestens eine Seitenlänge von eineinhalb Metern aufweisen. Seine Einrichtung erfolgt mit größeren Steinen, die so angeordnet werden, daß die Bodenfläche in mehrere Territorien gegliedert ist. Als zusätzliches Dekorationsmaterial, mit dem weitere Versteckplätze geschaffen werden, sind Moorkienwurzeln geeignet. Da die Fische sich gelegentlich an zarten Pflanzen vergreifen, können nur widerstandsfähige Arten aus den Gattungen *Echinodorus* und *Anubias* verwendet werden.

Zucht

Thorichthys meeki ist ein typischer Offenbrüter, der auf Steinen oder Wurzeln ablaicht. Beide Eltern beteiligen sich an der Brutpflege unter einer gewissen geschlechtsspezifischen Arbeitsteilung. Die unmittelbare Pflege der Eier und Larven übernimmt in erster Linie der weibliche Fisch, während das Männchen vorzugsweise das Brutrevier gegen potentielle Freßfeinde der Nachkommen verteidigt. Besonders eindrucksvoll ist bei derartigen Gelegenheiten die auffällige Drohhaltung, die bei dieser Art durch das Abspreizen der Kiemendeckel und das Zurschaustellen der signalroten Kiemen- und Kehlhaut unterstützt wird.

Sobald die Jungfische frei schwimmen, werden sie von beiden Eltern geführt. Die Jungtiere werden anfangs mit zerriebenem Flokkenfutter und frisch geschlüpften Salinenkrebsen gefüttert.

Tabelle 39:

Ort:	**Trüber Bach, wenige Kilometer südlich des Ortes Macuspana, Einzugsbereich des Rio Tulija (Tabasco, Mexiko)**
Sichtweite:	**trüb**
Farbe:	**lehmig**
pH-Wert:	**7,5**
Gesamthärte:	**3 °dH**
Karbonathärte:	**4 °dH**
Leitfähigkeit:	**140 µS/cm**
Wassertiefe:	**< 1 m**
Wasserbewegung:	**gering**
Wassertemperatur:	**26,5 °C**
Lufttemperatur:	**32,0 °C**
Datum:	**1. 4. 1983**
Uhrzeit:	**11.00 Uhr**

Die Gattung *Tomocichla*
REGAN, 1908

Diese Gattung, die REGAN anläßlich der Beschreibung von *Tomocichla underwoodi* aufgestellt hatte, um damit zu betonen, daß dieser Buntbarsch, den MEEK später in *Cichlasoma tuba* umbenannte, aufgrund seiner ungewöhnlich weit nach hinten verlagerten Bauchflossen im System der Cichliden eine Sonderstellung einnimmt, galt lange als Synonym zu *Cichlasoma*, erlangte aber durch die Auflösung jener Sammelgattung (KULLANDER, 1983) Gültigkeit. Gegenwärtig werden *Tomocichla* nur zwei Arten zugeordnet.

Fundorte von *Tomocichla sieboldii*

Tomocichla sieboldii
(KNER & STEINDACHNER, 1864)

Ursprünglich wurde dieser mittelamerikanische Buntbarsch aus der Gattung *Tomocichla* der Gattung *Heros* zugeordnet. REGAN (1908) stellte ihn in die Gattung *Paraneetroplus*. Synonyme sind *Herichthys underwoodi* REGAN, 1905, *Cichlasoma punctatum* MEEK, 1909, und *Theraps terrabae* JORDAN & EVERMANN, 1927. Erstmals eingeführt wurden die Fische durch WEBER & WERNER im Jahre 1980. Ihre maximale Größe liegt bei knapp 30 Zentimetern.

Auf grauem bis gelbgrauem Untergrund tragen die Fische auf den Flanken ein Muster von sechs bis sieben schwarzen Flecken oder unvollständig ausgebildeten Querstreifen, die gewöhnlich in der Körpermitte besonders

Pärchen von *Tomocichla sieboldii* im Brutpflegekleid

kräftig hervortreten. Charakteristisch sind ferner ein im Zentrum der Schwanzwurzel liegender dunkler Fleck sowie zwei nahezu waagerecht verlaufende dunkle Streifen auf der Stirn, die die vorderen Ränder der Augen verbinden. Hinter den Brustflossen liegt im allgemeinen eine leicht rötliche bis rosa Farbzone. Die Rückenflosse besitzt einen schmalen roten Saum. Teile der unpaaren Flossen tragen ein Muster kleiner braunroter Flecken. Die Art besitzt ein sehr auffälliges Brutpflegekleid. Die schwarzen Zeichnungen treten dann besonders kontrastreich hervor. Bei beiden Geschlechtern ist während der Brutpflege der untere Bereich des Kopfes und des Kiemendeckels lackschwarz gefärbt. Da diese Art isomorph ist, sind Männchen und Weibchen nur schwer zu unterscheiden. Männliche Exemplare werden allerdings größer. Während der Brutpflege sind die Weibchen an der Schwarzfärbung des hartstrahligen Teils der Rückenflosse zu erkennen.

Arttypische Merkmale

sind die abgerundete Schwanzflosse, der Besitz von 11–13 Weichstrahlen in der Rückenflosse, von fünf, im Ausnahmefall auch vier Hartstrahlen sowie 8–9, im Ausnahmefall 10 Weichstrahlen in der Afterflosse.

Charakteristisch für *Tomocichla sieboldii* sind ferner die beiden waagerechten schwarzen Streifen auf der Stirn sowie während der Brutpflege die schwarze Färbung der unteren Kopfregion.

Zu den

ähnlichen Arten

zählt vor allem *Tomocichla tuba* (Meek, 1912), eine Spezies, die so viele Parallelen aufweist, daß beide Buntbarsche als Geschwisterarten angesehen werden, die einen gemeinsamen Vorfahren haben. Jene Art besitzt aber eine gestutzte bis eingebuchtete Schwanzflosse, 14–16 Weichstrahlen in der Rückenflosse sowie vier, im Ausnahmefall fünf Hartstrahlen und 10–11 Weichstrahlen in der Afterflosse. Ein weiteres Erkennungsmerkmal bildet während der Brutpflege eine breite schwarze Augenbinde.

Tomocichla sieboldii hat nur eine relativ begrenzte Verbreitung. Die

natürlichen Lebensräume

liegen ausschließlich auf der pazifischen Seite von Costa Rica und Panama. Die Westgrenze des Vorkommens scheint die Umgebung von Esparta (Rio Jesus Maria, Rio Barranca), die Ostgrenze das Einzugsgebiet des Rio San Pedro in Panama zu bilden. Die Fische besiedeln die unterschiedlichsten Biotope. Sie kommen sowohl bei Strömung als auch in stehenden Gewässern vor und scheinen auch in bezug auf die Wasserhärte und den pH-Wert recht anpassungsfähig zu sein. Nach Bussing (1975) ist dieser Cichlide ein Pflanzenfresser, der sich von Algen, Gräsern sowie den Blättern und Samen der Landvegetation ernährt. Zusätzlich werden aber Wasserinsekten, deren Larven sowie Garnelen gefressen. Die

Haltung

dieses Buntbarsches ist nicht schwierig, wenn ein geräumiges Aquarium mit einer Seitenlänge von ein bis zwei Metern zur Verfügung steht. Falls die Fische mit anderen Cichliden vergesellschaftet werden sollen, muß der Behälter noch erheblich größer sein. Um seine Bodenfläche gut zu gliedern, die Abgrenzung von Revieren zu erleichtern und Versteckplätze zu schaffen, werden für die Einrichtung große Steine und Wurzeln benötigt. Eine Bepflanzung des Aquariums ist im Grunde wenig empfehlenswert. Da die Fische eine gehaltvolle Nahrung benötigen, sollten sie regelmäßig mit zerschnittenen Garnelen und Krabben sowie mit Süßwasser- oder Meeresfischen gefüttert werden. Bei einer artgemäßen Pflege ist auch die

Zucht

keinesfalls besonders schwierig. Die Fische laichen auf Steinen oder Wurzeln ab. Das Gelege, die Larven und die Jungfische werden von den Eltern gemeinsam betreut und verteidigt. Sobald die Fischbrut das Larvenstadium durchlaufen hat, muß sie mit den Nauplien des Salinenkrebses und entsprechend zerkleinertem Flockenfutter gefüttert werden.

Tomocichla tuba
(MEEK, 1912)

Dieser mittelamerikanische Buntbarsch aus der Sektion *Theraps* wurde bereits im Jahre 1908 durch REGAN als *Tomocichla underwoodi* beschrieben. Zwischenzeitlich war man dann jedoch der Ansicht, daß kein Anlaß dazu besteht, für diese Spezies eine eigene, besondere Gattung aufzustellen, sondern ordnet sie der *Cichlasoma*-Sektion *Theraps* zu (BUSSING, 1975). Da der Artname in der Gattung *Cichlasoma* aber bereits vergeben war, beschrieb MEEK diesen Cichliden im Jahre 1912 erneut als *Cichlasoma tuba*. Durch SCHULZ wurde dieser Buntbarsch im Jahre 1980 erstmals nach Europa lebend eingeführt. Die erste erfolgreiche Nachzucht im Aquarium gelang DOST im Jahre 1983. Die Fische können eine Länge von ungefähr 30 Zentimetern erreichen.

Sie sind in der Rückenregion grüngrau, in der Bauchregion gelblich gefärbt. Bis zu acht oder neun sehr unregelmäßige schwarze Querstreifen, die jedoch weder bis zum Rücken, noch bis zum Bauch reichen, liegen auf den Körperseiten. Im Bereich hinter den Brustflossen tragen einzelne Schuppen einen roten Punkt. Gelegentlich kann sogar der Eindruck eines roten Längsbandes entstehen, das sich

Fundorte von *Tomocichla tuba*

bis zum Schwanzstiel erstreckt. Auch im hinteren Teil der Rücken- und Afterflosse treten kleine rote Flecken auf. Die Iris ist ebenfalls rot gefärbt. Beide Geschlechter besitzen ein auffälliges, sehr kontrastreiches Brutpflegekleid. Der Gegensatz zwischen dem hellen Untergrund und den schwarzen Zeichnungen tritt dann besonders kräftig auf Kopf und Körper hervor. Bemerkenswert ist insbesondere eine breite schwarze Binde, die sich auf

Tomocichla tuba

hellem Untergrund wie eine Augenmaske von der Stirn zu den Augen und zur Oberlippe erstreckt.

Tomocichla tuba ist polymorph, denn vor allem an der Westgrenze der Verbreitung besitzt ein Teil der Fische ungewöhnlich verdickte wulstige Lippen wie manche Malawi- und Tanganjikacichliden sowie *Amphilophus labiatus* (Günther, 1864) aus Nikaragua. An derselben Örtlichkeit können alle Übergänge von normalen bis zu extrem vergrößerten Lippen auftreten. Diese Vergrößerung der Lippen hat nichts mit dem Geschlecht der Fische zu tun. Männchen und Weibchen sind aufgrund äußerer Kennzeichen kaum zu unterscheiden. Allerdings entwickelt sich bei älteren männlichen Fischen ein Stirnbuckel.

Arttypische Merkmale,

an denen diese Art zu erkennen ist, bilden die bei adulten Exemplaren gestutzte bis eingebuchtete Schwanzflosse und der Besitz von 14–16 Weichstrahlen in der Dorsale sowie von vier, im Ausnahmefall fünf Hartstrahlen und 10–11 Weichstrahlen in der Anale. Ein weiteres charakteristisches Merkmal ist während der Brutpflege die breite schwarze Augenbinde. Zu den

ähnlichen Arten

zählt insbesondere *Tomocichla sieboldii* (Kner & Steindachner, 1863), eine Spezies, die so viele Parallelen aufweist, daß man beide Cichliden als Geschwisterarten auffaßt, die einmal aus einem gemeinsamen Vorfahren hervorgegangen sind. Jene Art besitzt jedoch eine abgerundete Schwanzflosse, 11–13 Weichstrahlen in der Rückenflosse, fünf, im Ausnahmefall vier Hartstrahlen und 8–9, im Ausnahmefall 10 Weichstrahlen in der Afterflosse. Während der Brutpflege bildet sich keine maskenartige Augenbinde, sondern ein Muster aus zwei schmalen Streifen aus, das beide Augen verbindet. Die

natürlichen Lebensräume

von *Tomocichla tuba* liegen auf der atlantischen Seite Mittelamerikas in den Ländern Nikaragua, Costa Rica und Panama. Die Nordgrenze der Verbreitung bildet das Einzugsgebiet des Rio Escondido, die Südostgrenze der Rio Cricamola. Die Heimatgewässer dieses Cichliden führen meist relativ weiches Wasser, das aber im allgemeinen eine deutlich alkalische Reaktion aufweist. Die Fische bewohnen häufig strömungsreiche Wasserläufe.

Nach Bussing (1975) sind sie Pflanzenfresser, die sich hauptsächlich von Algen sowie den Blättern und Früchten der Landvegetation ernähren. Zusätzlich werden Wasserinsekten und Garnelen gefressen. Auch bei mittleren Härtegraden hat sich die

Haltung

und Zucht dieses Buntbarsches als unproblematisch erwiesen. Da er jedoch recht lebhaft ist und ein gewisses Bewegungsbedürfnis zeigt, werden auf Dauer recht geräumige Behälter benötigt, die eine Mindestlänge von eineinhalb Metern besitzen sollten. Das Aquarium wird mit großen Steinen, Wurzeln und gewaschenem Kies so eingerichtet, daß verschiedene Versteckplätze und Reviere entstehen. Die Fische lassen sich gut mit anderen mittelamerikanischen Buntbarschen vergesellschaften, die eine ähnliche Größe haben. Um ihre Ernährung möglichst abwechslungsreich zu gestalten, sollten sie regelmäßig mit Fisch- und Krebsfleisch (Shrimps) gefüttert werden. Es empfiehlt sich, sobald *Tomocichla tuba* eine Länge von zehn Zentimetern erreicht hat, auf Pflanzen im Aquarium zu verzichten. Unter der Voraussetzung, daß sich ein harmonierendes Pärchen gefunden hat, ist die

Zucht

relativ einfach. *Tomocichla tuba* zeigt eine deutliche Neigung zum Versteckbrüten. Bei der ersten erfolgreichen Vermehrung im Aquarium legten die Fische den Laich in einer großen Tonröhre ab. Beide Elterntiere beteiligen sich an der Brutpflege und betreuen und verteidigen die Nachkommen gemeinsam. Als erstes Futter für die Fischbrut haben sich die Larven des Salinenkrebses und zerriebenes Flockenfutter bewährt.

Die Gattung Uaru
HECKEL, 1840

Im 19. Jahrhundert wurden zwar mehrere *Uaru*-Arten beschrieben, da man diese aber als Synonyme von *Uaru amphiacanthoides* ansah, galt die Gattung lange als monotypisch. Im Jahre 1989 beschrieb dann Stawikowski *Uaru fernandezyepezi* aus dem Rio Atabapo als neue Art. Zusätzlich ist bereits seit dem Ende der 70er Jahre ein weiterer, bisher taxonomisch unbearbeiteter Vertreter dieser Gattung bekannt.

Das Verbreitungsgebiet der Gattung *Uaru*, die der Gattungsgruppe der Cichlasominen zugeordnet wird, erstreckt sich über das zentrale Amazonasgebiet sowie den oberen Orinoko und Rio Negro. Typische Merkmale der *Uaru*-Arten sind der Besitz von 7–10 Hartstrahlen in der Afterflosse und von zahlreichen, sehr kleinen Schuppen (häufig über fünfzig in einer Längsreihe). Nähere verwandtschaftliche Beziehungen scheinen zu den beiden Gattungen *Hoplarchus* und *Symphysodon* zu bestehen.

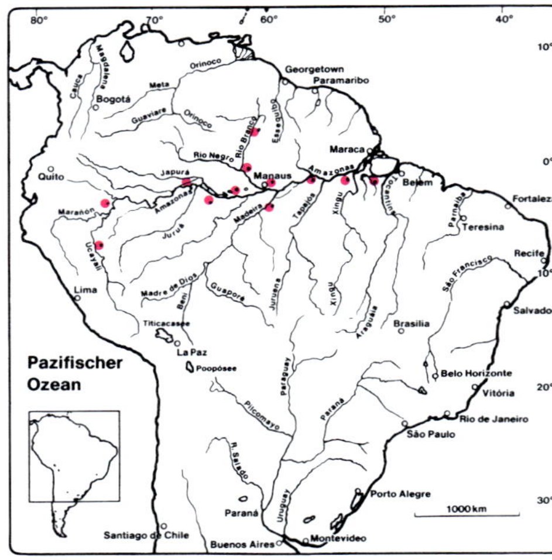

Fundorte von *Uaru amphiacanthoides*

Uaru amphiacanthoides
HECKEL, 1840

gehört zu den Buntbarschen, die am längsten im Aquarium gehalten werden, denn in Deutschland pflegt man diese Art seit 1913. *Uaru obscurum* Günther, 1862, *U. imperialis* (Steindachner, 1879) und *Pomotis fasciatus* Schomburgk, 1843, sind offenbar jüngere Synonyme für diese Spezies. Da ihre maximale Länge über 25 cm betragen kann, findet man sie regelmäßig als Speisefisch auf den Märkten Brasiliens angeboten. Obwohl diesem Cichliden alle grellen Farben fehlen, ist er außerordentlich auffallend gefärbt. Auf graugrünem bis grüngelbem Untergrund trägt er in der unteren Körperhälfte einen großflächigen, langgestreckten schwarzen Fleck, der sich von vorn nach hinten verjüngt und Anlaß für den deutschen Namen Keilfleckcichlide gab. Auch auf der Schwanzwurzel liegt ein schwarzer, häufig rechteckiger Fleck. Zwei weitere liegen in der vorderen Körperregion: einer unmittelbar hinter dem Auge, der zweite, der nur klein ist, oberhalb des Ansatzes der Brustflossen. Die Iris erwachsener Fische ist schön rotorange getönt. Da dieser Buntbarsch isomorph ist, sind die Geschlechter an Hand äußerer Merkmale nicht mit Sicherheit zu unterscheiden. Zu den

arttypischen Merkmalen,

an denen *Uaru amphiacanthoides* zu erkennen ist, zählen der großflächige, in etwa keilförmige schwarze Fleck in der unteren Körperhälfte, der bereits in einigem Abstand unterhalb oder oberen Seitenlinie endet, sowie die beiden kleinen Flecken hinter dem Auge.

Ähnliche Arten

Ende der 70er Jahre (Schmettkamp, 1980) ist in der Aquaristik ein Buntbarsch aufgetaucht, der auf den ersten Blick wie der Keilfleckcichlide aussieht, der aber eine Reihe von bemerkenswerten Unterschieden aufweist, die darauf hindeuten, daß es sich um eine noch nicht beschriebene Art handelt: Der Keilfleck ist größer und endet nicht unterhalb, sondern über der Seitenlinie. Die beiden Flecken hinter dem Auge fehlen. Dafür sind der Oberrand der Iris und die gut sichtbaren Zähne rot gefärbt. Schließlich ist jene Art schlanker und weniger hochrückig.

Die

natürlichen Lebensräume

von *U. amphiacanthoides* bilden vor allem typische Schwarz- und Weißwasserflüsse, die sehr arm an gelösten Mineralien sind und deren pH-Wert im sauren Bereich liegt. In der Literatur sind Fundorte für den gesamten Amazonas und Rio Solimoes, den unteren Ucayali, Madeira und Xingu sowie für den Rio Negro und Branco belegt.

Bei der

Haltung

des Keilfleckcichliden treten keine größeren Probleme auf. Er ist ein friedlicher und ruhiger Pflegling, der im Vergleich zu seiner Größe einen geringen Raumbedarf hat. Dennoch sollte das Aquarium deutlich über einen Meter lang sein. Versteckplätze aus Wurzeln oder zusammengestellten Steinplatten können erheblich zum Wohlbefinden der Fische bei-

Trotz zweckmäßiger Ausrüstung kann der Fang von Cichliden im Amazonasurwald zu einer anstrengenden Tätigkeit werden.

Uaru amphiacanthoides

tragen. Pflanzen dürfen nicht zur Dekoration des Aquariums verwendet werden, da der Keilfleckcichlide ein Pflanzenfresser ist. Das scheint im Widerspruch zu der Beobachtung zu stehen, daß es in den natürlichen Lebensräumen dieser Art in der Regel gar keine Pflanzen gibt. Zur Zeit des Hochwasser wird der Urwald jedoch meterhoch überschwemmt, und die unter die Wasseroberfläche geratenen Blätter der Landvegetation bilden für viele Fische eine zusätzliche Nahrungsquelle. Neben dem Fleisch von Garnelen und Fischen sollte man deshalb diesem Cichliden auch Salatblätter reichen, die jedoch keinerlei Rückstände von Insektiziden enthalten dürfen. Die

Zucht

ist bisher nur gelegentlich im Aquarium gelungen. Das hängt sicherlich damit zusammen, daß diese Art nur selten importiert und recht groß wird. Es ist deshalb schwierig, passende Zuchtpaare zusammenzustellen. Hinzu kommt, daß der Keilfleckcichlide offenbar während der Fortpflanzung recht stark auf die Wasserverhältnisse in seinen natürlichen Lebensräumen angewiesen ist. Für Zuchtversuche empfiehlt es sich deshalb, möglichst weiches und saures Wasser zu verwenden. Die Fische sind Offenbrüter, die vorzugsweise an senkrechten Substraten ablaichen. Sie ziehen die Brut in einer Elternfamilie auf und zeigen während der Brutpflege eine bemerkenswerte Parallele zu den Diskusfischen aus der Gattung *Symphysodon*, mit denen sie ihren natürlichen Lebensraum teilen. Ebenso wie bei jenen Cichliden ernähren sich auch die Jungfische des Keilfleckcichliden während der ersten Tage von einem Hautsekret der Elterntiere, das sie von deren Körperoberfläche abweiden. Während diese Form der Ernährung aber für die Brut der Diskusfische obligatorisch ist, stellt sie bei den Keilfleckcichliden nur eine zusätzliche Nahrungsquelle dar, denn sie lassen sich nach dem Aufschwimmen auch mit den frischgeschlüpften Larven des Salinenkrebses füttern. Bemerkenswert ist, daß diese Art ein ausgesprochenes Jugendkleid besitzt. Jungfische tragen auf bräunlichem Untergrund eine Vielzahl grünsilbern glänzender Flecken und Striche.

➧ *Uaru* sp.

(Oranger Keilfleckbuntbarsch)

Dieser taxonomisch noch unbearbeitete Vertreter der Gattung *Uaru* ist seit dem Ende der 70er Jahre in der Aquaristik bekannt. Bisher ist er nur selten und dann immer nur in Einzelexemplaren nach Deutschland eingeführt worden (Schmettkamp, 1980; Stawikowski, 1989).

Die Fische besitzen eine gelbbraune bis graugrüne Grundfärbung. Die Stirnregion kann ein schwach ausgebildetes Muster wurmartiger braunroter Linien tragen. Der obere Rand der sonst goldgelb gefärbten Iris ist purpurrot getönt. Die schwarzen Zeichnungen bestehen aus einem breiten Querband auf der Schwanzwurzel, einem Fleck an der Basis der Brustflosse sowie einer ausgedehnten, großflächigen Zone in der mittleren und unteren Flankenregion. Die Zähne sind auffallend braunrot gefärbt. Die maximale Größe dieses Cichliden liegt bei dreißig Zentimetern.

Arttypische Merkmale

Zu den artspezifischen farblichen Merkmalen dieses Buntbarsches zählt insbesondere die Form des beinahe rechteckigen Flankenflecks, der in Richtung Rücken über die obere Seitenlinie hinausragt. Hinzu kommen die wurmförmigen Zeichnungen auf der Stirn und das Querband auf der Schwanzwurzel.

Ähnliche Arten

Bei *Uaru amphiacanthoides* endet der Flankenfleck bereits in erheblichem Abstand unter der oberen Seitenlinie. Statt eines Querbandes liegt auf der Schwanzwurzel nur ein Fleck. Ferner sind die Augen von einer schwarzen Zone umgeben.

Uaru fernandezyepezi trägt im hinteren Drittel des Körpers einen breiten Querstreifen und im vorderen Bereich der Flanken ein Muster von in Längsreihen angeordneten kleinen schwarzen Tüpfeln. Ein Flankenfleck fehlt.

Verläßliche Informationen über die Verbreitung dieses noch unbeschriebenen Buntbarsches, der in Importsendungen aus Manaus gefunden wurde und auf dem Fischmarkt dieser Stadt als Speisefisch angeboten wird, liegen zur Zeit noch nicht vor. Es ist deshalb nur eine Vermutung, daß er im Einzugsgebiet des mittleren Amazonas vorkommt.

Uaru sp., eine taxonomisch noch unbearbeitete Art

Die Gattung Vieja
FERNANDEZ-YEPEZ, 1969

Vieja galt jahrzehntelang als Synonym der Gattung *Theraps,* erlangte aber durch die Auflösung der Sammelgattung *Cichlasoma* (KULLANDER, 1983) und die Überarbeitung der Gattung *Theraps* (ALLGAYER, 1989) Gültigkeit. Ein neueres Synonym ist *Paratheraps* WERNER & STAWIKOWSKI, 1988 (ALLGAYER, 1991). Zur Zeit enthält *Vieja* rund zehn Arten.

Weißwasserbiotop von *Uaru amphiacanthoides* am Rio Solimoes bei Manaus: Die Fische kommen zur Zeit des Hochwassers gut an pflanzliche Nahrung heran.

Vieja bifasciata
(STEINDACHNER, 1864)

Fundorte von *Vieja bifasciata*

Dieser mittelamerikanische Buntbarsch, der früher in der *Cichlasoma*-Sektion *Theraps* geführt wurde, ist ursprünglich als *Heros bifasciatus* beschrieben worden. Einzelexemplare wurden von SCHULZ bereits Ende der 70er Jahre nach Europa eingeführt. Sowohl von uns als auch von STAWIKOWSKI & WERNER erfolgte dann im Jahre 1983 die erneute Einfuhr von einigen lebenden Fischen nach Deutschland. Diese Art kann eine Länge von rund 30 Zentimetern erreichen. Die wichtigsten Merkmale im Farbkleid dieser Spezies sind zwei schwarze Längsstreifen, die über die Körperseiten ziehen. Der untere beginnt über dem Ansatz der Brustflossen am Rand des Kiemendeckels und erstreckt sich bis zum Grund der Schwanzflosse. Der obere, der in etwa im Bereich der oberen Seitenlinie verläuft, beginnt etwas weiter hinten und endet unter dem Ansatz der letzten Rückenflossenstrahlen oder auf dem vorderen oberen Rand des Schwanzstieles. Dieses zweite Band ist nicht immer als Streifen ausgebildet, sondern kann auch als wolkige schwarze Farbzone erscheinen. Der Kopf der Fische, meist aber auch ihr Nacken sowie die vordere Rückenregion zeigen einen intensiven grünen bis gründgelben Glanz. Die Kehle, die Brust und die Bauchregion sind rot gefärbt. Der restliche Körper sieht dagegen intensiv goldgelb aus. Bei adulten Exemplaren sind Kopf und Nacken mit kleinen roten Flecken übersät. Die Schwanzflosse trägt hinten einen breiten roten

Vieja bifasciata

Saum. Auch die weichstrahligen Teile der Rükken- und Afterflosse sind rötlich getönt. Die Art ist isochromatisch und isomorph, d. h., die Geschlechter lassen sich nicht mit Sicherheit an Kennzeichen der Färbung oder Gestalt unterscheiden. Zu den

arttypischen Merkmalen

von *Vieja bifasciata* zählt insbesondere das Farbkleid der Fische, das keine dunklen Querstreifen, dafür aber zwei schwarze Längsbänder aufweist. Charakteristisch ist ferner die Rotfärbung in der Kehl-, Brust- und Bauchregion. In der Gattung *Vieja* gibt es mehrere sehr

ähnliche Arten,

zu denen unter anderem *Vieja guttulata* (GÜNTHER, 1864) und *Vieja fenestrata* (GÜNTHER, 1860) gehören. Beide Arten haben zwar mehr oder weniger dieselbe Körpergestalt und auch zum Teil vergleichbare Farbmuster, ihnen fehlt jedoch der obere Querstreifen auf den Flanken, der für *Vieja bifasciata* kennzeichnend ist.

Die

natürlichen Lebensräume

dieses Buntbarsches liegen im nordwestlichen Guatemala (Umgebung der Laguna de Peten) und im mexikanischen Bundesstaat Chiapas (Einzugsgebiet des Rio Usumacinta). Bei ALVAREZ (1970) findet sich als Verbreitungsangabe das Flußgebiet des Rio Coatzacoalcos, was jedoch offensichtlich auf einem Irrtum beruht. Wir fingen und beobachteten diese Spezies im Rio Nututun in der Umgebung der Stadt Palenque. Dieses Gewässer ist ein typisches Klarwasserflüßchen mit steinigem Untergrund und einer erheblichen Strömungsgeschwindigkeit. *Vieja bifasciata* hielt sich dort bevorzugt in den tieferen, ruhigeren Bereichen des Flusses auf, wo er Schutz zwischen ins Wasser gefallenen Ästen oder großen Steinen fand. Brutpflegende Paare waren jedoch meist im Flachwasser zu beobachten, wo es auch sandigen Untergrund gab. Wasseranalysen am Fundort ergaben mittlere Härtegrade und einen pH-Wert im deutlich alkalischen Bereich. Weitere Cichliden dieses Biotops waren *Petenia splendida, Chuco intermedius, Parapetenia salvini, Theraps rheophilus*

Vieja bifasciata im natürlichen Lebensraum

Wir fingen *Vieja bifasciata* in typischen Klarwasserbiotopen mit starker Strömung.

und *Thorichthys helleri.* Ferner lebten in demselben Lebensraum Salmler *(Astyanax fasciatus),* lebendgebärende Zahnkarpfen *(Poecilia sphenops),* Ährenfische *(Chirostoma* sp.), Welse und Grundeln. Für die

Haltung

dieses Großcichliden kommen auf Dauer nur sehr geräumige Behälter in Betracht, die über eineinhalb Meter lang sind. Die Einrichtung des Aquariums erfolgt mit großen Steinen und Wurzeln, die so zusammengestellt werden, daß einige Versteckplätze entstehen. Auf eine Bepflanzung sollte weitgehend verzichtet werden. Empfehlenswert sind höchstens wenige große, robuste Einzelpflanzen oder *Anubias*- und Farnarten, die oben auf den Steinaufbauten festwachsen. Um die prächtige Färbung der Fische zu erhalten, muß der Fütterung besondere Beachtung geschenkt werden. Eine abwechslungsreiche Ernährung kann durch zerschnittenen Fisch sowie das Fleisch von Krabben und Garnelen gewährleistet werden. Unter der Voraussetzung, daß ein harmonierendes Paar vorhanden ist, treten bei der

Zucht

keine besonderen Probleme auf. *Vieja bifasciata* ist ein typischer Offenbrüter, der bevorzugt flache Steine als Laichsubstrat wählt. Beide Elternteile beteiligen sich an der Brutpflege und versorgen und verteidigen gemeinsam die Nachkommen. Als erstes Futter für die Fischbrut haben sich Salinenkrebsnauplien und zerkleinertes Flockenfutter bewährt.

Tabelle 40:

Ort:	**Rio Nututun bei Palenque (Chiapas, Mexiko)**
Sichtweite:	**ca. 3 m**
Farbe:	**grünlich**
pH-Wert:	**8,85**
Gesamthärte:	**12,5 °dH**
Karbonathärte:	**12,0 °dH**
Leitfähigkeit:	**1200 µS bei 27 °C**
Wassertiefe:	**1,50 – 3,50 m**
Wasserbewegung:	**starke Strömung**
Wassertemperatur:	**27 °C**
Lufttemperatur:	**30 °C**
Datum:	**2. 4. 1983**
Uhrzeit:	**14.00 Uhr**

Vieja fenestrata
(GÜNTHER, 1860)

Dieser mittelamerikanische Buntbarsch, der zeitweilig der *Cichlasoma*-Sektion *Theraps* zugeordnet wurde, ist ursprünglich als *Chromis fenestrata* beschrieben worden. Nach Deutschland wurde er durch STAWIKOWSKI & WERNER im Jahre 1983 erstmals lebend eingeführt. Er kann eine Länge von über 20 Zentimetern erreichen.

Die Fische besitzen eine graugrüne bis grünliche Körperfärbung, über der insbesondere in der Rückenregion ein goldener Metallglanz liegt. Kopf, Nacken, Kehle und Brust färben sich bei adulten Tieren kräftig weinrot. Auch der hintere Bereich von Rücken- und Schwanzflosse zeigen diesen Farbton. Die Bauchregion, die Bauch- und Afterflosse sind dagegen größtenteils schwarz gefärbt. Zwischen dem Rand des Kiemendeckels und der Mitte des Schwanzstiels erstreckt sich ein schwarzes Längsband über die Flanken, das zwischen den Brustflossen und dem Ansatz der Schwanzflosse von sechs oder sieben dunklen Querstreifen gekreuzt wird. Häufig tritt im Nacken, etwas oberhalb des Kiemendeckelrandes, als Rest eines Querstreifens ein auffälliger schwarzer Fleck auf. Die Geschlechter sind isomorph, d.h., sie sind äußerlich nicht mit Sicherheit zu unterscheiden. Allerdings zeigen männliche Fische häufig mehr Rot in den Flossen. Offenbar ist diese Art polychromatisch, denn im Catemacosee

Fundorte von *Vieja fenestrata*

Vieja fenestrata

kommen nach unseren Beobachtungen als Seltenheit beinahe einfarbig rötlich gefärbte Exemplare vor.

Arttypische Merkmale,

die bei der Bestimmung dieser Spezies hilfreich sein können, bilden das Muster aus sechs bis sieben senkrechten und einem waagerechten schwarzen Streifen sowie die kräftige Rotfärbung des Kopfes. Hinzu kommen der Besitz von mehr als 32 Schuppen in einer Längsreihe und von nur sieben oder acht Kiemenrechen auf dem unteren Ast des ersten Kiemenbogens. In der Gattung *Vieja* treten mehrere

ähnliche Arten

auf, die bei mehr oder weniger derselben Gestalt ebenfalls einen breiten roten Saum in der Schwanzflosse und schwarze Streifen oder Bänder auf den Flanken besitzen. Zu ihnen gehören *Vieja maculicauda,* (REGAN, 1905), *Vieja guttulata* (GÜNTHER, 1864) und *Vieja hartwegi* (TAYLOR & MILLER, 1980). Keiner dieser Buntbarsche zeigt jedoch einen roten Kopf. Ferner ist bei jenen Arten das Muster aus Quer- und Längsstreifen im allgemeinen nicht vollkommen ausgebildet. Die

natürlichen Lebensräume

von *Vieja fenestrata* liegen vor allem in den atlantischen Gewässern der mexikanischen Bundesstaaten Veracruz und Oaxaca. Die Verbreitung erstreckt sich vom Einzugsgebiet des Rio Chachalacas und des Rio Actopan im Norden der Stadt Veracruz über das Einzugsgebiet des Rio Papaloapan bis zum Rio Coatzacoalcos. Die Mehrzahl der Autoren vertritt die Ansicht, daß die Fische östlich dieses Gewässers nicht mehr auftreten. ALVAREZ (1970) nennt jedoch neben dem Rio Champotón auch den Usumacinta als Fundort. Das deckt sich mit Angaben von ALMAZAN & MEDINA (1974), die diesen Buntbarsch in der Umgebung der Laguna de Terminos im Grenzgebiet der Staaten Tabasco und Campeche nachwiesen. Wir fanden die Art am Catemacosee nahe der Stadt San Andres Tuxtla. Aufgrund seiner relativ weiten Verbreitung besiedelt dieser Buntbarsch recht verschiedene Gewässer, die jedoch in der Mehrzahl einen pH-Wert im neutralen bis leicht alkalischen Bereich besitzen und weich bis mittelhart sind. Daraus ergibt sich, daß seine

Haltung

im Aquarium nicht besonders schwierig ist. Aufgrund seiner Größe benötigt dieser Cichlide allerdings relativ viel Raum, so daß für seine Pflege nur Behälter in Frage kommen, deren Seitenlänge deutlich über einem Meter liegt. Große Steine und Wurzeln, die zu Versteckplätzen zusammengestellt sind, tragen zum Wohlbefinden der Fische bei. Pflanzen sollten nur unter der Bedingung zur Dekoration verwendet werden, daß es sich um große und robuste Gewächse handelt. *Vieja fenestrata* läßt sich bei einem entsprechend geräumigen Aquarium gut mit anderen mittelamerikanischen Buntbarschen vergesellschaften. Um dem relativ hohen Nahrungsbedarf dieser Art zu genügen, empfiehlt es sich, zerschnittenen fettarmen Fisch und Garnelenfleisch regelmäßig zu verfüttern.

Unter der Voraussetzung, daß ein harmonierendes Pärchen vorhanden ist, ergeben sich bei der

Zucht

kaum größere Probleme, wenn für eine reichliche Fütterung und eine gute Wasserqualität gesorgt wurde. Erste Anzeichen dafür, daß die Tiere in Fortpflanzungsstimmung kommen, sind Balzhandlungen, die im Laufe der Zeit immer öfter auftreten. Zu ihnen gehören Kopfrucken und Körperzittern. In einem späteren Stadium der Balz graben sie im Grund, oder sie putzen Objekte, die zum Ablaichen geeignet erscheinen. Kurz vor der Paarung versuchen die Fische immer wieder, den Partner durch sogenanntes Führungsschwimmen zum Laichplatz zu locken. Sie laichen nach Art von Offenbrütern vorzugsweise auf Steinen ab. Sowohl das Weibchen als auch das Männchen beteiligen sich an der Betreuung und Verteidigung von Laich, Larven und Jungfischen. Bei einer Fütterung mit *Artemia salina* und entsprechend zerkleinertem Flockenfutter gelingt die Aufzucht der Fischbrut mühelos.

Vieja hartwegi
(TAYLOR & MILLER, 1980)

Dieser mittelamerikanische Cichlide, der früher in der *Cichlasoma*-Sektion *Theraps* geführt wurde, gehört zu den erst in jüngster Zeit entdeckten und beschriebenen Arten. Erstmals nach Europa eingeführt wurde er durch STAWIKOWSKI & WERNER im Jahre 1983. Die Nachzucht gelang ein Jahr später. Das größte aus der Literatur bekannte Exemplar dieser Art hat eine Länge von rund 15 Zentimetern.

Die Grundfärbung der Fische, ein je nach Stimmung helleres oder dunkleres Braungelb, ist von einem schönen, zumeist blaugrünen Metallglanz überlagert. Auf den Flanken liegt ein dunkler Längsstreifen, der erst in einigem Abstand vom Kiemendeckel beginnt und zum Schwanzwurzelfleck zieht. Häufig zeigen die Fische aber statt dieses Streifens nur eine Längsreihe von fünf dunklen Flecken, die oft

Fundorte von *Vieja hartwegi*

Vieja hartwegi bei der Brutpflege

zu Querstreifen erweitert sind, jedoch nicht bis in die Rückenregion hinaufreichen. Über die Stirn erstrecken sich meist zwei schmale Querstreifen, die die vorderen Ränder der Augen verbinden. Kopf und vorderer Körper sind mit einer Vielzahl kleiner weinroter Flekken und Punkte übersät. Der hintere Bereich der Schwanz- sowie der Saum und der weiche Teil der Rückenflosse sind rot getönt. Bei fortpflanzungsaktiven Tieren sind die untere Kopfregion sowie Kehle, Brust und Bauch häufig schwärzlich gefärbt. Die Geschlechter sind aufgrund äußerer Merkmale nur schwer zu unterscheiden. Männchen zeigen im Alter eine stärkere Beflossung. Zu den

arttypischen Merkmalen,

an denen *Vieja hartwegi* zu erkennen ist, gehören der etwas vorstehende bzw. überhängende Oberkiefer sowie das erst kurz vor der Körpermitte beginnende Muster aus mehreren Quer- und einem Längsstreifen bzw. einer Längsreihe von Flecken. Mehrere nahe verwandte und recht

ähnliche Arten

gibt es in der Gattung *Vieja*. Zu ihnen gehören *Vieja bifasciata* (Steindachner, 1864) mit zwei Längs-, aber ohne Querstreifen, *Vieja fenestrata* (Günther, 1860) mit einem roten Kopf und *Vieja guttulata* (Günther, 1864) mit einem kräftigen Fleckenmuster auf dem Kopf. *Vieja hartwegi* besitzt keine ausgedehnte Verbreitung. Die

natürlichen Lebensräume

liegen ausschließlich im mexikanischen Bundesstaat Chiapas im Einzugsgebiet des oberen Rio Grijalva (Rio Grande de Chiapa, Rio Pando, Rio Frio, Rio Salado). Die in der Literatur belegten Fundorte befinden sich vor allem in der weiteren Umgebung der Ortschaften Villa Flores, Tuxtla Gutierrez und Comitan. Die Heimatgewässer dieses Cichliden sind zumeist mittelhart bis sehr hart und besitzen pH-Werte um 7,5 (Stawikowski, 1983). Weitere Informationen über die natürlichen Lebensräume finden sich bei Taylor & Miller (1980): Demnach sind die Fische auf keinen bestimmten Untergrund angewiesen, denn sie kommen sowohl über Sand und Schlamm als auch über Kies, Geröll und Steinen vor. Bis auf *Potamogeton*-Arten gab es in den Gewässern keine Wasserpflanzen. Fische derselben Fundorte waren unter anderem der Cichlide *Parapetenia grammodes,* Killifische aus der Gattung *Profundulus,* Antennenwelse *(Rhamdia guatemalensis),* lebendgebärende Zahnkarpfen *(Poecilia sphenops)* und Salmler aus den Gattungen *Astyanax* und *Brycon.* Bei der

Haltung

von *Vieja hartwegi* ergeben sich im allgemeinen keine besonderen Probleme. Das verwendete Aquarium sollte eine Mindestlänge von einem guten Meter besitzen. Es wird mit gewaschenem Kies oder Sand, größeren Steinen und Wurzeln sowie einigen robusten Pflanzen so eingerichtet, daß seine Bodenfläche gegliedert sowie die Abgrenzung von Revieren erleichtert wird und Versteckplätze entstehen. Dem Chemismus des Wassers braucht bei der Pflege dieses Buntbarsches keine besondere Aufmerksamkeit geschenkt zu werden. Um eine möglichst abwechslungsreiche Ernährung zu gewährleisten, empfiehlt es sich, die Fische im Wechsel mit Wasserflöhen, Weißen und Schwarzen Mückenlarven sowie zerschnittenem Fisch- und Krebsfleisch zu füttern. Bei einer derartigen artgemäßen Pflege dürfte auch die

Zucht

ohne Schwierigkeiten gelingen. Wie alle *Vieja*-Arten ist auch *Vieja hartwegi* ein Offenbrüter, der auf Steinen oder an Wurzeln ablaicht. Die Pflege des Geleges, der Larven und der Jungfische übernehmen das Weibchen und das Männchen gemeinsam. Die Aufzucht der Fischbrut mit den Larven von *Artemia salina* und zerkleinertem Flockenfutter gelingt im allgemeinen leicht, wenn darauf geachtet wird, daß es durch einen regelmäßigen Teilaustausch des Aquariumwassers zu keiner Ansammlung schädlicher Stoffwechselendprodukte im Behälter kommt.

Vieja maculicauda
(REGAN, 1905)

Für diesen mittelamerikanischen Buntbarsch gibt es mehrere Synonyme: *Cichlasoma globosum, C. manana* und *C. nigritum.* Alle drei Namen wurden von MEEK im Jahre 1907 publiziert. Die Art zählt zu der kleinen Gruppe von Cichliden, die bereits vor dem Ersten Weltkrieg in Deutschland gepflegt wurden. Sie starb jedoch in Europa rasch wieder aus und geriet dann in Vergessenheit. Erst Ende der siebziger Jahre wurden die Fische erneut lebend eingeführt. Sie können eine Länge von ungefähr 30 cm erreichen.

Vieja maculicauda ist ein prächtig gefärbter Cichlide. Auf grauem bis graugrünem Untergrund zeigt er einen zarten Metallglanz. Zwischen dem neunten bis zwölften Strahl der Rückenflosse trägt er einen schwarzen Fleck, der sich in einem gleichfarbigen vertikalen Gürtelband fortsetzt, das über die Körperseiten verläuft. Im mittleren Bereich der Schwanzwurzel befindet sich ein weiterer schwarzer Fleck. Die untere Kopfregion und die Kehle sind karminrot gefärbt. Die Stirn weist zwischen der Oberlippe und den Augen einen braungelben Farbton auf. Die Bauchflossen, die Rücken- und die Afterflosse sind blaugrün getönt und tragen ein Muster schwarzer Tüpfel. Die Schwanzflosse ist dagegen kräftig rot gefärbt. Während der Brutpflege verblaßt das prächtige Farbkleid der Fische etwas, da sie dann sehr dunkle,

Fundorte von *Vieja maculicauda*

Vieja maculicauda

schiefergraue Töne annehmen. Die sonst dunkle Iris färbt sich dann zitronengelb. Da ein Sexualdimorphismus fehlt, sind die Geschlechter nur schwer zu unterscheiden. Männliche Fische werden allerdings deutlich größer und besitzen im Alter eine kräftiger entwickelte Beflossung.

Von *Vieja maculicauda* sind mehrere unterschiedlich gefärbte geographische Rassen bekannt, die sich in erster Linie durch die Größe und Ausdehnung der roten und schwarzen Farbzonen unterscheiden. Eine in der Aquaristik verbreitete Population unbekannter Herkunft fällt dadurch auf, daß ihre Körperseiten von kleinen schwarzen Flecken übersät sind. Das wichtigste

arttypische Merkmal,

an dem dieser Buntbarsch zu erkennen ist, bildet die Färbung, insbesondere der schwarze Gürtelstreifen und die rote Schwanzflosse.

Ähnliche Arten

finden sich in der Gattung *Vieja,* der auch *Vieja maculicauda* zugeordnet wird. Beispielsweise zeigen *Vieja bifasciata* und *Vieja melanura* mehr oder weniger dieselbe Körperform und vergleichbare Farben. Bei beiden Arten verlaufen die schwarzen Zeichnungen auf den Flanken aber nicht vertikal, sondern horizontal, d.h. parallel zur Längsachse des Körpers.

Vieja maculicauda ist in Mittelamerika weit verbreitet. Die

natürlichen Lebensräume

erstrecken sich vom Rio Chagres in Panama über Costa Rica, die atlantische Seite von Honduras und Nikaragua (Nikaraguasee) bis nach Belize (Golden Stream) und Guatemala (Lake Izabal). Interessante Beobachtungsergebnisse, die bei Untersuchungen von natürlichen Biotopen in Panama erzielt wurden, publizierte PERRONE (1978): Die Fortpflanzungsaktivitäten gehen vom Männchen aus, das ein Revier mit einem Durchmesser von einem bis zwei Metern besetzt und dann jedes fortpflanzungsbereite Weibchen anbalzt. Die Fische besitzen keine begrenzte Fortpflanzungszeit, sondern laichen das ganze Jahr

Cichlidenbiotop bei Tamasopo (San Luis Potosi, Mexiko)

hindurch. In ihren Heimatländern treten sie auch in den Brackwasser führenden Unterläufen der Flüsse auf. Sie sollten deshalb nicht in mineralarmem Wasser oder bei pH-Werten im deutlich sauren Bereich gepflegt werden. Die

Haltung

dieses robusten und anpassungsfähigen Buntbarsches ist einfach, wenn beachtet wird, daß er infolge seiner Größe auf Dauer ein sehr geräumiges Aquarium benötigt, das eine Länge von rund eineinhalb Metern besitzen sollte. Zum Wohlbefinden der Fische tragen einige höhlenartige Versteckplätze bei, die mit Hilfe von größeren Steinen oder Moorkienwurzeln angelegt werden. Adulte Exemplare benötigen eine kräftige Ernährung, weshalb sie regelmäßig mit Fisch und Krebsfleisch zu füttern sind. Die

Zucht

ist unter der Voraussetzung, daß ein harmonierendes Paar vorhanden ist, nicht schwer. Die Fische legen den Laich meist auf einem flachen Stein ab. Bei einer Wassertemperatur von ungefähr 28 °Celsius schlüpfen die Larven nach 48 Stunden. Fünf Tage später beginnen die Jungfische zu schwimmen. In der Natur betreuen die Eltern die Jungtiere ungefähr 40 bis 50 Tage, bis sie eine Länge von 22 mm erreicht haben.

Vieja sp. conf. *guttulata*
(El Aguacero)

Dieser mittelamerikanische Buntbarsch aus der Gattung *Vieja* ist nach Miller (briefl. Mitt.) bisher noch nicht wissenschaftlich beschrieben worden. Das abgebildete Exemplar wurde von uns im Jahre 1983 gefangen. Die maximale Länge dieser Spezies dürfte bei ungefähr 25 Zentimetern liegen.

Die wichtigste schwarze Zeichnung im Farbkleid dieses Cichliden bildet ein schwarzes Längsband, das sich vom oberen Winkel des Kiemendeckels bis in die Mitte des Schwanzstieles erstreckt, jedoch nicht auf die Schwanzflosse übergreift. Hinzu kommen fünf bis sechs Querstreifen, die weder den Rücken noch den Bauch erreichen und deren Ausbildung stimmungsbedingt ist. Die Grundfärbung der Fische ist graugrün bis braungelb. In der unteren Kopfregion zeigen sie eine zart grünlichen bis grüngoldenen Metallglanz, der von einem recht auffälligen

Fundorte von *Vieja* sp. conf. *guttulata*

Muster kleiner rotbrauner bis roter Flecken überlagert ist. Dieses Fleckenmuster erstreckt sich auch auf den Nacken, die vordere Rükken- und auf die Brustregion. Der hintere Rand der Schwanzflosse sowie der äußere

Vieja sp. conf. *guttulata*

Bereich des weichen Teils der After- und Rükkenflosse sind lebhaft rot gefärbt. Äußere Geschlechtsunterschiede sind nicht bekannt.

Arttypische Merkmale

im Farbkleid dieses Cichliden, an denen er zu identifizieren ist, bilden das Muster kleiner rötlicher Flecken auf Kopf und Vorderkörper sowie das Muster von schwarzen Quer- und einem Längsstreifen auf den Flanken. Mehrere recht

ähnliche Arten

finden sich in der Gattung *Vieja*. Eine besonders nahe Verwandtschaft scheint zu *Vieja guttulata* (GÜNTHER, 1864) zu bestehen, einer Spezies, die aus Guatemala beschrieben wurde. Bei diesem Buntbarsch soll das Muster von Querstreifen auf den oberen Teil des Körpers beschränkt sein (REGAN, 1905). Der

natürliche Lebensraum

dieses noch unbeschriebenen Buntbarsches liegt im mexikanischen Bundesstaat Chiapas. Der Fundort befindet sich am Wasserfall El Aguacero, d.h. am Rio Flores, der über den Rio de la Venta mit dem Rio Grijalva in Verbindung steht. Das Wasser war am Fangplatz außerordentlich klar und besaß eine erhebliche Strömungsgeschwindigkeit. Der Untergrund bestand aus feinem bräunlichen Sand, aus dem immer wieder größere Kalksteinformationen herausragten. Das Wasser des Rio Flores ist mittelhart und besitzt eine deutlich alkalische Reaktion. Weitere Fische dieses Fundortes waren *Profundulus labialis,* ein Killifisch, sowie lebendgebärende Zahnkarpfen und Salmler. Die

Haltung

dieses Buntbarsches hat sich als unproblematisch erwiesen. Auf Dauer werden aber für seine Pflege geräumige Aquarien benötigt, deren Länge bei rund eineinhalb Metern liegt. Auch dieser Buntbarsch braucht zu seinem Wohlbefinden einige höhlenartige Versteckplätze aus großen Steinen und Wurzeln. Eine Bepflanzung ist nur bedingt zu empfehlen.

El Aguacero, Biotop von *Vieja* sp. conf. *guttulata*

Dem Wasserchemismus braucht bei der Haltung dieser Art keine besondere Aufmerksamkeit geschenkt zu werden. Wichtig ist aber eine gehaltvolle, abwechslungsreiche Ernährung der Tiere, die durch eine regelmäßige Fütterung mit zerschnittenen Krabben und Garnelen sowie Meer- oder Süßwasserfisch zu gewährleisten ist. Die

Zucht

dieses Buntbarsches ist bis zum Abschluß des Manuskriptes noch nicht gelungen. Er dürfte sich jedoch in seinem Fortpflanzungsverhalten kaum von anderen *Vieja*-Arten unterscheiden, die Offenbrüter sind und ihre Nachkommen in einer Elternfamilie betreuen und gegen Freßfeinde gemeinsam verteidigen.

Tabelle 41:

Ort:	Wasserfall El Aguacero (Einzugsgebiet des Rio Flores, Chiapas, Mexiko)
Sichtweite:	klar
Farbe:	ohne
pH-Wert:	8,8
Gesamthärte:	9 °dH
Karbonathärte:	10 °dH
Leitfähigkeit:	2800 µS bei 26,5 °C
Wassertiefe:	bis 1 m
Wasserbewegung:	starke Strömung
Wassertemperatur:	26,5 °C
Lufttemperatur:	30,0 °C
Datum:	5. 4. 1983
Uhrzeit:	14.00 Uhr

Vieja synspilum
(HUBBS, 1935)

Ein Synonym für diesen mittelamerikanischen Buntbarsch aus der Gattung *Vieja* ist *Cichlasoma hicklingi* FOWLER, 1956. Nach Europa wurde er lebend erstmals Ende der 70er Jahre eingeführt. Männliche Fische können gut 30 Zentimeter lang werden.

Ausgefärbte Exemplare zählen zweifellos zu den prächtigsten Cichliden, die wir kennen. Da die Färbung jedoch außerordentlich variabel ist, fällt es schwer, eine verbindliche Beschreibung zu geben. In der Regel ist es nicht schwierig, verschiedene Fische an bestimmten Eigentümlichkeiten ihres Farbkleides individuell zu erkennen und auseinanderzuhalten. Meist zeigt der größte Teil ihres Körpers einen schönen blaugrünen Grundton. Insbesondere in der hinteren Körperhälfte treten jedoch häufig großflächige goldgelbe oder orangefarbene Zonen auf. Oft sind sie mit kleinen schwärzlichen Flecken und Strichen übersät, die bei einzelnen Fischen auch auf die Bauchregion und den Rücken übergreifen. Die Kehle und die Brust, oftmals aber auch der gesamte Kopf und der Nacken sind kräftig rot

Fundorte von *Vieja synspilum*

gefärbt. Meist tragen aber die Wangen und die Stirn gelbliche bis orange Farbtöne. Bei manchen Fischen ist der Bereich um das Auge prächtig blaugrün getönt. Auch die Iris glänzt blaugrün. Auf dem hinteren Körper und dem Schwanzstiel liegen ungefähr fünf schwarze Flecken, die jedoch häufig zu einem sehr unregelmäßigen Längsband verschmelzen. Da es zwischen männlichen und weiblichen Tieren

Vieja synspilum

keine eindeutigen Unterschiede gibt, läßt sich das Geschlecht aufgrund äußerer Merkmale nicht mit Sicherheit ermitteln. Bei älteren, nahezu ausgewachsenen Männchen entwickelt sich zwar ein für viele Cichliden typischer Bukkel auf der Stirn, der ihre obere Profillinie beinahe senkrecht ansteigen läßt, für die aquaristische Praxis ist er aber nur bedingt hilfreich, da er erst sehr spät auftritt. Das wichtigste

arttypische Merkmal,

an dem diese Spezies unschwer zu erkennen ist, bildet ihr Farbkleid. Charakteristisch sind vor allem der rote Kopf und die schwarze Längsbinde oder Längsreihe von Flecken, die auf die hintere Hälfte des Körpers begrenzt ist. Arttypisch ist ferner der Stirnbuckel, der sich im Alter bildet. Zwar gibt es in der Gattung *Vieja* mehrere

ähnliche Arten,

eine Verwechslung erscheint aber dennoch ausgeschlossen, da diesen Cichliden bis auf eine Ausnahme der rote Kopf fehlt. Nur *Vieja fenestrata* (GÜNTHER, 1860) besitzt ebenfalls einen rot gefärbten Kopf, zeigt dafür aber ein ganz charakteristisches Muster aus einem schwarzen Längs- und mehreren Querstreifen.

Die
natürlichen Lebensräume

von *Vieja synspilum* liegen auf der atlantischen Seite von Mittelamerika. Die Verbreitung erstreckt sich von den mexikanischen Bundesstaaten Tabasco (Rio Usumacinta, Rio Tabasquillo) und Campeche (Rio Champoton) über das nördliche Guatemala nach Belize, dem ehemaligen British Honduras (Belize River, Rio San Pedro). Die von dieser Art besiedelten Gewässer führen weiches bis mittelhartes Wasser, dessen pH-Wert sowohl im leicht sauren als auch im leicht alkalischen Bereich liegen kann. Daraus läßt sich die Vermutung ableiten, daß dieser Buntbarsch recht anpassungsfähig ist, was sich bei seiner

Haltung

im Aquarium auch bestätigt hat. Obwohl erwachsene Fische sehr ruhige Pfleglinge sind,

Auch in diesem Pflanzenbiotop leben Cichliden (Laguna Media Luna, Mexiko).

die kein großes Bewegungsbedürfnis erkennen lassen, ist ihre erfolgreiche Pflege infolge ihrer Größe auf Dauer nur in äußerst geräumigen Aquarien möglich, die über eineinhalb Meter lang sind. Versteckmöglichkeiten in Form von großen Steinplatten oder Moorkienwurzeln tragen zum Wohlbefinden der Tiere bei. Eine Bepflanzung des Behälters ist weniger zu empfehlen und kann höchstens mit großen robusten Einzelexemplaren vorgenommen werden. Die Fische benötigen eine gehaltvolle Kost und sollten daher regelmäßig mit Fisch- und Krebsfleisch (Krabben, *Mysis)* gefüttert werden. Rinderherz darf nur gelegentlich verabreicht werden, da bei zu häufiger Verwendung dieses Futters die herrlichen Farben dieses Cichliden verblassen. Die

Zucht

gelingt nicht immer auf Anhieb. Wichtig ist, daß die Fische sich als Partner akzeptieren. Sie sind Offenbrüter, die das Gelege auf Steinen oder Wurzeln anheften. An der Pflege und Verteidigung der Brut sind beide Elterntiere beteiligt.

Da größere Weibchen mehrere hundert Eier legen, sollte bei der Aufzucht der Jungfische, die mit zerkleinertem Flockenfutter und den Larven des Salinenkrebses leicht gelingt, besonders darauf geachtet werden, daß die schädlichen Stoffwechselendprodukte durch einen regelmäßigen Teilaustausch des Aquariumwassers gegen Frischwasser entfernt werden.

➧ *Vieja zonata*
(MEEK, 1905)

Fundorte von *Vieja zonata*

Nach MILLER (1966) ist der Name *Vieja zonata* nur ein Synonym, da sich seiner Ansicht nach die Beschreibung von MEEK auf eine Art aus Guatemala bezieht, die bereits von GÜNTHER im Jahre 1864 als *Heros guttulatus* beschrieben wurde. Dieser Meinung haben sich in der Folgezeit auch andere Autoren angeschlossen. Wir benutzen dennoch diesen Namen, da die hier im Foto vorgestellten Fische in der Umgebung des Typusfundorts von *Vieja zonata* gefangen wurden und in mancher Hinsicht von *Vieja guttulata* abweichen. Erstmals nach Europa eingeführt wurden diese Tiere von STAWIKOWSKI & WERNER im Jahre 1983. Die Länge der Fische, die zeitweilig in der *Cichlasoma*-Sektion *Theraps* geführt wurden, dürfte bei über 25 Zentimetern liegen.

Ausgewachsene Exemplare tragen in der oberen Körperhälfte einen hübschen grüngoldenen Metallglanz. Kehle, Brust und Bauchregion glänzen dagegen bläulich. Auch die Bauchflossen und die Afterflosse zeigen kräftig blaue Farbtöne. Der äußere Bereich der Schwanz- und der weiche Teil der Rückenflosse sind dagegen rot gefärbt. Unterhalb des unteren Astes der Seitenlinie erscheint der Körper durch zahlreiche kleine Flecken, die sich zum Teil zu fünf oder sechs Querstreifen

Vieja zonata

verdichten können, schwarz meliert. Jungtiere tragen sowohl sechs oder sieben Quer- als auch einen Längsstreifen. Die Geschlechter sind aufgrund äußerer Merkmale nicht mit Sicherheit zu unterscheiden.

Arttypische Merkmale

Artspezifische Merkmale im Farbkleid von *Vieja zonata*, die eine Identifizierung dieses Buntbarsches ermöglichen, bilden die überwiegend grünblaue Grundfärbung sowie ein schwarzes Längsband, das sich nicht nur bei Jungfischen, sondern auch bei adulten Exemplaren vom hinteren Rand des Auges bis zum Grund der Schwanzflosse erstreckt. Wichtig ist ferner das Fehlen sowohl eines deutlich ausgebildeten Fleckenmusters in der unteren Kopfregion als auch von kräftigen Querstreifen auf den Körperseiten.

Ähnliche Arten

Insbesondere der recht variable Formenkreis um *Vieja guttulata* (Günther, 1864), eine aus dem See Amatitlan in Guatemala beschriebene Art, läßt sich aufgrund äußerer Merkmale nur schwer von *Vieja zonata* unterscheiden. Ein farbliches Merkmal dieser Art bildet jedoch ein kräftig ausgebildetes Muster kleiner – häufig rötlicher – Flecken, das sich bis in die unteren Bereiche des Kopfes erstreckt. Ferner ist *Vieja guttulata* spitzköpfiger und weniger hochrückig als *Vieja zonata*. Schließlich trägt diese Art mehrere Querstreifen in der oberen Körperhälfte.

Natürliche Lebensräume

Die Fundorte von *Vieja zonata* liegen in dem mexikanischen Bundesstaat Oaxaca. Die Verbreitung der Fische scheint jedoch ausschließlich auf Flüsse beschränkt zu sein, die in den Pazifik münden. Der Typusfundort liegt in der Umgebung der Ortschaft Niltepec, die etwa 50 km östlich der Stadt Juchitan gelegen ist. Die natürlichen Biotope dieses Buntbarsches führen relativ weiches Wasser, dessen pH-Wert im allgemeinen in dem Bereich zwischen 6,5 und 7,5 liegt (Stawikowski, 1983).

Haltung

Die Pflege dieses Buntbarsches hat sich als unproblematisch erwiesen. Allerdings benötigt er auf Dauer geräumige Behälter, deren Seitenlänge erheblich über einem Meter liegt. Für die Einrichtung des Aquariums werden gewaschener Kies oder Sand, größere Steine und Wurzeln benötigt. Einige Versteckplätze tragen zum Wohlbefinden der Tiere bei. Eine Bepflanzung ist nur bedingt und unter der Voraussetzung empfehlenswert, daß robuste, widerstandsfähige Gewächse verwendet werden.

Infolge ihrer Größe benötigen die Fische eine gehaltvolle Ernährung, die durch die Fütterung mit zerschnittenen Krabben, Garnelen, Süß- oder Meerwasserfischen zu gewährleisten ist.

Zucht

Die Zucht erfordert keine besonderen Vorkehrungen. *Vieja zonata* ist ein typischer Offenbrüter, der bevorzugt flache Steine als Laichsubstrat verwendet. Während der Brutpflege bilden das Weibchen und das Männchen eine Elternfamilie, um die Nachkommen gemeinsam zu betreuen und bei der Annäherung von Feinden zu verteidigen. Als erstes Futter für die Jungfische haben sich die Larven des Salinenkrebses und zerkleinertes Flockenfutter bewährt.

Tabelle 42:

Ort:	**Fluß in der Umgebung von La Ventosa, etwa 40 km westlich von Niltepec (Mexiko, Estado de Oaxaca)**
Sichtweite:	**relativ trüb**
Farbe:	**bräunlich**
pH-Wert:	**7,75**
Gesamthärte:	**15 °dH**
Karbonathärte:	**11 °dH**
Leitfähigkeit:	**1150 µS/cm**
Wassertiefe:	**bis 1,50 m**
Wasserbewegung:	**rasch fließend**
Wassertemperatur:	**30 °C**
Lufttemperatur:	**34 °C**
Datum:	**6. 4. 1983**
Uhrzeit:	**11.00 Uhr**

VERZEICHNIS ÄLTERER SYNONYME

Frühere Bezeichnungen:		Zur Zeit gültige Namen:
Acarichthys geayi	=	*Guianacara geayi*
Aequidens geayi	=	*Guianacara geayi*
Cichlasoma alfari	=	*Amphilophus alfari*
Cichlasoma bartoni	=	*Parapetenia bartoni*
Cichlasoma bifasciatum	=	*Vieja bifasciata*
Cichlasoma bulleri	=	*Paraneetroplus bulleri*
Cichlasoma carpinte	=	*Herichthys carpintis*
Cichlasoma citrinellum	=	*Amphilophus citrinellus*
Cichlasoma cyanoguttatum	=	*Herichthys cyanoguttatus*
Cichlasoma dovii	=	*Parapetenia dovii*
Cichlasoma ellioti	=	*Thorichthys ellioti*
Cichlasoma fenestratum	=	*Vieja fenestrata*
Cichlasoma festae	=	*Parapetenia festae*
Cichlasoma grammodes	=	*Parapetenia grammodes*
Cichlasoma guttulatum	=	*Vieja guttulata*
Cichlasoma hartwegi	=	*Vieja hartwegi*
Cichlasoma intermedium	=	*Chuco intermedius*
Cichlasoma labiatum	=	*Amphilophus labiatus*
Cichlasoma labridens	=	*Parapetenia labridens*
Cichlasoma maculicauda	=	*Vieja maculicauda*
Cichlasoma managuense	=	*Parapetenia managuensis*
Cichlasoma meeki	=	*Thorichthys meeki*
Cichlasoma nicaraguense	=	*Copora nicaraguensis*
Cichlasoma panamense	=	*Neetroplus panamensis*
Cichlasoma sajica	=	*Archocentrus sajica*
Cichlasoma septemfasciatum	=	*Archocentrus septemfasciatus*
Cichlasoma sieboldii	=	*Tomocichla sieboldii*
Cichlasoma spilurum	=	*Archocentrus spilurus*
Cichlasoma synspilum	=	*Vieja synspilum*
Cichlasoma temporale	=	*Hypselecara temporalis*
Cichlasoma trimaculatum	=	*Parapetenia trimaculata*
Cichlasoma tuba	=	*Tomocichla tuba*
Cichlasoma urophthalmum	=	*Parapetenia urophthalma*
Cichlasoma zonatum	=	*Vieja zonata*
Geophagus acuticeps	=	*Satanoperca acuticeps*
Geophagus daemon	=	*Satanoperca daemon*

Literaturverzeichnis

Allgayer, Robert (1988): Redescription du genre *Paraneetroplus* Regan, 1905, et description d'une espèce nouvelle du Mexique (Pisces, Perciformes, Cichlidae). Rev. fr. Cichl., *75:* 4–22.

–– (1989): Révision et redescription du genre *Theraps* Günther, 1862: Description de deux espèces nouvelles du Mexique (Pisces, Perciformes, Cichlidae). Rev. fr. Cichl., *90* bis: 4–30.

–– (1991): *Vieja argentea* (Pisces, Teleostei, Cichlidae) Une espèce nouvelle d'Amérique centrale. Rev. fr. Cichl., *114:* 2–15.

–– (1994): Description d'une espèce nouvelle du genre *Archocentrus* Gill & Bransford, 1877 (Pisces; Cichlidae) du Panama. Rev. fr. Cichl., *135:* 6–24.

Almazan, Silvia Toral & A. R. Medina (1974): Los cichlidos (Pisces: Perciformes) de la Laguna de Terminos y sus afluente. Rev. Biol. Trop., *21* (2): 259–279.

Alvarez de Villar, J. (1970): Peces mexicanos (claves). Ser. invest. pesq., estudio No. 1, Inst. nac. invest. biol. pesq., Mexiko.

Artigas-Azas, J. M. (1993): *Herichthys tamasopoensis* Artigas-Azas, 1993, ein neuer Cichlide aus Mexiko. Cichlidenjb., *3:* 65–70.

Astorqui, I. (1971): Peces de la cuenca de los grandes lagos de Nicaragua. Rev. Biol. Trop. *19* (1,2): 7–57.

Barlow, George W., et al. (1976): Chemical Analyses of Some Crater Lakes in Relation to Adjactent Lake Nicaragua. In: Investigations of the Ichthyofauna of Nicaraguan Lakes. ed. Thomas B. Thorson. Univ. Nebrasca, Lincoln: 17–20.

–– & J. W. Munsey (1976): The Red Devil-Midas-Arrow Cichlid Species Complex in Nicaragua, in: Thorson, T. B. (ed.): Investigations of the Ichthyofauna of Nicaraguan Lakes. Univ. Nebraska, Lincoln: 359–369.

Baran, Gerd (1981): Erstmals gelungen: Die Zucht von *Acarichthys heckelii.* DCG-Info, *12* (10): 185–190.

Baylis, Jeffrey R. (1974): The Behavior and Ecology of *Herotitapia multispinosa* (Teleostei, Cichlidae). Z. Tierpsychol., *34:* 115–146.

Burgess, W. E. (1981): New information on the Species of the Genus *Symphysodon* with the Description of a New Subspecies of *S. discus* Heckel. TFH, *29* (3): 32–42.

Bussing, W. A. (1966): New Species and New Records of Costa Rican Freshwater Fishes with a Tentative List of Species. Rev. Biol. Trop. *14* (2): 205–249.

–– (1974): Two new species of Cichlid fishes, *Cichlasoma sajica* and *C. diquis,* from southeastern Costa Rica. Rev. Biol. Trop., *22* (1): 29–49.

–– (1975): Taxonomy and biological aspects of Central American cichlid fishes *Cichlasoma sieboldii* and *C. tuba.* Rev. Biol. Trop., *23* (2): 189–211.

–– (1987): Peces de las Aguas continentales de Costa Rica. San José, Costa Rica. 271 pp.

–– & M. Martin (1975): Systematic status, variation and distribution of four Middle American cichlid fishes belonging to the *Amphilophus* species group. genus *Cichlasoma.* Contrib. Sci. (269): 1–41.

Cichocki, F. (1976): Cladistic History of Cichlid Fishes and Reproductive Strategies of the American Genera *Acarichthys, Biotodoma* and *Geophagus.* 2 vols., Univ. Michigan, Ph. D. 710 pp.

Eckinger, Detlef (1987): Nachzucht von *„Geophagus" daemon.* DCG-Info, *18* (7): 132–134.

Eigenmann, C. M. (1910): Catalogue of the fresh-water fishes of tropical and south temperate America. Repts Princeton Univ. Exped. Patagonia 1896–1899. Zool. 3: 375–512.

–– (1912): The freshwater fishes of British Guiana, including a study of the ecological grouping of species and the relation of the fauna of the plateau to that of the lowlands. Mem. Carneg. Mus. 5: 578 pp.

–– (1922): The fishes of western South America. Part I. The freshwater fishes of north-western South America, including Colombia, Panama, and the Pacific slopes of Ecuador and Peru, together with an appendix upon the fishes of the Rio Meta in Colombia. Mem. Carneg. Mus. 9: 1–346.

Fowler, H. W. (1944): Los peces del Perú. Catálogo sistemático de los peces que habitan en aguas peruanas. Boln. Mus. Hist. nat. „Javier Prado" 8: 260–290.

–– (1954): Os peixes de agua doce do Brasil. Volume II. Archos. Zool. S. Paulo, 9: 1–400.

Gosse, J. P. (1976): Révision du genre *Geophagus.* Mém. Acad. r. Sci. Outre-Mer, Cl. Sci. nat. méd. N. S. *19* (3): 1–172.

–– & S. O. Kullander (1981): The Zoological Name of the Red-Hump *Geophagus* (Teleostei: Cichlidae). Buntb. Bull., J. Am. Cichl. Assn., *No. 83:* 12–17.

Günther, A. (1866): On the Fishes of Panama. Proc. Zool. London, *39:* 600–603.

–– (1869): An Account of the Fishes of the States of Central America. Trans. Zool. Soc. London, *6:* 377–494.

Haseman, J. D. (1911): An annotated catalogue of the cichlid fishes collected by the Expedition of the Carnegie Museum to Central South America, 1907–10. Ann. Carneg. Mus. 7: 329–373.

Hasse, J. H. (1981): Characters, Synonymy and Distribution of the Middle American Cichlid Fish *Cichlasoma meeki.* Copeia (1): 210–212.

Hubbs, Carl L., (1936): Fishes of the Yucatan Peninsula. Carnegie Inst. Wash. Publ., *No. 457:* 157–287.

Kähsbauer, P. (1968): Beiträge zur Kenntnis einiger Cichliden (Pisces) von Centralamerika. Ann. naturh. Mus., Wien *72:* 161–175.

Kuhlmann, Friedrich (1984): *Biotodoma* erfolgreich im Aquarium nachgezogen. DATZ, *37* (1): 14–17.

Kullander, S. O. (1977): *Papiliochromis* gen. n., a new genus of South American cichlid fish. Zool. Scr. *6:* 253–254.

–– (1980): A taxonomical study of the genus *Apistogramma* Regan, with a revision of Brazilian and Peruvian species. Bonn. Zool. Monogr. *14:* 152 pp.

–– (1981): A Cichlid from Patagonia. Buntb. Bull., J. Am. Cichl. Assn. *No. 85:* 13–23.

–– (1981): Cichlid fishes from the La Plata basin. Part I. Collections from Paraguay in the Muséum d'Histoire naturelle de Genève. Rev. suisse Zool. *88:* 675–692.

–– (1982): Cichlid fishes from the La Plata basin. Part III. The *Crenicichla lepidota* species group. Revue suisse Zool. *89:* 627–661.

–– (1983): Cichlid fishes from the La Plata basin. Part IV. Review of the *Apistogramma* species, with description of a new species. Zool. Scr. *11:* 307–313.

–– (1983): A Revision of the South American Cichlid Genus *Cichlasoma* (Teleostei: Cichlidae). Swedish Mus. Nat. Hist. Stockholm, 296 pp.

–– (1986): Cichlid fishes of the Amazon River drainage of Peru. Stockholm, 431 pp.

–– & H. Nijssen (1989): The Cichlids of Surinam: Teleostei, Labroidei. Brill, Leiden, 256 pp.

–– & M. C. Silfvergrip (1991); Review of the South American cichlid genus *Mesonauta* Günther (Teleostei, Cichlidae) with descriptions of two new species. Rev. suisse Zool., *98* (2): 407–448.

Linke, H., & W. Staeck (1992): Amerikanische Cichliden I: Kleine Buntbarsche. Tetra-Verlag, Melle, 232 pp.

–– (1994): American Cichlids I: Dwarf Cichlids. Tetra Sales, Blacksburg (USA) & Eastleigh (GB). 232 pp.

LOISELLE, Paul (1982): Our National Cichlid, *Cichlasoma cyanoguttatum* Baird & Girard 1854. FAMA, *5* (5): 6ff.

LOPEZ, M. J. (1974): Variación, coloración y estado sistimatico del pez centroamericano *Cichlasoma nicaraguense* (familia Cichlidae). Rev. Biol. Trop. *22* (1): 161–185.

LOWE (McConnel), R. H. (1964): The fishes of the Rupununi savanna district of British Guiana, South America. Part 1. Ecological groupings of fish species and effects of the seasonal cycle on the fish. J. Linn. Soc. Lond. Zool. *45:* 103–144.

-- (1969): The cichlid fishes of Guyana, South America, with notes on their ecology and breeding behaviour. Zool. J. Linn. Soc. *48:* 255–302.

LÜLING, K. H. (1973): Die Laguna de Vegueta an der Küste Mittelperus und ihre Fische, insbesondere *Aequidens rivulatus* (GÜNTHER, 1859). Zool. Beitr., N. F., *19* (1): 93–108.

MACHADO-ALLISON, Antonio (1971). Contribución al Conocimiento de la taxonomía del género *Cichla* (Perciformes: Cichlidae) en Venezuela. Pt. I. Acta biol. Venz., *7:* 459–497.

-- (1971). Contribución al Conocimiento de la taxonomía del género *Cichla* en Venezuela. Pt. II: Osteologia comparada. Acta biol. Venez., *8:* 155–205.

MEEK, Seth E. (1904): The Fresh-water Fishes of Mexiko North of the Isthmus of Tehuantepec. Publ. Field Columb. Mus., zool. ser., *5:* 1–252.

MILLER, R. R. (1965): Geographical distribution of Central American freshwater fishes. Copeia, 1966: 773–802.

-- (1976): Geographical distribution of Central American freshwater fishes with Addendum. In T. B. THORSON (ed.) Investigations of the ichthyofauna of Nicaraguan lakes, pp. 125–156.

-- & B. C. NELSON (1961): Variation, life colors, and ecology of *Cichlasoma callolepis,* a cichlid fish from southern Mexiko, with a discussion of the *Thorichthys* species group. Occ. pap. Mus. Zool. Univ. Mich. (622): 1–9.

PERRONE, Michael (1978): Mate size and breeding success in a monogamous cichlid fish. Env. Biol. Fish, *3* (2): 193–201.

PETERS, H. M. & BERNS (1978): Über die Vorgeschichte der maulbrütenden Cichliden. I. Was uns die larvalen Haftorgane lehren. II. Zwei Typen von Maulbrütern. Aqu. Magazin *12:* 211–217, 324–331.

-- (1982): Die Maulbrutpflege der Cichliden: Untersuchungen zur Evolution eines Verhaltensmusters. Z. f. zool. Systematik u. Evolutionsforschung *20* (1): 18–52.

OHM, Dietrich (1978): Sexualdimorphismus, Polygamie und Geschlechtswechsel bei *Crenicara punctulata* GÜNTHER, 1863. Sitzungsber. Ges. Naturf. Fr. Berlin (N. F.), *18:* 90–104.

PLOEG, A. (1991): Revision of the South American cichlid genus *Crenicichla* HECKEL, 1840, with descriptions of fifteen species and considerations on species groups, phylogeny and biogeography. Academisch Proefschrift, Univ. Amsterdam. 153 pp.

REGAN, C. T. (1905): A revision of the fishes of the South-american cichlid genera *Crenacara, Batrachops* and *Crenicichla.* Proc. zool. Soc. Lond. 1905: 152–168.

-- (1905): A revision of the fishes of the South-American cichlid genera *Acara, Nannacara, Acaropsis* and *Astronotus.* Ann. Mag. nat. Hist. (7) *15:* 329–347.

-- (1905): A revision of the fishes of the American cichlid genus *Cichlosoma* and of the allied genera. Ann. Mag. nat. Hist. (7) *16:* 60–77, 225–243, 316–340, 433–445.

-- (1906): A revision of the South-American cichlid genera *Retroculus, Geophagus, Heterogramma* and *Biotoecus.* Ann. Mag. nat. Hist. (7) *17:* 49–66.

-- (1906): A revision of the fishes of the South-American cichlid genera *Cichla, Chaetobranchus* and *Chaetobranchopsis,* with notes on the genera of American Cichlidae. Ann. Mag. nat. Hist. (7) *17:* 230–239.

-- (1906–1908): Pisces. Biologia Centrali-Americana, *8:* 1–203.

REIS, R. E., & L. R. MALABARBA (1988): Revision of the Neotropical cichlid genus *Gymnogeophagus* RIBEIRO, 1918, with descriptions of two new species (Pisces, Perciformes). Revta. Bras. Zool., *4* (4): 259–305.

ROGERS, W. (1981): Taxonomic Status of Cichlid Fishes of the Central American Genus *Neetroplus.* Copeia (2): 286–296.

SCHMETTKAMP, W. (1980): Die Gattung *Uaru* HECKEL, 1840. DCG-Info *11* (6): 105–114.

SCHULTZ, L.P. (1960): A review of the Pompadour or Discus fishes, genus *Symphysodon* of South America. TFH, *8* (10): 5–17.

SEEGERS, L., & W. STAECK (1985): *Theraps rheophilus* nov. sp., ein ungewöhnlicher Cichlide Mexikos aus der *Cichlasoma*-Verwandtschaft. DATZ, *38* (11): 499–505.

STAECK, Wolfgang (1982): Segelflosser und Flaggenbuntbarsche – vor Ort beobachtet: Neue Erkenntnisse über ihre natürlichen Lebensräume. Aqu. Magazin, *16* (5): 290–293.

-- (1982): Handbuch der Cichlidenkunde. Franckh. Stuttgart, 200 pp.

-- (1983): Cichliden: Entdeckungen und Neuimporte. Engelbert-Pfriem-Verlag, Wuppertal, 351 pp.

-- (1984): Ein natürliches „Aquarium“: Beobachtungen am Rio Nututun in Mexiko. TI, *No. 65* (März): 5–7.

-- & I. SCHINDLER (1993): Anmerkungen zur Gattung *Mesonauta* GÜNTHER, 1862. DCG-Info, *24* (3): 57–68.

-- & Lothar SEEGERS (1984): Die Fische der Laguna Media Luna und der Laguna Los Anteojitos, Rio Verde, Mexiko: 3. Die Cichliden. DATZ, *37* (6): 204–209.

STAWIKOWSKI, Rainer (1983/84): Auf der Suche nach Majorras: Zum Cichlidenfang nach Mexiko, Teil 1–7. DATZ, *36* (8): 289–293; (9): 323–327; (10): 364–368; (11): 411–415; (12): 449–452; *37* (1): 9–13; (3): 87–91.

-- (1989): Ein neuer Cichlide aus dem oberen Orinoco-Einzug: *Uaru fernandezyepezi* n. sp. (Pisces: Perciformes: Cichlidae). Bonn. zool. Beitr. *40* (1): 19–26.

-- (1993): *Mesonauta:* Weitere Beobachtungen und ergänzende Anmerkungen. DCG-Info, *24* (8): 161–174.

-- (1994): Maulbrütende *Heros!* DATZ, *47* (4): 212.

-- & U. WERNER (1985): Die Buntbarsche der Neuen Welt: Mittelamerika. Reimar Hobbing, Essen. 271 pp.

-- & U. WERNER (1987): Corrienteros: Die Gattung *Paraneetroplus* REGAN, 1905. DCG-Info, *18* (11): 209–219.

-- (1987): Neue Erkenntnisse über die Buntbarsche um *Theraps lentiginosus* mit der Beschreibung von *Theraps coeruleus* sp. nov. *DATZ, 40* (11): 499–504.

-- (1988): Die Buntbarsche der Neuen Welt: Südamerika. Reimar-Hobbing-Verlag, Essen. 288 pp.

TAYLOR, J.N. & R.R. MILLER (1980): Two new cichlid fishes, genus *Cichlasoma,* from Chiapas, Mexico. Occ. Pap. Mus. Zool. Univ. Mich. (693): 1–16.

-- (1983): Cichlid Fishes (Genus *Cichlasoma)* of the Rio Panuco Basin, Eastern Mexico, With Description of a New Species. Occ. Pap. Mus. Nat. Hist. (Univ. Kansas, Lawrence), *No. 104:* 1–24.

THORSON, Thomas B., ed. (1976): Investigations of the Ichthyofauna of Nicaraguan Lakes. Univ. Nebraska, Lincoln. 663 pp.

TIMMS, A. M. & KEENLEYSIDE, M. H. A. (1975): The reproductive behaviour of *Aequidens paraguayensis.* Z. Tierpsychol. *39:* 8–23.

VILLA, J. (1976): Systematic status of the cichlid fishes *Cichlasoma dorsatum, C. granadense* and *C. nigritum* MEEK. In T. B. THORSON (ed.) Investigations of the ichthyofauna of Nicaraguan lakes. pp. 375–383.

WEBBER, R. G., W. BARLOW & A. H. BRUSH (1973): Pigments of a Color Polymorphism in a Cichlid Fish. Comp. Biochem. Physiol. *44B:* 1127–1135.

WERNER, Uwe, & R. STAWIKOWSKI (1990). Anmerkungen zu ALLGAYERS Revisionen der Gattungen *Paraneetroplus* und *Theraps.* DATZ, *43* (7): 442–443.

Fotonachweis

Alle Fotos Wolfgang Staeck

mit Ausnahme der Seiten
106, 178, 179, 180 (Jens Gottwald);
30, 72, 102, 132, 133 (Ingemann Hansen);
42 (Lutz Krahnefeld);
32, 38, 44, 54, 58, 67, 73, 84, 86, 87, 97 (Horst Linke);
195 (Erwin Schraml);
184, 206 (Lothar Seegers);
9, 21, 22, 204 (Ernst Sosna);
95, 96 (Frank Warzel);
141, 150, 200, 202 (Uwe Werner).

Zeichnungen: H. Linke

Karten: G. Springer

Die Autoren

Horst Linke, Jahrgang 1938, beschäftigt sich seit früher Jugend mit dem Aquarium. Bereits relativ früh wurde ihm der Wunschtraum eines jeden passionierten Aquarianers erfüllt, die tropischen Heimatländer unserer Zierfische zu besuchen.

Im Jahre 1963 führte ihn eine Reise quer durch Schwarzafrika, und zwei Jahre später hatte er die Gelegenheit, die Länder Panama, Venezuela, Peru und Bolivien zu besuchen. Aus den ersten Kontakten mit den natürlichen Lebensräumen in den Herkunftsländern von Aquarienfischen ergaben sich für ihn immer neue Fragestellungen und Aufgaben, so daß er manche dieser Länder nicht nur einmal, sondern mehrfach besuchte.

Seit 1973 führte er in rascher Folge aquaristische Sammel- und Forschungsreisen nach Kamerun, Nigeria, Ghana, Togo, Sierra Leone, Tansania, Kenia, Thailand, Sumatra, Borneo, Malaysia, Kolumbien, Peru und Bolivien durch. Sein ganz besonderes Anliegen während der zahlreichen Auslandsaufenthalte war es stets, möglichst umfassende Informationen über die Lebensbedingungen in den natürlichen Fischbiotopen zu sammeln, um dann später im Aquarium die Pflegebedingungen schaffen zu können, die den Lebensansprüchen der Fische in optimaler Weise entsprechen.

Im Laufe der Zeit wurden diese Forschungsreisen mit immer genaueren Zielvorstellungen und Untersuchungsschwerpunkten geplant und vorbereitet, um beispielsweise fragwürdige Verbreitungsangaben zu überprüfen oder Material für die Klärung taxonomischer Probleme zu sammeln.

Durch Vorträge, vor allem aber durch seine Veröffentlichungen in in- und ausländischen Zeitschriften hat er auch andere Aquarianer von den Ergebnissen seiner Untersuchungen und von seinen Erfahrungen profitieren lassen.

Wolfgang Staeck, Jahrgang 1939, studierte Biologie und Anglistik an der Freien Universität Berlin. Nach dem Staatsexamen folgte eine mehrjährige Tätigkeit als wissenschaftlicher Mitarbeiter an der Technischen Universität Berlin. Im Jahre 1972 promovierte er mit den Nebenfächern Zoologie und Botanik.

Einem größeren Publikum ist Dr. Staeck durch zahlreiche Fachvorträge sowie die Publikation von Büchern und Zeitschriftenartikeln bekannt. Seit 1966 veröffentlichte er eine Vielzahl von Aufsätzen über Cichliden in deutschen und ausländischen Zeitschriften. Da sein Hauptinteresse der Verhaltensforschung an Buntbarschen gilt, ist er auch heute noch Aquarianer und aus langjähriger Erfahrung mit der Praxis der Aquaristik vertraut.

Auf zahlreichen Forschungsreisen, die dem Studium von Cichliden in ihren natürlichen Lebensräumen gewidmet waren und zur Entdeckung vieler neuer Arten, Unterarten und Farbrassen führten, bereiste er insbesondere Ostafrika, aber auch Westafrika und Madagaskar. In jüngster Zeit unternahm er Reisen nach Mittel- und Südamerika, um in Mexiko, Ekuador, Venezuela, Brasilien, Peru und Bolivien Buntbarsche zu studieren und zu sammeln.

Besondere Forschungsschwerpunkte bildeten die Buntbarsche des Malawi- und des Tanganjikasees, die er bereits am Anfang der 70er Jahre mehrfach bereist hat. Nicht nur in diesen beiden Gewässern, sondern auch in mittel- und südamerikanischen Flüssen hat er die Fischwelt wiederholt als Taucher beobachtet und fotografiert. Dabei gelang es ihm, die natürliche Lebensweise und die Biotope vieler Cichliden erstmals in Unterwasseraufnahmen zu dokumentieren. Als Ergebnis seiner Forschungsreisen veröffentlichte er die wissenschaftliche Erstbeschreibung mehrerer Cichlidenarten.